JN158406

シリーズ 農学リテラシー・・・・・・・・・・・・・・ 森田茂紀［総編集］

現代農学概論

農のこころで社会をデザインする

東京農業大学「現代農学概論」編集委員会［編］

朝倉書店

まえがき

日本の近代農学が，明治政府が進めた富国強兵・殖産興業の一環として，お雇い外国人の協力を得て始まり，約1世紀半が過ぎた．この間，先の敗戦直後を始めとして，日本の農学は食料生産を支える科学として大きな役割を果たしてきた．しかし，日本の食は短期間に大きく変容し，食料自給率は40％前後に低下した．すなわち，日本は約60％の食料や飼料を世界中から輸入しており，そのために資源やエネルギーを消費し，地球に大きな負荷をかけている．

一方，米の消費は減少し，休耕田や耕作放棄地が増えている．その背景には農業後継者不足や高齢化がある．ライフスタイルが変化して食をめぐる環境が変わり，一方で子どもの貧困が問題とされながら，食べられるのに捨てられる食品ロスは年間600万tを超えている．東日本大震災とそれに伴う原発事故により，農と食は大きな被害を受けた．超高齢社会・人口減少社会に突入している日本は，このように多様な問題を抱えており，農学は食料生産科学としての重要性を増しているが，それだけではなく，同時に環境問題や資源エネルギー問題への配慮も求められている．

明治時代に始まった近代農学を「農学1.0」とすれば，今はまさに「農学2.0」の時代であり，多様な課題を解決しながら持続可能な社会を構築していくために農学2.0が果たすべき役割は大きい．東京農業大学農学部では，社会の変化の後追いではなく，潜在的ニーズに応える体制を構築し，研究としての農学2.0を展開し，その成果を教育に落とし込んだ農学リテラシーを推し進めることで，社会で活躍する人材を輩出することをミッションとして再定義した．

この農学リテラシーの基礎として現在の農学全般を俯瞰することがまず必要であると考え，農学部の教員を中心に本書を作成した．編集委員会を組織して，それぞれの専門分野だけにこだわらず，広く現代農学を象徴するキーワードを抽出し，その階層構造を構築した．農学2.0や農学リテラシーは常に進化するものであり，個別の知識は追加され，更新されていくべきものであるが，それ以上に農学全般をどう俯瞰するかという視点をもつことが，今，求められている．本書はその問いに対する，東京農業大学農学部の現時点における答えである．

2018年3月

東京農業大学「現代農学概論」編集委員会
委員長　森田茂紀

編集委員

森田茂紀　東京農業大学農学部デザイン農学科，東京大学名誉教授
［編集委員長，1, 2 章担当および全体監修］

西尾善太　東京農業大学農学部農学科
［3, 6 章担当］

馬場　正　東京農業大学農学部農学科
［4, 5 章担当］

入澤友啓　東京農業大学農学部デザイン農学科
［7, 8 章担当］

石川　忠　東京農業大学農学部生物資源開発学科
［9, 10 章担当］

三井裕樹　東京農業大学農学部生物資源開発学科
［11 章担当］

白砂孔明　東京農業大学農学部動物科学科
［12 章担当］

藤岡真実　前 東京農業大学
［13, 14 章担当］

御手洗洋蔵　東京農業大学農学部デザイン農学科
［15 章担当］

執　筆　者（執筆順）

松田浩敬　東京農業大学農学部デザイン農学科

森田茂紀　東京農業大学農学部デザイン農学科
東京大学名誉教授

西尾善太　東京農業大学農学部農学科

中島　亨　東京農業大学地域環境科学部
生産環境工学科

上地由朗　東京農業大学農学部農学科

垣内　仁　東京農業大学農学部農学科

平野　繁　東京農業大学農学部農学科

馬場　正　東京農業大学農学部農学科

半澤　恵　東京農業大学農学部動物科学科

平野　貴　東京農業大学農学部動物科学科

塩本明弘　東京農業大学生物産業学部
自然資源経営学科

関岡東生　東京農業大学地域環境科学部
森林総合科学科

松嶋賢一　東京農業大学農学部生物資源開発学科

乗越　亮　東京農業大学農学部農学科

キムオッキョン　東京農業大学農学部農学科

多田耕太郎　東京農業大学農学部デザイン農学科

有澤　岳　前 東京農業大学

桑山岳人　東京農業大学農学部動物科学科

峯　洋子　東京農業大学農学部農学科

藤島廣二　東京聖栄大学健康栄養学部食品学科
東京農業大学名誉教授

吉田実花　東京農業大学農学部農学科

入澤友啓　東京農業大学農学部デザイン農学科

野口治子　東京農業大学農学部デザイン農学科

小泉亮輔　東京農業大学農学部デザイン農学科

谷口亜樹子　東京農業大学農学部デザイン農学科

御手洗洋蔵　東京農業大学農学部デザイン農学科

石川　忠　東京農業大学農学部生物資源開発学科

篠原弘亮　東京農業大学農学部農学科

入江憲治　東京農業大学国際食料情報学部
国際農業開発学科

高橋幸水　東京農業大学農学部動物科学科

三井裕樹　東京農業大学農学部生物資源開発学科

長島孝行　東京農業大学農学部デザイン農学科

岩田尚孝　東京農業大学農学部動物科学科

白砂孔明　東京農業大学農学部動物科学科

松尾英輔　前 東京農業大学
九州大学名誉教授

土橋　豊　東京農業大学農学部デザイン農学科

大石孝雄　前 東京農業大学

浅野房世　東京農業大学農学部バイオセラピー学科

藤岡真実　前 東京農業大学

太田光明　東京農業大学農学部バイオセラピー学科

金井一成　東京農業大学大学院農学研究科

入江彰昭　東京農業大学地域環境科学部
地域創成科学科

目　　次

〈第 1 部　現代農学の課題〉

〈第 2 部　日本の農業の現状と課題〉

〈第 3 部　食農デザインの考え方〉

〈第 4 部　生態系から見た農業〉

第1章　持続可能な社会と農学

1-1　近代農学の誕生と展開

a.　人類の定住と農業の開始

(1)　作物と農業の起源

人類の祖先はアフリカを起源とし，その後，中央アジア，ヨーロッパ，東アジア，オーストラリア，そして南北アメリカへと広範囲に移動していった．その過程で，私たちの祖先や初期人類は何世代にもわたって狩猟採集生活を送った．その後，チグリス・ユーフラテス川やヨルダン川周辺の「肥沃な三日月地帯」に自生していたコムギの祖先から種子を採集し，優れた特性を備えた個体を選抜することを重ねながら，コムギの栽培種がつくられた．

そのほか，イネは中国の長江中流域，トウモロコシはメキシコ南西部に起源したとされる．また，初期人類は，野生動物を繁殖させて家畜化した．ヒツジ，ヤギ，ブタ，ウシをつくりだし，肉や乳を生産するとともに，労働力として利用した．このようにして，作物や家畜が起源し，農業が始まった．植物の作物化や動物の家畜化が始まったのは，約1万2000年～4500年前とされている．肥沃な三日月地帯のほか，中国，南アジア，地中海沿岸，エチオピア，ニューギニア，アンデス，アマゾンなどが起源地とされている．遺伝資源は，枯渇性資源や再生可能性資源とは異なり，新しい遺伝資源を生み出し（品種改良），資源を増大させることができる．初期人類の品種選抜に端を発し，現在まで品種改良が続けられているが，人がその成立や改良にかかわったものは，植物野生種で約100種，大型の陸生哺乳類で約14種しかない．

(2)　定住化と人口の増加

狩猟採集から農耕や牧畜へ移行するのに伴い，多くの人類は定住化し，その結果，人類社会は劇的な変化を迎える．すなわち，定住により特定の場所で多量の食料を生産し，人々を養うようになった．そして，徐々に社会階層ができ，社会構造が作り上げられていく．これはまた，炭水化物に大きく依存した食料摂取体系への移行を意味し，栄養状態が相対的に悪化した．いずれにしても，問題は，農耕・牧畜への移行に伴う定住によって人口が増加したことへの対応である．

b. 人口の増加と食料生産

(1) 窒素の問題

人類が定住して狩猟採集から作物栽培に移行し，土壌養分の収奪が進んだ．この養分を補わなければ，作物を栽培したり，家畜を飼養できない．これが農業による環境問題の本質である．

また，人類の食生活は，穀類によるデンプン中心となった．そのため，空腹感はまぎれるが，タンパク質の十分な摂取が問題となる．したがって，空気中の窒素をいかに植物に取り込ませるかが，人類の大きな課題となった．

人類は経験から，マメ科植物を輪作に取り入れたり，家畜の排泄物を利用して，窒素の循環をつくった．これらの伝統的な知識を科学的に明らかにしたのが，19世紀半ば頃のロザムステッド農業試験場における栽培試験をはじめとする研究成果である．ただし，窒素肥料の開発には，もう少し時間が必要であった．

(2) 窒素肥料の開発

1906年に，フリッツ・ハーバーとカール・ボッシュによって窒素分子からアンモニアを作る技術が開発された．このハーバー-ボッシュ法の発明により，人類は多量の窒素肥料を安価に製造することができるようになり，農産物の生産量が増加し，人口が増加した．この背景には，産業革命以降に進展した機械化と，化石燃料である石炭の利用があった．すなわち，窒素肥料を製造できた先進工業国では穀物生産が飛躍的に増大した．また，穀物を餌とする家畜も増え，肉類・乳製品・卵等の摂取も増加して，人類の食生活は大きく変化した．

(3) リンの問題

窒素同様，リンも人間にとって必須の栄養素であり，リンを含む作物を摂取した動物を食べている．ただし，リンは窒素と異なり，循環には地史的な年月を要する．そのため，作物栽培では土壌から失われたリンを常に補充していかなければならない．動物の骨や糞を利用して過リン酸肥料が早くから作られていたが，すぐに需要に追いつかなくなり，現在も利用されているリン鉱石に代わった．リン肥料が販売されるようになって，農業生産は増大した．このようにして，窒素肥料とリン肥料の開発により，農業における長年の課題であった土壌養分の維持が可能となり，農業生産を増加させる背景が整っていった．

c.　緑の革命の果たした役割

(1)　コムギとイネの多収品種の開発

農業に科学的知見が応用された事例として，化学肥料の製造のほかに，「緑の革命」が知られている．すなわち，1940〜1960年代にコムギやイネの多収品種が開発され，化学肥料の投入や機械・灌漑設備の利用によって，穀物の収量が著しく向上した．これを緑の革命と呼んでいる．

当時，南・東南アジアや南アメリカを中心に，人口の増加と貧困が世界的な課題として認識されていた．その対応の1つとして，1943年にロックフェラー財団の支援を受け，トウモロコシ・コムギ改良センター（Centro Internacional de Mejoramiento de Maíz y Trigo：CIMMYT）の前身がメキシコに設立された．ここでは，農学者ノーマン・ボーローグが中心となり，コムギの多収品種の開発が進められた．その品種育成に，日本のコムギ品種‘農林10号’の半矮性遺伝子が導入・利用されたことは有名である．

一方，アジアでは，ロックフェラー財団から後にフォード財団に引き継がれた，国際稲研究所（International Rice Research Institute：IRRI）がフィリピンに設立された．ここで1966年，台湾の半矮性品種とインドネシアの品種を掛け合わせて，奇跡のイネと呼ばれる「IR8」が開発された．

(2)　近代農学の貢献とノーベル平和賞

これらの改良品種に共通しているのは，半矮性遺伝子が導入され草丈が低いということである．そのため，窒素肥料を多投しても倒伏せず，高い収量をあげることができる．すなわち，多収品種と化学肥料とを組み合わせて，生産増大をめざすという戦略である．在来品種も利用しながら多収品種が育成されたが，これらの品種が能力を発揮するためには，化学肥料に加え，農業機械の導入や，近代的灌漑設備の整備が必要であった．

いずれにしても，品種開発と栽培技術のセットを受け入れた国や地域は，近代科学に基づく育種技術，農業生産技術体系を学ぶとともに，NARS（National Agricultural Research System）と呼称される，農業試験研究開発の仕組みを整えていった．ノーマン・ボーローグは，これら一連の取り組みに積極的に関与したことが評価されて，1970年にノーベル平和賞を受賞した．

実際，緑の革命の恩恵を受けた地域では，穀物の収量が増加した．作物学では，穀物の生産量は栽培面積（あるいは収穫面積）に収量をかけたものと考える．すなわち，収量は単位面積あたりの生産量で，技術の影響を大きく受ける．したがって，緑の革命によって耕地面積を拡大することなく，穀物生産量を増やすことができたわけで，科学的研究の成果が実際の農業に応用される端緒を開いた．これにより当時，危惧されたマルサス的世界の到来，すなわち世界的な食料不足を回避することができた．

d. 緑の革命がもたらしたもの

緑の革命は，学術研究の成果を応用して世界における食料増産に大きく貢献したと考えられるが，しばらくすると批判も出てきた．すでに指摘したように，多収品種を利用して生産量を増やすためには，化学肥料や農薬の投入が必要であるし，機械の導入も必要になる．したがって，このような対応ができる地主や大規模農家は潤うが，購入できない農民は利益が得られない．また，穀物が増産されたために国際価格が低下し，農民の貧困を助長しただけという批判もある．

多収品種の能力を発揮させるには，灌漑も必要となるが，それに伴う問題もある．例えば，不適切な灌漑を行うと，表土に塩類集積が起こり，持続性が確保できない．実際，インドでは広い面積のコムギ畑で塩害が報告されている．また，多収品種の栽培が拡大するので，同一品種の連作ということになる．したがって，生物多様性は低下し，病害虫への抵抗も弱くなるなど，耕地生態系の脆弱性が増す場合がある．そして，土と水の管理に象徴されるように，農業の持続性が失われていくことが危惧されている．

また，緑の革命を契機に，農業へ企業が参入し，市場原理が導入された．これは，国際連合食糧農業機関（Food and Agriculture Organization：FAO）等による国際種子キャンペーン（1957～1962年），国際種子年（1961年），改良品種開発計画（1973年）によって国際的にも後押しされた．これらの国際種子に関する動向は，化学肥料や農薬製造企業との連携に基づくものであった．高収量品種に加え，化学肥料・農薬・機械・近代的灌漑設備を活かした効率性重視の大規模単一農業生産が進められ，これに伴って，生業としての農業から産業としての農業へ移り変わり，生産と消費の分離が促進されていった．

e. 今後の農学の果たすべき役割

最近，プラネタリー・バウンダリーという概念が提示されている．これは，地球の持続性にかかわる項目ごとに，それを越えると，急激に取り返しのつかない環境変化が生じる可能性がある境界のことである．検討された項目の中で，リンと窒素が生物地球化学的に不安定な領域を超えている．これは，窒素・リン肥料の開発に起因するものである．自然循環とは異なる新たな窒素・リン（固定窒素やリン鉱石由来）の過剰投入が，沿岸水域におけるデッドゾーン（酸欠海域）や淡水における富栄養化をもたらしている．また，リンは枯渇性資源であり，リン鉱床が世界的に遍在しているため，持続的な利用が懸念されている．

人類は定住化以来，増加する人口への対応を迫られ，知識の蓄積によりそれを乗り越えてきた．特に緑の革命以降，科学的知見を農業生産に応用し，それに合せて社会も変容してきた．これは，マルサスが指摘した世界となることを避け，現代社会の基礎を築いたという意味で，その貢献は非常に大きい．

しかし一方で，結果としてプラネタリー・バウンダリーの研究成果が示すように，人類の持続性が脅かされる事態に至っている．また，緑の革命以降，農業を巡る国際的な関心事項は拡大している．今後，これらに対応しつつ，予測されている気候変動，さらには開発途上国を中心として増加し続ける人口に食料を供給することが，農学に求められている．〔松田浩敬〕

1-2　農学 2.0 と農学リテラシー

a.　近代農学の誕生と発展

（1）　老農と農書にみる日本農学

白土三平の長編劇画『カムイ伝』では，江戸時代を舞台に階級社会の矛盾がテーマである．登場人物の一人に「正助」という農村の青年がいる．彼は差別や搾取と戦いながら，創意工夫を重ね，自分の村の農業生産を上げていく．

実際，江戸時代には各地に「老農」と呼ばれる篤農家がおり，稲作をはじめとする農業について経験に基づく研究を重ね，その成果を農書にまとめている．まだ発掘されてないものも含めて，その数は膨大なものになる．代表的なものは，農山漁村文化協会刊行の『日本農書全集』（全 72 巻＋別巻，1977 ～）で口語訳を読むことができる．

農書に解説されている内容のなかには，現代科学からみれば不正確であったり，間違っていることもある．しかし，生活をかけて農業を営むなかで，経験主義的な研究を積み重ねた成果としてみれば，学ぶべきことが少なくない．

（2）　駒場農学校と横井時敬

明治時代になると，政府は日本の農業の振興を図るために近代農学を取り入れ，1878 年に駒場農学校を開校した．駒場農学校では，お雇い外国人の力を借りて西欧の農学を取り入れ，農業指導者の養成を急いだ．なお，駒場農学校では欧米の農学を日本の農学と比較しながら取り入れるために，「泰西農場」と「本邦農場」という2つの農場が併置された．明治三大老農の一人とされる群馬県の船津伝次平が本邦農場に採用され，学生の指導にあたった．

駒場農学校の2期生に横井時敬がいた．横井は1891年，東京農業大学の創立者である榎本武揚に請われて同大学の初代校長となり，農業研究および農業教育に尽力した．横井は，福岡県勧業試験場の場長時代に水稲籾の塩水選種法を考案したが，これは彼が標榜した実学主義の代表的な成果として有名である．横井は，そのほかにも「稲のことは稲に聞け，農業のことは農民に聞け」，「人物を畑に還す」，「農学栄えて，農業滅ぶ」などの，現代に通じる含蓄の深い言葉を残している．

b.　食料・環境・資源エネルギー

日本の近代農学は，ともに明治時代の初めにできた駒場農学校と札幌農学校によって牽引された．駒場農学校は現在の東京大学農学部に，また札幌農学校は北海道大学農学部に，それぞれつながっている．この2校を含む国立大学と私立大学の農学部のほか，国や自治体の農業試験場における試験研究が，日本の農業技術の発展を下支えしてきた．すなわち，日本の近代農学は食料増産のための支援研究として明治時代に生まれ，その後，日本農業を振興することに貢献した．

(1)　窒素肥料とリン肥料

農学研究が展開するとともに，日本や世界における農学への期待も変容してきた．この間，人口増加に対応する食料増産のために，多量の窒素肥料が投入されてきた．そのため，確かに食料生産は増加したが，過剰な窒素肥料が施用されることによって土壌窒素が増え過ぎ，地下水へ流失することが懸念されている．窒素を耕地生態系の中でうまく循環させていくことは，農業の持続性にとって重要である．また，リンは窒素のように短期間では循環しないため，農業生産の増加に伴って枯渇が懸念されている．

(2)　農業と二酸化炭素濃度

食料生産を増やすことに肥料と機械が大きな役割を果たし（1-1節参照），この過程で，耕地生態系に投入されるエネルギーが増大してきた．この投入エネルギーは化石燃料によって支えられてきたため，当然のことながら，食料生産が増えるとともに排出される二酸化炭素が増えた．

1960年代からハワイで大気中の二酸化炭素濃度の測定が続けられてきた．濃度曲線は，測定者の名前からキーリング曲線と呼ばれている．測定開始当初は 320 ppm 程度であった二酸化炭素濃度は，現在では 400 ppm を超えている．温室効果ガスである二酸化炭素濃度が上昇した結果，地球温暖化が急速に進んでいる．

(3)　農業とメタン発生

二酸化炭素に次いで影響の大きい温室効果ガスはメタンである．メタンは二酸化炭素より量は少ないが，温室効果は二酸化炭素の 20 倍以上ある．メタンの主な発生源は 2 つある．1 つは水田で，稲作を行うことでメタンが発生する．もう 1 つはウシのゲップで，いずれも農業にかかわるものである．

このように，農業を行うこと自体が温室効果ガスの発生にかかわっている．また反対に，温室効果ガスに基づく地球温暖化の影響が農業にも出始めており，緩和策だけでなく，適応策が急がれている（2-1 節参照）．

c.　農学 1.0 から農学 2.0 へ

以上のように，現在，食料問題は，環境問題および資源・エネルギー問題とも深く絡み合っている（図 1.1）．そのため，これらをトリレンマとしてとらえて個々の課題の解決にあたる必要がある．そうでないと，どこかに対応しても，別の部分に新しい課題が出てしまう．現在の農学は単なる食料生産科学ではなく，環境の科学であり，資源・エネルギーの科学であることが，求められている．

明治時代に生まれた近代農学を，食料生産科学としての「農学 1.0」とするなら，現代農学はこの農学 1.0 が広がり，深まり，「農学 2.0」のレベルに進化したといえる．もちろん，農学 2.0 においても，食料生産は重要な守備範囲であり，その意味で農学 2.0 は農学 1.0 を完全に包含している（図 1.2）．

農学 2.0 はまさに進化中で，完成した体系を示すことはまだできない．その場その場，その時その時で，枠組みを作り直しながら研究を進めていくことになる．ただし，農学 2.0 を推し進めるためのキーワードはあげることができる．

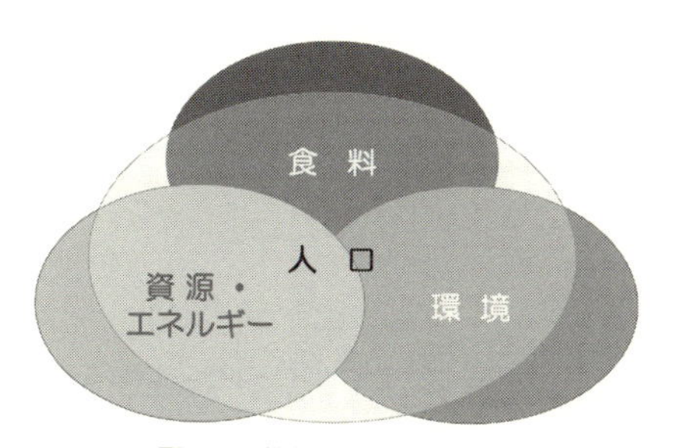

図 1.1　持続的社会への課題

図 1.2　農学 1.0 と農学 2.0

(1)　サステイナビリティ農学—沈みゆく世界を這い上がる—

プラネタリー・バウンダリー（1-1節参照）が示しているように，現在，私たちは多くの複雑に絡み合う課題にさらされている．まさに，下りのエスカレーターを上っている状況で，何もしなければ，食料・環境・資源エネルギーをめぐる状況は悪くなるし，そのスピードは徐々にアップしている．

現状を維持するのもたいへんで，今より少しでもよくするには，かなりの努力が必要である．まず現状を確保し，将来に渡せる環境や資源を確保しながら，十分な食料を安定的に供給していくには，サステイナビリティ（持続可能性）の視点が必要である．この持続可能性には，さまざまな分野がかかわっている．

持続可能性に関するアイデアは，元々，林業や漁業から生まれたものである．林業や漁業では，どれだけ収穫しても，将来にわたって資源を利用できるかという課題がある．したがって，農業においては持続性が大切である．農業を持続的なものにするためには，環境と資源エネルギーの持続性を確保する必要があり，それが持続的社会を構築していくために必要である．

現在，世界的に持続可能性が着目されており，2001年に策定された「ミレニアム開発目標（MDGs）」の後継として，2015年の国連サミットで「持続可能な開発のための2030アジェンダ」に記載された2016～2030年の国際目標が，「持続可能な開発目標（SDGs）」である．持続可能な世界を実現するための17のゴール（図1.3）と169のターゲットから構成されており，“地球上の誰一人として取り残さない（leave no one behind）”ことを誓っている．

図1.3　持続可能な開発目標（SDGs）

人類が生きていくために解決すべき課題が整理されているが，そのなかにも食料，環境，資源エネルギーに関する農学的目標が設定されている．農学は，沈みゆく世界を這い上がり，人類全体の課題である持続性を確保するための重要な手段となることが期待されている．

(2)　レジリエンス農学—しなやかに，したたかに生き残る—

2011 年 3 月 11 日に東日本大震災が日本を襲ったことは，記憶に新しい．このような大きな災害は，長い時間的スパンでみれば必ず起こる．したがって，起こったときに農業被害を回避したり，軽減する知恵が大切になる．そのため，農業におけるレジリエンスということがいわれるようになってきた．

レジリエンスというのは，元々，心理学の用語で，災害などの強いストレスに遭遇したときに，それをしなやかに耐え，受け流すような能力を意味する．また，このような強いストレスからの回復力も，レジリエンスと呼んでいる．最近，この考え方を，心理学以外のさまざまな分野に取り込む試みが行われている．例えば，東日本大震災を契機に，レジリエンス工学という新たな分野が提唱されている．

レジリエンスは，農学にこそ導入すべき考え方である．これまでも，日本の農業は，冷害，台風害，地震など多くの災害にさらされてきた．そのため，対処のノウハウは蓄積している．また，ストレスに強い品種や栽培を作り出すことも，一部で成功している．農業気象学やストレス生物学などの発展は，まさに農業におけるレジリエンスを高めることにつながるものである．

したがって，これまでの農学研究の蓄積を学術的な分類にこだわらず，防災・減災・復興復旧というような課題設定の視点からレジリエンス農学として再構築することが，持続的社会を作っていくことに役立つ．つまり，災害はしなやかに受け流し，したたかに蘇るためのレジリエンス農学が必要である．

(3)　ウェルビーイング農学—その向こうへ，みんなで一緒に—

現状を確保し，維持するとともに，災害時に被害を軽減し，速やかに復旧復興することは非常に大切であるが，それが最終目的なのだろうか．持続性が確保されたら，その向こうへと考えるのが人情であろう．

すなわち，安全で十分な食料を安定的に確保するだけでなく，持続可能性を保ちながら快適な環境のなかで，精神的に安定した生活をめざすということである．農学は，コアとしての食料生産を考えると，まず飢えをなくすことが大前提である．しかし，食べることは単にエネルギーを確保するだけでなく，栄養を摂り，

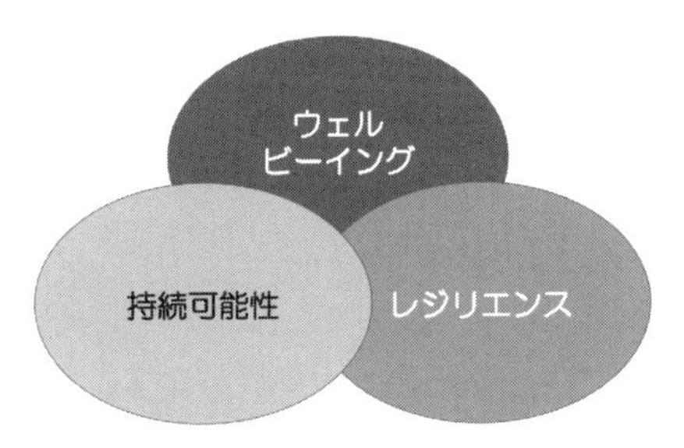

図 1.4　農学 2.0 のキーワード

健康を実現していくことにつながる．さらには，食べるということを通じて，自分自身が満足感を感じるとか，他者とのかかわりを楽しむことも大切である．

したがって，農学は私たちの心身の健康までカバーするべきであり，実際，園芸療法やペットとのかかわりに関する研究や実践が進んでいる（第 13 章，第 14 章参照）．なお，持続性やレジリエンスを越えた目標にたどり着こうとする場合，社会的弱者にまで手が届いていること，「みんな一緒に」が必要である．これは，SDGs の“地球上の誰一人として取り残さない”ことにつながる．このように，持続性やレジリエンスの向こうにあるウェルビーイング（well-being）な世界をデザインしていくことも，現代の農学のミッションである（図 1.4）．

d.　農業の多面的機能と生態系サービス

以上の 3 つのキーワードに象徴される農学 2.0 の研究を推し進めていくにあたっては，これまでのような個別要素や個別技術に注目した研究や対応では不十分である．全体をシステムとしてとらえ，それを最適化する視点が必要となる．

農業に関していえば，作物生産が行われる耕地を生態系としてとらえるような視点である（第 9 章参照）．そして，その生態系が私たちにどのようなサービスを提供してくれるかという観点から，その生態系サービス（図 1.5）を持続的に十分確保するための方策を講じるという考え方が必要である．

近年，注目されている農業の多面的機能は，まさにこのような視点からのものである．そこには，単に食料生産の問題だけでなく，景観や教育といった人間のメンタルな側面にかかわるものまで含まれている．このような課題を含めて，総合的にとらえていくことが農学 2.0 の視点といえる．

e.　農学リテラシーの体系化

日本では明治時代に食料生産科学として始まった農学 1.0 は，現在，農学 2.0

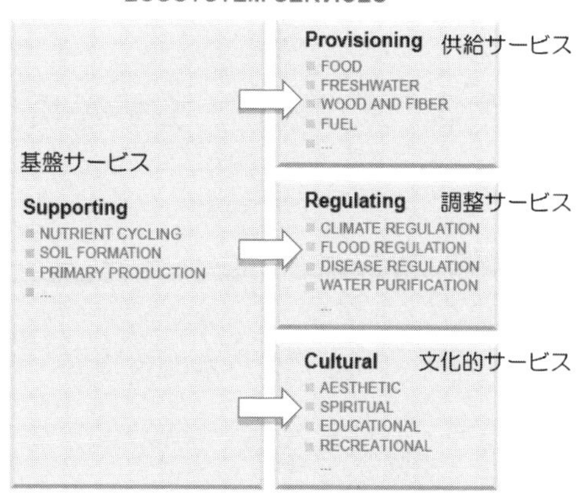

図 1.5　生態系サービス

へと進化を続けている．そのため，日々新しい研究成果が積み重ねられており，それらを体系づけて教育に反映させていくことが大学における農学教育で必要となる．現代社会では，農学 2.0 のような広い観点から，地球全体そして地域の課題をとらえる枠組みをもつことが求められているからである．

そこで，私たちは研究としての農学 2.0 が生み出す成果を，農学リテラシーとして体系づけ，教育に落とし込む努力を始めている．これは，農学的な教養教育というべきものであり，農学 2.0 が取り扱う広く，複雑な問題をとらえる視点を与えるものである．それは，私たちが新しい課題に直面したときに，どのように考え，対処したらよいか，ヒントを与えてくれるはずである．〔森田茂紀〕

第2章　人口変動と食料需給

2-1　世界と日本の人口

a.　世界の人口の推移と人口転換

(1)　3つのシナリオ

世界の人口は長年にわたり少しずつ増えてきたが，産業革命以降，特に20世紀における増加が著しく，2011年に70億人を突破した．21世紀後半には100億人に達する見込みであり，今後しばらくは，世界の人口が増加することは間違いない（図2.1）．

ただし，その後の推移については，現在，3つのシナリオがある．すなわち，現代の人口構造や出生率・死亡率などをもとにして，高位，中位，低位の3つの場合が想定されている．高位のシナリオの場合，現在とほぼ変わらないペースで人口が増加していくことになり，21世紀の終わりに世界の人口は170億人程度とな

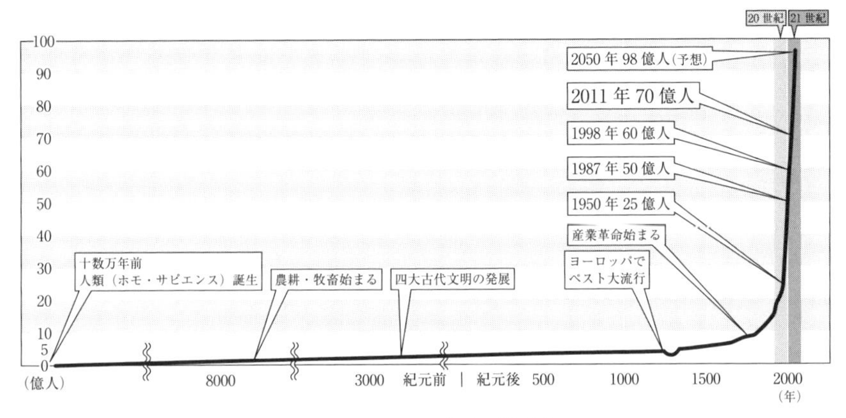

図2.1　世界人口の推移（推計値）

る．反対に，低位のシナリオでは，21 世紀中頃に約 80 億人を超えたあたりでピークを迎え，その後は減少に転じて，21 世紀の終わりには，70 億人を切る見込みである．中位のシナリオをとった場合には，世界の人口は 100 億人を越えるあたりから増加が鈍化し，ほぼ定常状態になることが予想されている．

どのシナリオをとるかで世界の姿はかなり異なるが，いずれにしても，20 世紀に起こった爆発的な人口増加が，今後も長期にわたって続いていく可能性は低い．人類史上，いまだかつて飢えのない世界が実現されたことはないので，人口が増えるから食料を増産しなければならないという構図は，前提としておく必要はあろうが，もう少し広い視野で見直す必要があろう．

⑵　人口転換

世界の人口に関するシナリオとして，増加が鈍化する，あるいは減少に転じるという構造は，どういうものであろうか．まず，世界の地域別の動きをみておこう．人口が最も多い国は中国とインドである．現在，中国が世界第 1 位であるが，近い将来，インドが中国を抜くことが確実視されている．いずれにしても，両国を含めたアジアが世界人口の半分以上を占めており，アフリカを含めると 3/4 ほどになる．このような地域別の特徴は，先進国と開発途上国という視点に立つとさらに明確になり，すでに先進国では人口の増加が鈍化している．すなわち，地域や国によって人口の推移の様相は異なっている．

いずれの地域や国においても，最初は出生率と死亡率が高い状態が現れる．それが，やがて栄養状態や医療レベルの改善に伴って，まず死亡率が低下してくる．それに遅れて，さまざまな社会的要因の影響で出生率も低下し，出生率も死亡率も低いところで安定する．すなわち，多産多死→多産少死→少産少死という推移をたどる．人口の増加率は，出生率から死亡率を引いたものなので，人口増加は徐々に上昇した後，徐々に低下していくことになる．これを人口転換と呼んでいる．

世界各地でこのような人口転換が進んできたし，現在も進んでいると考えられる．ただし，地域や国によってその進みが早いか遅いかが異なり，現在，どの段階にあるかは異なっている．そして，それぞれの地域の人口を合計したものが，世界の人口になる．したがって，世界の人口の増加が鈍化する，場合によって減少するという現象は，起こって不思議はない．

なお，人口変動，とくに減少にかかわる要因として，歴史的にはペストのような病気や天災と，戦争が大きな影響を与えてきた．このような要因の影響は，時代とともに変化してくることも頭に入れておく必要がある．

(3) 人口問題の視点

いずれにしても，世界人口の動きは，さまざまな課題の背景にあるため，常に動きについて把握し，解析する必要がある．普通，問題とするのは総人口やその推移であり，せいぜい地域別にみてどうかというレベルの解析に終わることが多い．しかし，人口については，単に総数の推移だけに注目していたのでは必ずしも十分ではない．

1つは，人口の分布の問題である．地理的に人口の分布に偏りがあることはよく知られている．そのほか，階層・職業・性別などの社会的な条件が人口分布に関係している場合もある．もう1つは，人口の移動である．世界的にみると南と北の問題があるし，南と南の問題もあったりして，実際には複雑な動きがある．また，一国の中でも，都市と農村の問題があり，おもに都市が人を呼び寄せるプル要因と，農村が人を追い出すプッシュ要因の両者を考える必要がある．

b. 日本の人口の推移と少子高齢化

(1) 人口減少と高齢化

日本についてみると，すでによく知られているように，2000年代中頃の約1億3千万人弱をピークに，2005年から人口減少社会に突入した．最近の予測では，このままいくと50年後には9千万人弱になるとされている（図2.2）．

人口構造をみると，高齢化が進んでいることが特徴である．人口構造は年少人口（0～14歳），生産年齢人口（15～64歳），高齢者人口（65歳以上）の3つに分けるのが一般的である．日本では，高齢者人口の比率が急速に高まっている．

国際的な定義では，総人口に対する高齢者人口の比率7%以上を「高齢化社会」，14%以上を「高齢社会」と呼んでいるが，日本はすでに21%以上の「超高齢社会」になっている．これは，生産年齢人口の割合が低下しているということでもあり，この現象が経済にマイナスに働くことを人口オーナスという．反対に，生産年齢人口の比率が高まり，経済にプラスに働くことは人口ボーナスと呼ばれる．

(2) 平均寿命と健康寿命

日本で高齢化が急速に進んでいる要因として，1つには，日本人の平均寿命（正確には0歳の平均余命）が非常に長いことがあげられる．2016年現在の日本人の平均寿命は，男性が80.98歳，女性が87.14歳で，いずれも世界第2位である．この平均寿命は昭和になってから増加しており，特に第二次世界大戦後，増加が顕著である．増加は徐々に鈍化しているが，いまだに続いている．

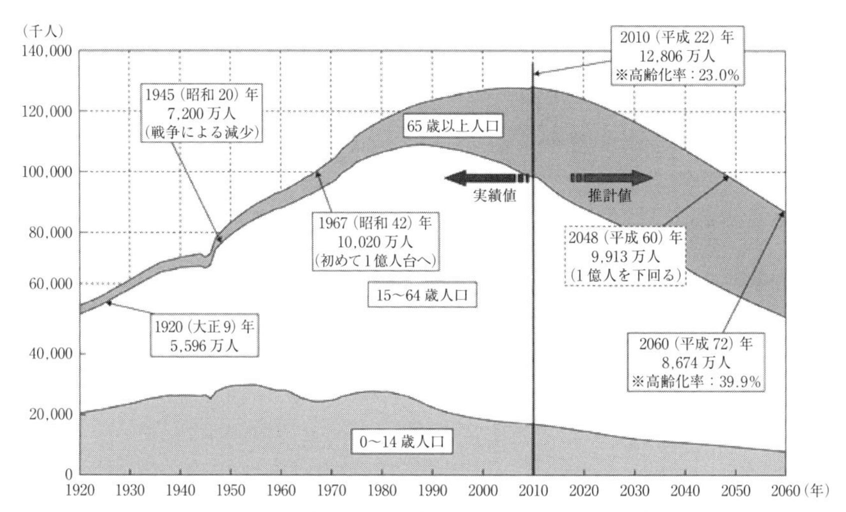

図 2.2　日本の総人口・65 歳以上人口・0 〜 14 歳人口の推移

実績値（2010 年まで）は総務省「国勢調査」「人口推計」「昭和 20 年人口調査」より（国勢調査年については年齢不詳分を按分，また 1941 〜 1943 年は 1940 年と 1944 年の統計値の中間補間による．1945 〜 1971 年は沖縄県を含まない）．推計値は国立社会保障・人口問題研究所「日本の将来推計人口（平成 24 年 1 月推計）」の中位推計による．

一方，日常的・継続的な介護や医療を受けずに自立して生活できる期間を健康寿命とすることを，2000 年に世界保健機関（WHO）が提唱した．2017 年の厚生労働省の発表によれば，日本人の平均寿命から健康寿命を引いた年数は，男性が 9.13 年，女性が 12.68 年である．平均寿命を延ばすだけでなく，健康寿命も伸ばして，この両者の差を小さくすることが大切である．

(3)　少子化と出生率

日本の高齢化が進んだもう 1 つの要因は，少子化のスピードが速いことである．出生率を考えるときは，合計特殊出生率が問題となる．これは，女性が一生の間（統計上 15 〜 49 歳）に平均して産む子どもの数である．したがって，本来であれば，長年にわたる継続調査が必要となるが，ある時点における各年代の出生率を合計したものを使うことが多い．

日本の合計特殊出生率は，第二次世界大戦直後は 4.00 を超えていたが，その後，凸凹はあるものの低下し，2005 年に史上最低の 1.26 となった（図 2.3）．その後は若干回復し，2017 年には 1.44 となった．人口を維持するためには，合計特殊出生率が 2.07 以上であることが必要とされている．それ以下では，人口が減

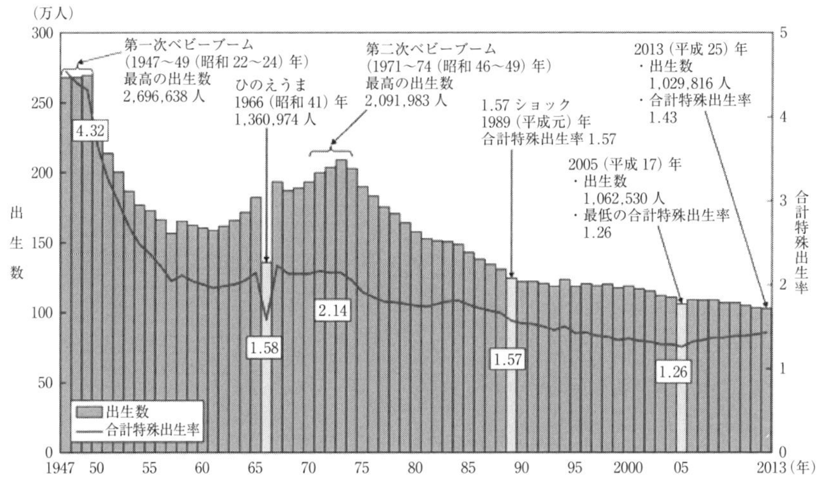

図2.3　出生数および合計特殊出生率の年次推移（厚生労働省「人口動態統計」より）

少していく．合計特殊出生率が若干回復していることで，人口減少速度はやや緩やかになるが，減少していくことに変わりなく，確実に起こる．また，現在の回復傾向は，晩婚化により相対的に上の年代で出生率が上がっているためともいわれており，もしそうなら出生率はやがて下がることになる．

c.　人口減少社会にどう対応するか

日本はすでに人口減少社会，超高齢社会となっており，合計特殊出生率の上昇は期待できない．したがって，人口減少・高齢化が急速に進んでいく．外国から人を入れるというアイデアもあるが，実際には容易ではない．したがって，これまでの人口増加を前提とした社会システムは，さまざまなところで見直しが必要となる．

また，変化は単に総数や人口構造の変化だけでなく，先にあげた分布にもみられるようになることが予想されている．すなわち，地方消滅である．日本全体の人口が減るとともに，残った人口が東京を中心に一極集中することによって，地方の都市が消滅するという増田レポート（2013，2014年）は，さまざまな分野に衝撃を与えた．ただし，田園回帰が少しずつ進んでおり，地方は消滅しないとする研究者もいる．いずれにしても，地域振興を進めながら，それぞれの地域での農業のあるべき姿を考え直さなければならない時期にきている．

その1つの象徴が，耕作放棄地の問題である．人口構造の動きに伴って，農業従事者も減少し，高齢化が進んでいる．そのため，条件の悪い水田や畑が耕作放棄される例が増えている．人口減少に伴う食料需要が減ることはあるが，耕作放棄地が増えることは農地の保全にとって望ましくないし，病害虫や害獣の棲家となって，既存の農業に悪影響を与える可能性も高い．そのため，各地で耕作放棄地対策が検討，実施されている．

人口減少や少子高齢化は日本だけの問題ではなく，近い将来，中国やインドをはじめとする多くの国々でも起こることは確実である．すなわち，人口減少問題や超高齢化問題において，日本は課題先進国といえる．ここで，新しい社会状況に合致した農業や食料需給をはじめとするシステムをデザインすることができれば，アジアひいては世界のモデルとなることができる．日本は今，その対応を問われており，それに答えていくときに，農学2.0（第1章参照）が大いに役立つことになる．

〔森田茂紀〕

2-2 世界の食料需給

a. 栄養不足人口

(1) 栄養不足人口の改善

表2.1は，世界の栄養不足人口と栄養不足蔓延率（＝栄養不足人口／総人口）の歴史的推移を地域ごとに示したものである．ここで栄養不足とは，「十分な食料を摂ることができない状況が最低1年間続く状態で，食事エネルギー必要量を満たすには不十分な食料摂取の水準」と定義されている[1]．

世界全体の栄養不足人口と栄養不足蔓延率の推移をみると，2014～2016年の3か年平均値は暫定値であるため注意が必要であるが，1990～1992年の約10億人（約19％）から，約8億人（約11％）へ改善している．2000～2002年と2005～2007年の間，さらに2010～2012年と2014～2016年の間は改善傾向の停滞が懸念されたが，世界全体では着実に改善されている．もちろん，依然として約8億人の栄養不足人口が存在しており，これは決して小さな数字ではない．

(2) 栄養不足人口の地域差

2014～2016年における先進国と開発途上国の栄養不足人口を比較すると，それぞれ約1,500万人と約7億8千万人で，そのほとんどが開発途上国に存在する．特に，サハラ以南アフリカと南アジアに注目が必要である．両地域とも栄養不足蔓延率は低下したが，その速度は遅い．両地域とも急激に人口が増加しているが，

表 2.1　栄養不足人口および栄養不足蔓延率

地　域	栄養不足人口（単位：100万人）および栄養不足蔓延率（%）									
	1990～1992		2000～2002		2005～2007		2010～2012		2014～2016	
	人数	%	人数	%	人数	%	人数	%	人数	%
世　界	**1010.6**	**18.6**	**929.6**	**14.9**	**942.3**	**14.3**	**820.7**	**11.8**	**794.6**	**10.9**
先進地域	**20.0**	**<5.0**	**21.2**	**<5.0**	**15.4**	**<5.0**	**15.7**	**<5.0**	**14.7**	**<5.0**
開発途上地域	**990.7**	**23.3**	**908.4**	**18.2**	**926.9**	**17.3**	**805.0**	**14.1**	**779.9**	**12.9**
アンリカ	**181.7**	**27.6**	**210.2**	**25.4**	**213.0**	**22.7**	**218.5**	**20.7**	**232.5**	**20.0**
北アフリカ	6.0	<5.0	6.6	<5.0	7.0	<5.0	5.1	<5.0	4.3	<5.0
サハラ以南アフリカ	175.7	33.2	203.6	30.0	206.0	26.5	205.7	24.1	220.0	23.2
東アフリカ	103.9	47.2	121.6	43.1	122.5	37.8	118.7	33.7	124.2	31.5
中部アフリカ	24.2	33.5	42.4	44.2	47.7	43.0	53.0	41.5	58.9	41.3
南部アフリカ	3.1	7.2	3.7	7.1	3.5	6.2	3.6	6.1	3.2	5.2
西アフリカ	44.6	24.2	35.9	15.0	32.3	11.8	30.4	9.7	33.7	9.6
アジア	**741.9**	**23.6**	**636.5**	**17.6**	**665.5**	**17.3**	**546.9**	**13.5**	**511.7**	**12.1**
コーカサス・中央アジア	9.6	14.1	10.9	15.3	8.4	11.3	7.1	8.9	5.8	7.0
東アジア	295.4	23.2	221.7	16.0	217.6	15.2	174.7	11.8	145.1	9.6
東南アジア	137.5	30.6	117.6	22.3	103.2	18.3	72.5	12.1	60.5	9.6
南アジア	291.2	23.9	272.3	18.5	319.1	20.1	274.2	16.1	281.4	15.7
西アジア	8.2	6.4	14.0	8.6	17.2	9.3	18.4	8.8	18.9	8.4
ラテンアメリカ・カリブ海	**66.1**	**14.7**	**60.4**	**11.4**	**47.1**	**8.4**	**38.3**	**6.4**	**34.3**	**5.5**
カリブ海	8.1	27.0	8.2	24.4	8.3	23.5	7.3	19.8	7.5	19.8
ラテンアメリカ	58.0	13.9	52.1	10.5	38.8	7.3	31.0	5.5	26.8	<5.0
中央アメリカ	12.6	10.7	11.8	8.3	11.6	7.6	11.3	6.9	11.4	6.6
南アメリカ	45.4	15.1	40.3	11.4	27.2	7.2	ns	<5.0	ns	<5.0
オセアニア	**1.0**	**15.7**	**1.3**	**16.5**	**1.3**	**15.4**	**1.3**	**13.5**	**1.4**	**14.2**

FAOの公開データより作成．2014～2016年のデータは暫定推定値を参照している．

栄養不足人口は2010～2012年，2014～2016年間に，サハラ以南のアフリカで約2億人から約2.2億人へ，南アジアは約2.7億人から約2.8億人へ，それぞれ増加している．これらの地域は，今後とも栄養不足人口や食料需給の点で注目が必要で，喫緊の対応が必要である．

b.　食料需給の枠組み

(1)　食料需給の規定要因

食料需給，すなわち食料の需要と供給は市場で均衡する．大雑把にいえば，食料の需要は，所得，価格，嗜好等によって決まる．これに対して供給は，食料の生産，端的には農業生産が大きな要素であり，農業生産は当該生産物の価格や，土地，機械，肥料，種子等の投入要素の量や価格，それらの組み合わせによって決まる．もちろん，流通システムや貿易も大きな要素である．

従来，食料需給は，農産物市場や食料市場の枠組みで考えられてきた．しかし，近年は，この枠組みだけでとらえることができず，新たに考慮すべき要素が生じている．まず考えなければならないのが，気候変動の影響である．

(2)　気候変動と食料需給

図2.4は，「気候変動に関する政府間パネル（Intergovernmental Panel on Climate Change：IPCC)」が公表した第5次評価報告書（IPCC Fifth Assessment Report：AR5）に掲載されたもので，21世紀の気候変動による作物収量の変化予測を示している．AR5では，20世紀終盤の水準から約4℃以上，世界の平均気温が上昇すると，人口増加や経済発展に伴った嗜好の変化による食料需要の増大を考慮すると，世界の食料安全保障に大きな影響を与える可能性を指摘している．また，世界の平均気温が約2℃以上上昇した場合は，主要穀物であるイネ，コムギ，トウモロコシの生産が増加する地域もあるが，熱帯・温帯地域では生産が減る可能性が指摘されている．

農業生産のリスクについて注目すべきはアフリカである．20世紀終盤の水準から約4℃以上，世界の平均気温が上昇した場合，高度な適応策を実施したとしても作物生産性・生計・食料安全保障に与える影響のリスクは，他の地域よりも高い．すなわち，アフリカは現状でも栄養不足人口および栄養不足蔓延率が他地域よりも深刻な状況にあるが，今後，急激な人口増加だけでなく，気候変動にも対応した食料供給を迫られることが予測されている．

(3)　バイオ燃料と食料需給

図2.5は，FAOによる肉類・酪製品・穀物・植物油・砂糖のそれぞれの価格指

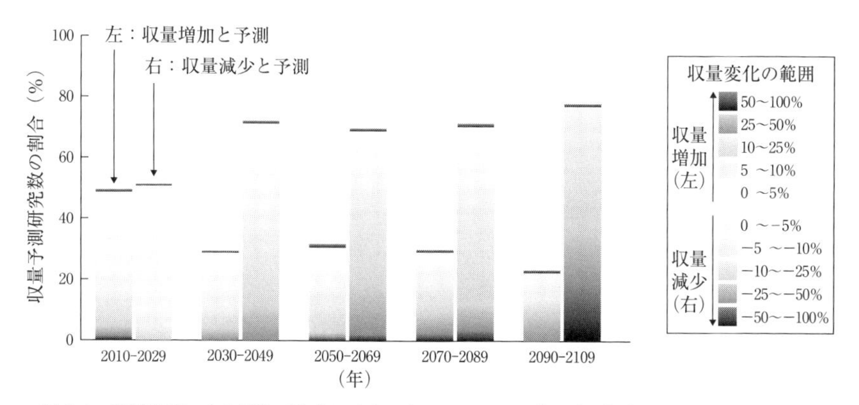

図2.4　気候変動による作物（おもに小麦・トウモロコシ・米・大豆）収量の変化予測（AR5）

図 2.5　食料価格指数（FAO Food Price Index）の推移
2002-2004 年を 100 とする．実質（Real）とは名目（Nominal）の数値に世界銀行の Manufactures Unit Value Index（MUV）を用いてデフレータ調整を行った数値．

数を平均した食料価格指数（Food Price Index）である．1973 年のオイルショック以降，長らく実質食料価格指数は低落傾向にあったが，2006 年以降は，それ以前に比較して高水準にある．これは，農産物市場の性質が変わったことに由来する．

1つは，アメリカ大統領であったジョージ・W・ブッシュが 2006 年の一般教書演説で，再生可能燃料であるバイオエタノールの重要性に言及したことである．これをきっかけに，アメリカではトウモロコシからバイオエタノールを製造するブームが巻き起こった．また同時期に，パームヤシ等の植物油を原料とするバイオディーゼルの生産も，ヨーロッパを中心に増大した．バイオエタノールは，1970 年代末からブラジルでサトウキビを原料として生産されており，その歴史は古い．しかし 2006 年以降のバイオエタノールブームでは，穀物であるトウモロコシを利用した点，食料との競合が生じやすいことに注意が必要である．

ブッシュ大統領の一般教書演説とアメリカ政府の農業政策とがあいまって，トウモロコシを原料とするバイオエタノールの製造がブームとなった．バイオエタノールは，おもにガソリンの代りに自動車の燃料として使用される．そのため，バイオエタノールブームは，農産物市場と燃料市場をリンクさせた．こうして，農産物市場は燃料市場の影響を受けて価格が上昇し，投機筋のファンドが流入し，そのことがさらに食料や農産物の価格を上昇させた．

バイオエタノールブームに由来する新たな資本の参入により，食料や農産物市場の動向は複雑で予測が難しくなった．食料価格の上昇の影響を最も強く受けるのは，エンゲル係数（＝食費／家計総支出）が高い貧困層である．貧困層と栄養不足人口とは，ほとんど重なる．すなわち，近年の農産物市場の変容や食料価格の上昇は，貧困層や栄養不足人口をさらに深刻な状況に落とし込むことになる．

(4)　栄養と食料需給

最後に，近年の食料需給を巡る動向のなかで考慮すべきこととして，栄養の二重負荷を指摘したい．先に述べたように，約8億人の栄養不足人口が存在する一方で，同時に肥満，微量栄養素の欠如が存在する．低栄養と過栄養が同じ集団内に存在する現象を，栄養の二重負荷，さらにそれに微量栄養素の欠如等が重なる場合を栄養の三重負荷と呼ぶ．

表2.2は，1990年および2010年の栄養失調関連リスク要因別，人口集団別，地域別の障害調整生存年数（disability-adjusted Life-years：DALY）を示したものである[2]．DALYは，基本的には，早死することによって失われた年数に，障

表2.2　1990年および2010年における栄養失調関連リスク要因別・人口集団別・地域別の障害調整生存年数（DALY）

地　域	母子の栄養失調		低体重				過体重と肥満			
	DALY計（単位：1000）		DALYs計（単位：1000）		人口1000人あたりのDALY		DALY計（単位：1000）		人口1000人あたりのDALY	
	1990年	2010年	1990年	2010年	1990年	2010年	1990年	2010年	1990年	2010年
世　界	**339951**	**166147**	**197774**	**77346**	**313**	**121**	**51613**	**93840**	**20**	**25**
先進地域	**2243**	**1731**	**160**	**51**	**2**	**1**	**29956**	**37959**	**41**	**44**
開発途上地域	**337708**	**164416**	**197614**	**77294**	**356**	**135**	**21657**	**55882**	**12**	**19**
アフリカ	**121492**	**78017**	**76983**	**43990**	**694**	**278**	**3571**	**9605**	**15**	**24**
東アフリカ	42123	21485	27702	11148	779	205	353	1231	5	11
中部アフリカ	18445	17870	12402	11152	890	488	157	572	6	13
北アフリカ	10839	4740	4860	1612	216	68	2030	4773	36	47
南部アフリカ	2680	1814	930	382	155	63	620	1442	36	51
西アフリカ	47405	32108	31089	19696	947	383	412	1588	6	14
アジア	**197888**	**80070**	**115049**	**32210**	**297**	**90**	**12955**	**34551**	**9**	**16**
中央アジア	3182	1264	967	169	133	27	953	1709	43	57
東アジア	21498	4645	6715	347	53	4	5427	13331	9	14
南アジア	138946	60582	89609	27325	514	150	2953	9281	6	11
東南アジア	27971	9736	15490	3318	270	61	1045	5032	5	16
西アジア	6291	3843	2269	1051	104	41	2577	5198	42	45
ラテンアメリカ・カリブ海	**17821**	**6043**	**5292**	**979**	**94**	**18**	**5062**	**11449**	**26**	**36**
カリブ海	2559	1073	849	252	204	67	401	854	25	38
中央アメリカ	5437	1491	2124	366	133	22	1228	3309	28	42
南アメリカ	9826	3479	2319	361	64	11	3433	7286	25	34
オセアニア	**507**	**286**	**290**	**115**	**302**	**87**	**69**	**276**	**30**	**67**

世界の疾病負担研究のLim *et al.* に記載されているデータを用いて保健指導評価研究所により編集されたもの．母子の栄養失調に関するDALY（障害調整生存年数）の推定値には，子どもの低体重，鉄欠乏，ビタミンA欠乏，亜鉛欠乏，および不十分な母乳といった要因が加味されている．また，出産等に伴う母親の出血，敗血症，女性の鉄欠乏性貧血等も要因として考慮されている．過体重と肥満に関する推定値は，25歳以上の成人を対象としたものである．

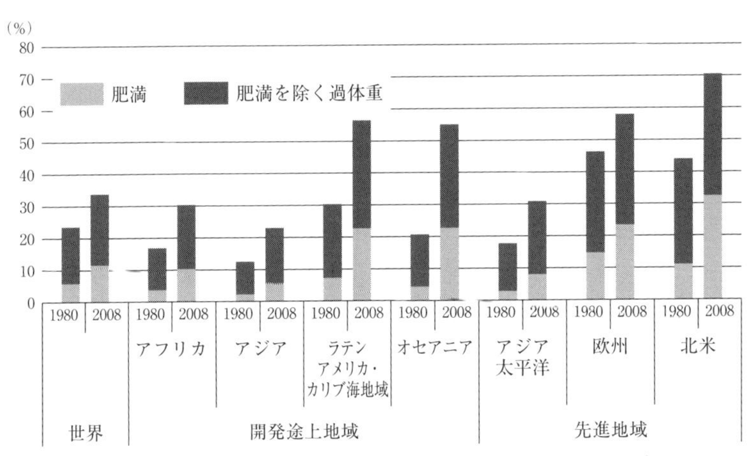

図 2.6 地域ごとの成人の過体重と肥満（世界食料農業白書 2013）[2]

害を有することによって失われた年数を加えることによって算出される．1DALYは，健康的な生活1年分の損失を示すと解釈される．栄養不足の指標の1つである低体重のDALYが，開発途上国で改善していることがわかる．しかし，サハラ以南アフリカと南アジアでは，以前として低体重のDALYが高く，栄養不足人口の分布と一致している．また，多くの開発途上国では，低体重のDALYが過体重のDALYを上回り，その社会的負担が大きいことがわかる．ただし，中南米やアジアの一部地域では，その関係は逆転している．以上のように，開発途上国であっても，栄養の二重負荷あるいは三重負荷が生じていることに注意しなければならない．また，DALYの変化からもわかるように，過体重と肥満が各地地域で増大している（図2.6）．

また図2.7は，栄養失調がもたらす多重負担を，地域および栄養失調の影響のカテゴリー別に示したものである．子供の発育不全（A），子供の微量栄養素欠乏(B)，成人の肥満（C）の3つのカテゴリーが示されているが，ほとんどの開発途上国・地域が複数のカテゴリーに属しており，栄養失調による多重負荷に瀕していることがわかる．FAOによる世界食料農業白書2013年報告では，これらへ対応するには，まず食料と農業から取り組む必要があるとしている．すなわち，農業の本来の役割は食料を生産して収入を得ることであるが，栄養失調の根絶のためには農業，さらに食料システム（投入・生産から，加工，保管，輸送，販売を経て消費に至るシステム）全体で取り組むことが重要であるとしている[6]．

カテゴリA：子どもの発育不全

アフリカ：アンゴラ、ベナン、ボツワナ、ブルキナファソ、カメルーン、中央アフリカ、チャド、コモロ連合、コンゴ共和国、コンゴ民主共和国、コートジボワール、ジブチ、赤道ギニア、エリトリア、エチオピア、ガボン、ガンビア、ガーナ、ギニア、ギニアビサウ、ケニア、レソト、リベリア、マダガスカル、マラウイ、マリ、モーリタニア、モザンビーク、ナミビア、ニジェール、ナイジェリア、ルワンダ、サントメ・プリンシペ、セネガル、シエラレオネ、ソマリア、スーダン、*トーゴ、タンザニア、ウガンダ、ザンビア、ジンバブエ

アジア：アフガニスタン、バングラデシュ、ブータン、カンボジア、インド、インドネシア、北朝鮮、ラオス、モルジブ、モンゴル、ミャンマー、ネパール、パキスタン、パプアニューギニア、フィリピン、タジキスタン、トルクメニスタン、東ティモール、ベトナム、イエメン

ラテンアメリカ・カリブ海地域：ボリビア、ハイチ、ホンデュラス

カテゴリB：子どもの微量栄養素欠乏

アフリカ：アルジェリア、モロッコ

アジア：ブルネイ・ダルサラーム国、中国、キルギスタン、マレーシア、スリランカ、タイ、ウズベキスタン

欧州：エストニア、ルーマニア

ラテンアメリカ・カリブ海地域：ブラジル、コロンビア、ガイアナ、パラグアイ、ペルー

アフリカ：エジプト、リビア、南アフリカ、スワジランド

アジア：アルメニア、アゼルバイジャン、イラク、シリア

欧州：アルバニア

ラテンアメリカ・カリブ海地域：ベリーズ、エクアドル、エルサルバドル、グアテマラ

オセアニア：ナウル、ソロモン諸島、バヌアツ

アフリカ：チュニジア

アジア：グルジア、イラン、ヨルダン、カザフスタン、クウェート、レバノン、オーマン、サウジアラビア、トルコ、アラブ首長国連邦

欧州：ベラルーシ、ボスニア・ヘルツェゴビナ、ブルガリア、クロアチア、ラトビア、リトアニア、マケドニア・旧ユーゴスラビア共和国、モンテネグロ、ポーランド、モルドバ、ロシア、セルビア、スロバキア、ウクライナ

ラテンアメリカ・カリブ海地域：アルゼンチン、チリ、コスタリカ、キューバ、ドミニカ共和国、ジャマイカ、メキシコ、パナマ、スリナム、トリニダード・トバゴ、ウルグアイ、ベネズエラ

オセアニア：サモア、ツバル

アジア：キプロス、イスラエル

欧州：アンドラ、チェコ、ドイツ、ハンガリー、アイスランド、ポルトガル、ルクセンブルグ、マルタ、スロベニア、スペイン、英国

北米：カナダ、米国

オセアニア：オーストラリア、ニュージーランド

カテゴリC：成人の肥満

アフリカ：モーリシャス

アジア：日本、韓国、シンガポール

欧州：オーストリア、ベルギー、デンマーク、フィンランド、フランス、ギリシャ、イタリア、オランダ、ノルウェー、スウェーデン、スイス

カテゴリD：健康上公的重要性を持つ栄養失調問題は存在しない

栄養失調カテゴリ

- 発育不全および微量栄養素欠乏 (AB)
- 微量栄養素欠乏 (B)
- 微量栄養素欠乏および肥満 (BC)
- 発育不全、微量栄養素欠乏、肥満 (ABC)
- 肥満 (C)
- 栄養失調問題なし (D)

図 2.7　栄養失調による多重負担（世界食料農業白書 2013）[2)]

以上みてきたように，世界の食料需給については，急激な人口増加や気候変動に対応しながら，食料や農産物市場の変容，栄養の二重負荷等を踏まえた食料・農業政策が求められる．〔松田浩敬〕

引用文献

1）FAO（2015）：世界の食料不安の現状．
2）FAO（2013）：世界食料農業白書 2013．

2-3　日本の食料需給

a.　日本の食料自給率

(1)　食料自給率の低下

図2.8は，日本の食料自給率（＝国内食料生産量／国内食料需要量）の推移を示したものである．食料自給率には，重量ベース，生産額ベース，供給熱量ベースの3つの指標があり，日本で最もよく使われるのは，供給熱量ベースのものである．供給熱量ベースでみた日本の自給率はここ数十年にわたって低下を続け，2015年現在で約39%であり，食料の61%を海外からの輸入に頼っていることになる．

農林水産省が毎年出す『食料・農業・農村白書』（農業白書）には，「供給熱量ベースの総合食料自給率の低下が続いたのは，食生活の洋風化が進み，国産で需要量を満たすことのできる米の消費量が減少する一方で，飼料や原料を海外に依存せざるを得ない畜産物や油脂類の消費量が増加したことが主な要因」とある．

食生活の洋風化をはじめ，経済発展と食料需要の変化を示す，最も有名な指標としてエンゲル係数がある．エンゲル係数とは，家計の総消費支出に対する飲食への支出の割合である．家計の総所得の増加に対して家計の飲食への支出の増加がそれほど大きくない現象をエンゲルの法則とよぶ．日本のエンゲル係数は，1940年代後半の60%超から，1955年の高度経済成長期初期に50%以下，1970年代は30%以上，1990年代半ば以降は20%以上と，着実に低下してきている．

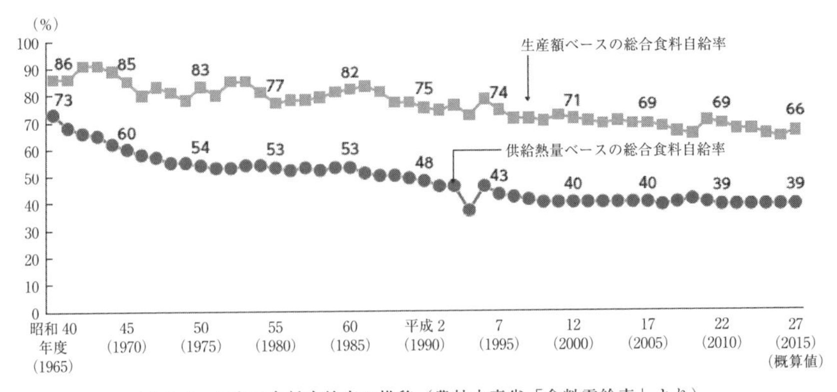

図2.8　日本の食料自給率の推移（農林水産省「食料需給表」より）

(2)　食料自給率の内容

図 2.9 は，食料自給率（カロリーベース）の変化を示したものである．1995 年と 2015 年とを比較すると，まず目を引くのは米とイモ類の消費量の減少である．これに対して，肉類や牛乳・乳製品の増加が非常に大きい．また，鶏卵，果実，油脂類の増加も大きい．経済発展に伴うこのような食料需要の変化は食の遷移といわれるが，日本の場合，その具体的な内容は食の洋風化であり，急速な経済発展を遂げる東・東南アジアで共通してみられる現象である．ただし，長い時間をかけて形成されてきた独自の食文化や習慣が基盤にあるため，その変化は地域によって必ずしも一様ではない．

栄養失調の根絶に向け，農業，さらには食料システム（投入・生産から，加工，保管，輸送，販売を経て消費に至るシステム）全体での取り組みの重要性が指摘されている．これは，食料システムの発展が，現在の食料需給の状況を創り出したからである．農業・漁業就業者数は低下しているのに対し，食品産業の就業者数は，日本全体の就業者数が減少する 2005 年以降は停滞しているが，それ以前は増加している．このことから，戦後の日本の食生活は変化したものの，食材自体はそれほど変化しておらず，中食・外食の発展に伴う食べ方や食べる場所が変化

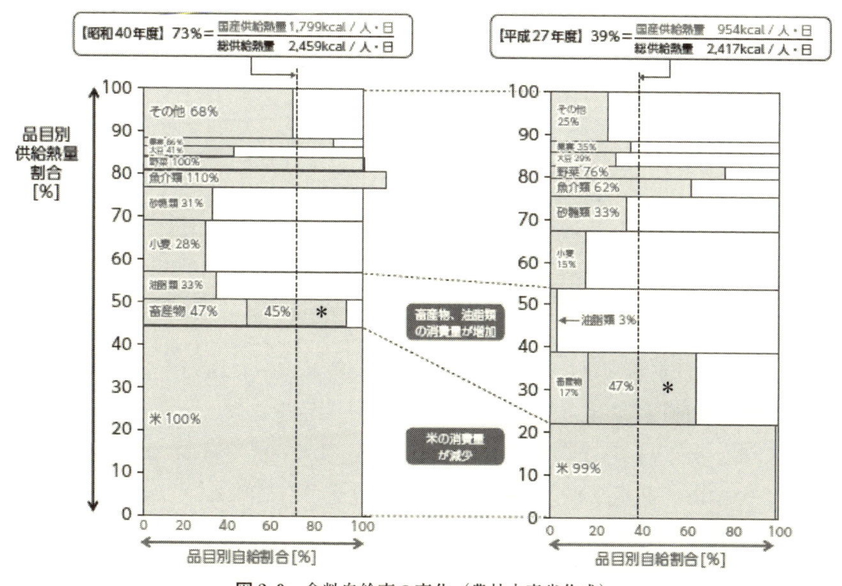

図 2.9　食料自給率の変化（農林水産省作成）
畜産物における＊の部分は輸入飼料に相当する分で，自給としてカウントしていない．

表 2.3　農業・漁業と食品産業の就業者の推移（正源寺，2013 を修正）

	年	1970	1980	1990	2000	2005
実数（万人）	農業・漁業	987	596	430	314	293
	食品産業	512	643	723	804	778
	食品製造業	109	115	138	143	134
	食品流通業	245	299	333	382	374
	飲食店	159	230	252	279	269
	合　計	1,499	1,239	1,153	1,118	1,071
割合（%）	農業・漁業	65.8	48.1	37.3	28.1	27.4
	食品産業	34.2	51.9	62.7	71.9	72.6
	食品製造業	7.3	9.3	12.0	12.8	12.5
	食品流通業	16.3	24.1	28.9	34.2	34.9
	飲食店	10.6	18.6	21.9	25.0	25.1
	合　計	100.0	100.0	100.0	100.0	100.0
就業者総数		5,211	5,578	6,168	6,303	6,153

したと考える研究者がいる[1)].

農業・漁業の就業人口およびその割合は減少している（表 2.3）．一方，食品産業の従業人口は 2000 年代初頭まで増加しており，これは食品産業が厚みを増したことを示している．同時に，素材を提供する農業・漁業と消費者の間に，加工・流通・外食といった複雑なサプライチェーンが形成され，食と農の間に距離ができた．同じような現象は，日本の後に続く東・東南アジア諸国でも生じている．

このような状況のなかで，農業が食品産業とどのように向き合うかは，日本農業の課題といえる．これは，現在の世界の食料需給をめぐる課題に対応するための食料システム全体を通じた取り組みにほかならない．端的には，需要側の食料消費と供給側の農業生産とをどのように結びつけていくかが課題である．

b.　日本人の健康と食生活の構築

(1)　体格指数の推移

図 2.10 は，日本人の平均体格指数（body mass index：BMI）の推移を示したものである．BMI は，体重（kg）÷身長（m）^{2} と定義され，肥満の指標として使われる．若年層では BMI の低下がみられるが，男性の高年齢層では BMI の値が高く，いわゆるメタボリック症候群の増加が危惧されている．一方，女性は若年層で BMI の低下が著しい．図 2.11 に示したように，日本人はその生活スタイルの変化に伴って，1 日あたりの摂取カロリーが停滞，減少している．炭水化物の摂取量が減少し，同時にタンパク質の摂取量が停滞している．これらの食料摂取

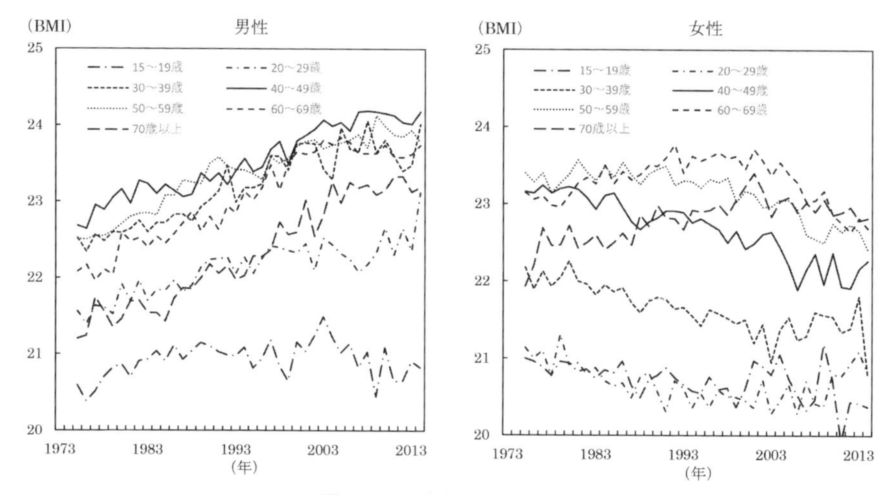

図 2.10　日本人の BMI の推移

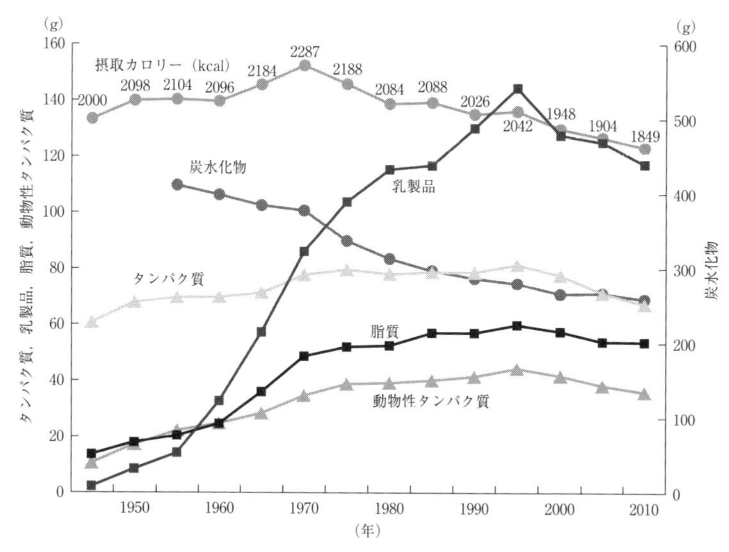

図 2.11　日本人の 1 日の栄養摂取量の推移（厚生労働省「国民栄養の現状」より）

状況の変化が，BMI に反映している．

(2)　食農デザインの構築

日本は現在，すでに人口減少社会に突入しており，しかも超高齢社会（＝高齢者（65 歳以上）人口／総人口＞21%）である．これに伴って，農業者の高齢化に対応した農業生産体系の構築が必要である．また，食料需要でも，高齢者の必要栄養量はそれほど多くなく，食料需要が停滞することが予測される．しかし，日本の場合，若年層，特に女性のカロリーおよびタンパク質摂取量の減少が顕著である．

食料需給をめぐる課題への対応には，農業も含め食料システム全体を通じた取り組みを行うことが重要である．供給側だけでなく，需要側が適切な栄養摂取，そのための食料摂取に関する知識をもつことも重要である．貧困層のように，所得に制約されて選択肢自体が限られてしまう場合もあるが，やがて経済発展の軌道にのった際に適切な栄養摂取ができれば，食料システムを通じ農業生産へとフィードバックされ，供給側にも良好な影響を及ぼすことが期待される．

日本の場合，肥満の増大が諸外国とは異なり，若年層のやせ過ぎの問題が生じている．しかし，需要側の栄養や食に対する考え方が大きな要素であることに変わりはなく，食料システム全体の取り組みの中に，それらをどのように取り込んでいくかが課題である．〔松田浩敬〕

引用文献

1）生源寺眞一（2013）：農業と人間―食と農の未来を考える―，岩波書店．

第3章　環境・資源エネルギーと農業

3-1　地球温暖化と農業

a.　地球温暖化のシナリオ

現在のまま地球温暖化が進むとすると，日本では1984～2004年を基準とした場合，2080～2100年の年平均気温は1.1～4.4℃上昇し，真夏日（日最高気温≧30℃）は年間12.4～52.8日増加すると予測されている．地域別にみると，特に北日本の年平均気温の上昇幅が大きく，西日本および沖縄・奄美では真夏日の年間日数の増加幅が大きい．大雨による降水量は全国的に増加し，無降水日の年間日数も増加するとみられる．また強い台風の発生数が増加し，南方海上では非常に強い台風の増加が予測されている．

世界全体では，温室効果ガスの排出が続くと，平均気温は1986～2005年より2.6～4.8℃上がり，平均海面水位は0.45～0.82 m上昇するというシナリオがある[5]．ただし，世界的に対策をとった場合のシナリオでは，平均気温の上昇は0.3～1.7℃，平均海面水位の上昇は0.26～0.55 mに抑えられる．

b.　地球温暖化による農作物被害

(1)　イネの白未熟粒

私たちは毎日さまざまな農作物を口にしているが，すでに多くの農作物に地球温暖化の影響が現れている．例えば，全国各地で白未熟粒とよばれる白く濁った米が発生し問題となっている[6]（図3.1）．胚乳のデンプン粒蓄積が不十分であるために起こる現象で，これが混じると等級が下がるため，農家にとって大きな経済問題となる．白未熟粒は高温による登熟障害であり，出穂後約20日間の日平均気温が26～27℃以上になると多発する．その背景には，地球温暖化の進行があると考えられる[6]．

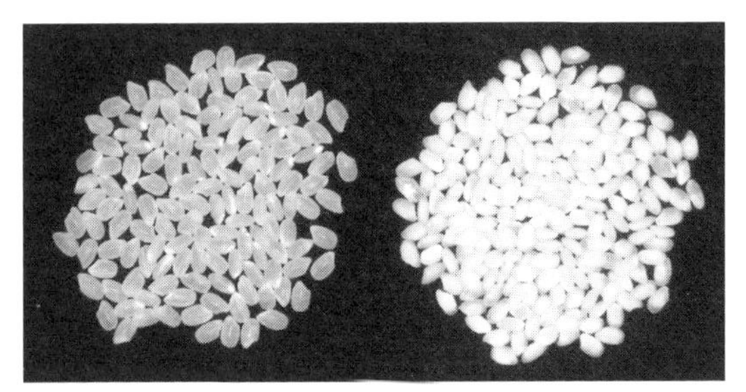

図3.1　高温による米の白未熟粒の発生
左：整粒（健全粒），右：白未熟粒（写真提供：杉浦俊彦）.

(2)　果樹の被害例

イネは毎年品種を選択できるし，野菜も作目を変えることができるが，果樹のような木本性作物は改植が難しく，地球温暖化の影響を受けやすい[8)]．例えば，リンゴの品種として有名な‘ふじ’は，1962年に品種登録されてから50年を超える栽培の歴史があるが，近年，春先と秋の気温上昇によって果実内の糖と酸との比率が変化し，以前よりも甘くなっている[9)]．

果実では食味よりも外観や生産性に地球温暖化の影響が顕著に現われている．リンゴ，ブドウ，ミカンやカキでは，収穫前に高温が続くと，未熟な果実を赤や紫に着色するアントシアニンや，オレンジ色にするカロチノイドといった色素の合成が阻害される．果実の色づきが悪くなることで商品価値が下がったり，収穫が遅れることが頻繁に起こり，問題となっている．

また，夏季に極端に暑い日には，リンゴやミカンの果実に火傷の痕のような日焼けと呼ばれる障害が発生し，被害を受けた果実は廃棄せざるを得なくなる．ミカンでは，樹の上方の日当たりがよい部分で，高温が続くと果皮と果肉が分離して隙間ができる浮皮（うきかわ）という現象が多発する．浮皮が起こると皮が傷つきやすいた

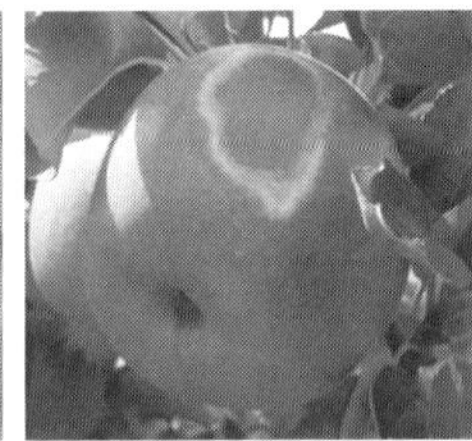

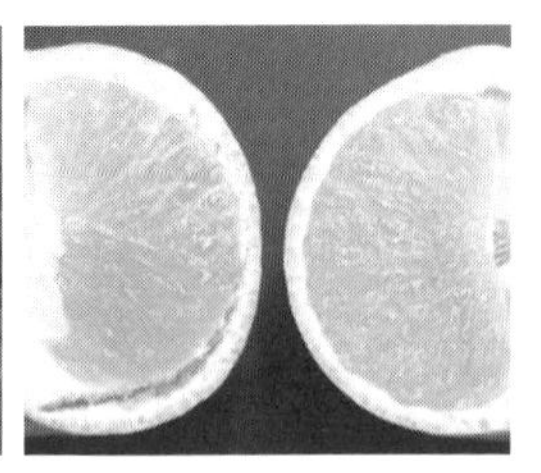

図3.2　果実の高温障害
左：リンゴの着色不良，中：リンゴの日焼け，右：ミカンの浮皮（写真提供：杉浦俊彦）.

め，産地から消費地への輸送中のロスが大きく，貯蔵性も低下する（図 3.2）.

c. 地球温暖化の緩和策と適応策

（1）　緩和策

地球温暖化による農業被害は喫緊の課題であり，緩和策（予防策）と適応策に分けて考えることができる．温室効果ガスの排出削減を行うことが緩和策である．農業における温室効果ガスのおもな排出源には，機械燃料，家畜の消化管内発酵や排泄物，水田，農地土壌がある．緩和策の例としては，ヒートポンプや木質バイオマスを用いた省エネ型施設園芸で二酸化炭素の排出を削減したり，水田に稲わらを鋤（す）きこむかわりに堆肥を施用してメタン発生を削減することがある．

（2）　適応策

一方，すでに起こりつつある気候変動による影響の軽減や，新しい気候条件の利用を行うことが適応策であり，具体的には，高温障害を防ぐ栽培技術や高温に強い品種の開発がある．米の白未熟粒発生では，田植えを遅らせて気温が下がる時期に登熟させたり，肥料の量を増やして生育後期の窒素不足に対応したり，水管理を改善して水温上昇を避ける栽培技術が開発されており，それらを適切に組

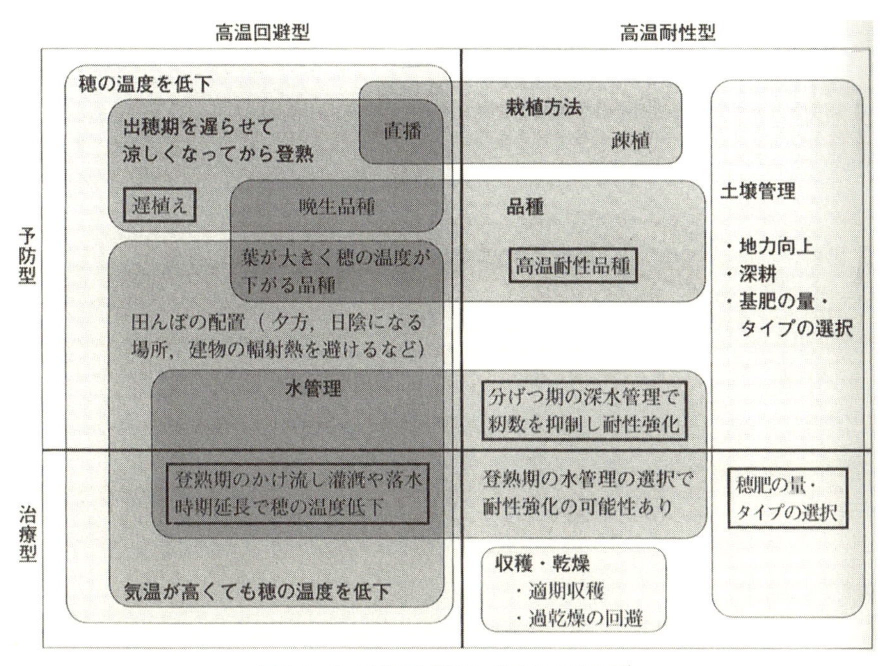

図 3.3　米の高温登熟障害の適応策の考え方[6]

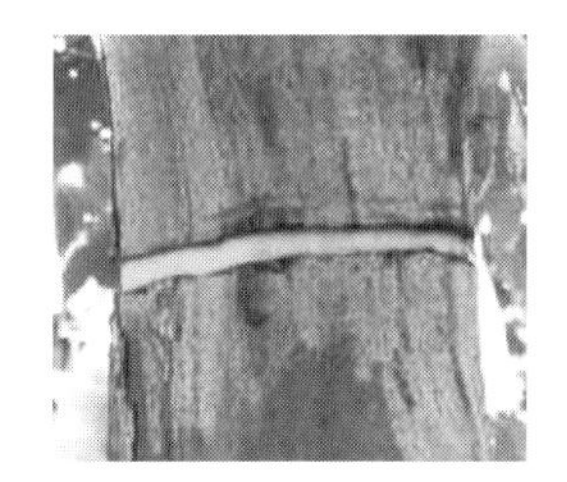

図3.4　ブドウの着色不良対策のための環状剥皮技術

み合わせる適応策がすでにとられている[6)]（図3.3）.

果樹栽培では，樹上に遮光ネットを張って日焼けを防いだり，植物ホルモン剤によってミカンの浮皮を防いだりする技術が一部で普及している．ブドウでは樹皮の一部をリング状に切り取ると，樹体の栄養バランスが変わり，色素の原料となる養分が果実に多く蓄積されるため，着色が改善される．これは環状剥皮（はくひ）という技術で，西日本を中心に広がっている（図3.4）.

d.　地球温暖化への取り組み

(1)　世界の取り組み

2015年にフランスのパリで開催された気候変動枠組条約第21回締約国会議（COP21）では，気候変動に関する2020年以降の新たな世界の取り組みである「パリ協定（Paris Agreement）」が採択された．パリ協定は，すべての参加国の合意として，産業革命前，すなわち人為的な要因による地球温暖化が起こる前からの気温上昇を2℃未満に抑えるという世界共通の目標を設定し，それぞれの国による削減目標を5年ごとに更新すること，各国の適応計画と行動の実施等を規定しており，これらの点で画期的なものである[3)]．日本政府は2016年4月にパリ協定に署名し，同年の秋に発効した.

パリ協定の締結に大きな役割を果たしたのが，国連の「気候変動に関する政府間パネル（Intergovernmental Panel on Climate Change：IPCC）」である. IPCCは人為起源による気候変化の影響やその適応と緩和に関して，科学的，技術的，社会経済学的な見地から評価を行うことを目的として，1988年に国連環境計画（UNEP）と世界気象機関（WMO）により設立された．世界の科学者が発表する論文や観測・予測データを専門家がまとめた報告書は，国際交渉に強い影響力を与えている．2014年のIPCC総会に提出された第5次評価報告書には，地球温暖化は疑う余地がないこと，すなわち事実であることや，人間活動の影響が温暖化の支配的な要因である可能性がきわめて高いことが書かれている[2)]．そして，現在のまま適切な適応策を講じなければ，温暖化の進行に伴って世界中の主要穀物の収穫量が落ち込む可能性を示している．

(2)　日本の取り組み

日本では，政府全体として気候変動によるさまざまな影響への取り組みを総合的に推進するため，2015 年 11 月に「気候変動の影響への適応計画」が閣議決定された[5]．本計画では，気候変動およびその影響の評価を継続して行い，その結果を踏まえて農業を含む各分野における適応策が検討および実施され，定期的な見直しが行われる．地球温暖化による国内農業への影響に関する最新の調査結果，およびその適応策については，農林水産省ホームページの地球温暖化影響調査レポートが参考になる[7]．

〔西尾善太〕

◆コラム 1　地球温暖化で大きく変わる北海道農業

北海道は日本におけるワイン用ブドウの栽培北限地であるが，1998 年を境に，ワイン用ブドウとして世界的に有名な‘ピノ・ノワール’の栽培適温域に入った[1]．そして，ワイン用ブドウ栽培が増加するとともに，2000 年以降，ワイナリーの数が 3 倍以上に急増している．また，従来はみられなかったサツマイモやラッカセイの栽培が，現在は広がっている．さらに，稲作では，1951 ～ 1997 年は約 3 年に 1 回の頻度で冷害が発生していたが，1998 ～ 2015 年になると約 6 年に 1 回と半減し，冷害に強いイネの品種改良の効果と合わせて，安定したコメの生産地としての存在感を増している．このように，地球温暖化への適応策を 1 つのビジネスチャンスととらえる積極的な取り組みも期待されている．

引 用 文 献

1)　広田知良ほか（2017）：生物と気象，**17**：34-45.
2)　環境省（2015a）：気候変動に関する政府間パネル（IPCC）第 5 次評価報告書，1-42. http://www.env.go.jp/earth/ipcc/5th/pdf/ar5_syr_spmj.pdf
3)　環境省（2015b）：パリ協定の概要，1-5.　http://www.env.go.jp/earth/ondanka/cop21_paris/paris_conv-a.pdf［和訳概要］　http://unfccc.int/resource/docs/2015/cop21/eng/10a01.pdf［英文全文］

4) 環境省 (2015c)：気候変動の影響への適応計画，1-86. http://www.env.go.jp/earth/ondanka/tekiou/siryo1.pdf
5) 気象庁 (2017)：地球温暖化予測情報第9巻，1-79. http://www.data.jma.go.jp/cpdinfo/GWP/Vol9/pdf/all.pdf
6) 森田 敏 (2011)：イネの高温障害と対策，p.101，農文協.
7) 農林水産省 (2016)：平成27年地球温暖化影響調査レポート，1-58. http://www.maff.go.jp/j/seisan/kankyo/ondanka/attach/pdf/index-3.pdf
8) Sugiura, T., *et al.* (2012)：*JARQ*, **46**：7-13.
9) Sugiura, T., *et al.* (2013)：*Scientific Report* **3**：2418.

3-2 水問題・土壌劣化と農業

a. 開発に伴う水資源の枯渇化と汚濁化

(1) 農業における水資源

日本は豊かな水資源に恵まれている．水資源は農業を支え，飲料水や工業用水として利用される．農業には大量の水が必要で，日本全体の水資源の約2/3は水田や畑に利用されている．広大な農地で使用された水は地下に浸み込み地下水を涵養し，また多量の降水があった場合は，水田に水が一時的に蓄えられ自然のダム機能が発揮されるなど，農地は水循環において重要な役割を果たしている．

日本は温暖湿潤気候に属し，年平均降水量は1700～1800 mm程度で水資源は豊富にある．ただし，日本の降水パターンには梅雨・台風・雪解け水など，季節的な変動がある．そのうえ，日本の河川は急勾配であるため安定した水を得ることは難しい．また，稲作の代かき等で水需要が集中するピークがある．

そのため，明治期以降，全国各地に水資源利用施設が多く造られた．そのダムや幹線水路，末端の水路は必要な時に必要な量の水を農地に運び，農業生産性の向上に大きく貢献する．また，水田や水路や河川に生息する動植物は豊かな生物多様性や生態系を形成し，日本の原風景を創っている．水資源を上手にコントロールし，農業や私たちの生活に役立つ水資源の開発が必要である．

(2) 水資源の枯渇化と汚濁化

今後，気候変動が進行すれば，地球の平均気温が上がるだけでなく，降水パターンも変化するとされている．ある地域では降水量が増加し，ある地域では減少するような急激な変化があると，水資源に依存している農業は大きな影響を受ける．

IPCC（3-1節参照）によれば，アジア・モンスーン地域の多くでは河川流量と水資源の利用可能量が増加することが予想されている．また，中緯度から高緯度地域の作物生産量は増加の可能性が報告されている．

その一方で，南・東アジア等の人口密集地では，洪水の増加と約10億人が水不足に直面する可能性が指摘されている．中央・南アジアでは，穀物生産量の減少と，それに伴う飢餓のリスクが高まる．水資源の安定的な確保は今後重要な課題である．

また，現代の農業では，農地に化学肥料・堆肥・農薬等を大量に投入して作物生産を行っている．それらが河川や地下水へ流れ出し，水環境が汚濁することがある．特に農地から余剰な窒素が溶脱し，硝酸態窒素の形で地表流出したり，地下水として閉鎖水域に運ばれると，富栄養化を引き起こす原因となる．

b. 土壌劣化と持続可能な農業

(1) 世界の土壌劣化の現状

土壌の性質が悪化することを土壌劣化と呼ぶ．農業では，土壌に人為的な変化を加えて食料を生産している．過度な耕起，短期的な収量増加のための多量の施肥や農薬の散布，連作が典型的な例である．

土壌劣化の要因は，大きく物理的要因，化学的要因，生物的要因の3つに分けられる（図3.5）．物理的要因による土壌構造の劣化としては，土壌侵食，過度な乾燥と湿潤を繰り返して土壌構造が破壊されるスレーキング，土壌の硬度が上昇する圧密等がある．化学的要因による土壌劣化には，肥料の多投で引き起こされる土壌の酸性化・アルカリ化や，農地からの有益な栄養塩類の溶脱等があげられる．生物的要因によるものでは，過度な耕起や化学肥料のみを使用した場合に，土壌中の有機物が減少することが知られている．また，土壌動物・微生物の生物多様性が減少するとともに，病原菌が増加することがある．

実際には，これらの要因が複雑に絡みあって土壌劣化が起きている．いったん

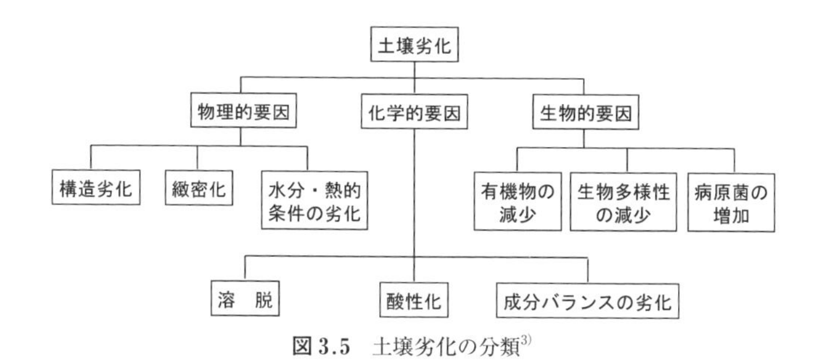

図3.5 土壌劣化の分類[3)]

土壌劣化が進行すると，元の状態に復元することは非常に難しい．

ところで，1993年のFAOの調査によると，世界の陸域149億haのうち健全なのはわずか11%しかなく，28%が乾燥状態，23%は化学的な問題があり，10%は湿害，6%は永久凍土，22%は作土層が浅いと報告されている．また，最近10～20年間に，約20億haの土地で人間活動によって土壌劣化が起こっている．土壌は有限な資源であるので，土壌劣化をいかに防ぐかは，今後の持続可能な農業に不可欠である．

(2) 土壌劣化と炭素貯留

「土壌に関する政府間技術パネル（Intergovernmental Technical Panel on Soils：ITPS)」の報告によれば，持続可能な土壌管理を行えば，特に土壌有機物炭素（soil organic carbon：SOC）の貯留により，健全で安定的な食料の供給をすることができる．土壌劣化や土地利用変化により温帯地域で52%，熱帯地域で41%，寒帯地域で31%のSOCが，土地利用変化前より減少している．地球全体では1850年以降，SOCは660 Pg（$1\ \mathrm{Pg}=10^{15}\ \mathrm{g}$）減少しており，持続可能な農業のために，地球規模でSOCを安定的に増やすべきである．

特に深刻な土壌劣化として，土壌侵食とSOCの損失がある．図3.6に土壌劣化と炭素循環に関するフローを示した．農地では，作物の光合成により空気中から炭素が固定される．その一部は食料として収穫され，2～20%は腐植化しSOCとして貯留され，肥沃な土壌を作り出している．しかし，土壌侵食等により農業に適した肥沃な作土層が流亡すると，SOCの損失が起こる．このような土壌劣化が進行すると，温室効果ガスである二酸化炭素（CO_2）の発生源ともなってしまう．土壌劣化の進行を最小限に止めるとともに，すでに劣化してしまった土壌の生産

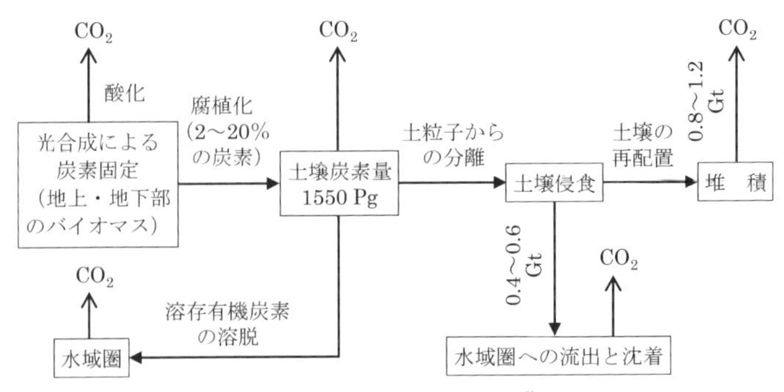

図3.6 土壌劣化と炭素循環[2)]

性を回復させたり，SOC を増加させることは非常に重要である．

c.　SDGs における農業開発と自然環境との調和

「持続可能な開発目標（Sustainable Development Goals：SDGs）」は人間，地球および繁栄のための行動計画として，2015 年 9 月に国連サミットで採択された．国際社会全体の開発目標として，2030 年までに“誰一人として取り残さない”社会の実現をめざし，経済・社会・環境をめぐる広範囲の課題に総合的に取り組むとしている．SDGs は，17 の目標（1 章の図 1.3 参照）を設定しており，例えば，「目標 2」では，ZERO HUNGER（飢餓の撲滅）を掲げ，飢餓を終わらせ，食料安全保障および栄養改善を実現し，持続可能な農業を促進するとされている．「目標 13」では，CLIMATE ACTION（気候変動の運動）とし，気候変動およびその影響を緩和させるための緊急対策を講じる，「目標 15」では，LIFE ON LAND（陸上資源）陸域生態系の保護，回復，持続可能な利用の推進，持続可能な森林の経営，砂漠化対処ならびに土壌劣化の阻止と回復が目標として設定されている．これら 17 の目標は，持続可能な農業開発なしには達成することはできず，自然環境と調和した開発をしていくことが国際的に重要なテーマである．〔中島　亨〕

引用文献

1）FAO・ITPS 編，高田裕介ほか訳（2016）：Status of the World's Soil Resources（SWSR）-Technical Summary（世界土壌資源報告：要約報告書）．農環研報，**35**：119-153.
2）Lal, R.（2004）：*Science*, **304**：1623-1626.
3）Lal, R. and Stewart, B. A.（1992）：*Advances in Soil Science Vol.17*：*Soil Restoration*, Springer New York.
4）宮﨑　毅（2000）：環境地水学．東京大学出版会.
5）塩沢　昌・山路永司・吉田修一郎（2016）：農地環境工学（第 2 版），文永堂出版.

3-3　地球環境と持続的農業

a.　地球環境問題と農業

（1）　地球環境問題と農業の関係

20 世紀，地球の人口は爆発的に増加し，生活向上のために化石エネルギーが大量消費された結果，さまざまな環境問題が発生した．例えば，二酸化炭素濃度の上昇により温暖化が進み，オゾン層が破壊されたために有害紫外線が増え，酸性雨が深刻化した．また，塩類集積，砂漠化，土壌侵食が急速に拡大し，深刻な水不足や水質汚染も発生している．さらに，生物多様性が低下した結果，生態系が脆弱性を強めており，地域環境にも影響を与えている．

このような地球環境問題の発生は，化石エネルギーを大量消費する人間活動に起因するものである．そうした人間活動には農業も含まれる．例えば，森林を切りひらいて耕地にしたり，焼き畑の休閑期間が短くなったりすると，二酸化炭素の吸収容量が減少する．農地に窒素肥料を多投すると，温室効果ガスの1つである一酸化二窒素（N_2O）が発生して地球温暖化につながり，窒素酸化物（NO_x）が増えると酸性雨の原因となる．また，耕起や灌漑が不適切だと砂漠化や塩類集積につながる．水田は，そもそも温室効果ガスのメタンの発生源となっている．

以上のように，農業活動は環境に影響を与えるが，同時にこれらの環境が農業生産に大きく影響する．すなわち，砂漠化や塩類集積が進むと，作物生産の持続性が失われる．地球温暖化によって作物生産が向上する地域もあるが，干ばつや高温被害の多発で生産力が低下することが予測されている地域が広範囲に及ぶ．

(2)　環境調和型・低投入持続的農業

持続的な農業を構築するためには，耕地を拡大することをやめ，既存の耕地の利用法を工夫する必要がある．すなわち，耕地生態系における物質循環およびエネルギー収支に配慮しながら，土づくりなどを通して化学肥料や農薬の使用量を減らす環境調和型農業，また，低投入持続的な農業をめざすことが必要である．

その実現のため，日本では1999年に持続農業法が施行され，有機物施用，化学肥料および化学農薬の低減を通じて，環境と調和した物質循環機能の維持と増進を図ることとなった．現在，堆肥施用や緑肥作物の導入，施肥資材の開発，生物農薬・フェロモン剤の利用や被覆栽培・マルチ栽培，輪作・間作，家畜の糞尿・作物残渣・食品残渣の有効利用など，土づくり，施肥，防除，作付体系，リサイクルの面から，種々の取り組みが進められている．

b.　持続的農業のための窒素施肥

(1)　農地における窒素の動態

窒素は作物の生育や収量だけでなく，品質や食味にも大きな影響を与える．作物による吸収量が適正であれば地上部全体や収穫する利用部分が増大し，その品質も向上する．ただし，窒素肥料は適正な施用範囲が他の肥料に比べて狭いため，過剰に施用して減収したり，品質が低下したりしないように注意が必要である．近年では農地からの窒素の流出が問題となっており，硝酸態窒素による地下水の汚染や，湖沼，内湾の富栄養化の原因となりうる．したがって，窒素施肥の適正管理は，持続的農業を進めるうえで重要な課題である．

農地への窒素のインプットとしては，灌漑水や降雨による供給，土壌無機化および施肥があり，農地からのアウトプットには，作物による吸収，土壌からの窒素ガスとしての放出（脱窒）やアンモニア揮散，表面流出や浸透流出（溶脱）などがある．堆肥などの有機物を投入する土づくり（土壌微生物の働きによって易分解性有機物が作物が利用できる無機態窒素に分解される）を進めながら，窒素施肥を補完的に併用すれば，環境負荷を軽減し，多収・高品質栽培が可能となる．

(2) 窒素施肥の適正管理技術

窒素流出を減らし，窒素利用効率を高めるには，まず，土壌診断・作物診断に基づいて適正な施肥を実践しなければならない．また，施肥窒素を有効利用するためには施肥時期や施肥法も重要である．

追肥重点型施肥のように生育が進んだ時期に施肥を行うと，作物による吸収率および利用効率を高めることができる．局所施肥は全層施肥や表層施肥とは異なり，作物の種子近傍や根系部分にのみ施肥するもので，肥料の流亡を抑制し，利用効率を高めて施肥量の削減につながる．なお，局所施肥としては，水稲移植時での側条施肥や生育中期の深層施肥，畑作物の畝内施肥，野菜栽培における２段施肥などがある．

また，施肥資材の開発も進んでおり，土壌中における肥料成分の溶出パターンを調節できる肥効調節型肥料が利用されており，窒素の効率的利用と流出軽減だけでなく，省力化にもつながっている．被覆肥料は水溶性肥料を薄い被膜で被覆したもので，肥料成分の溶出速度を物理的に調節することができる．緩効性肥料は肥効が長時間持続するもので，作物の生育に伴って溶出するため利用効率が高く，溶脱や揮散が起こりにくいため，環境負荷が少ない利点があり，全量基肥施用すると効果があがる．硝酸化成抑制剤入り化成肥料は，作物の生育障害をもたらす亜硝酸ガスや，温室効果ガスである亜酸化窒素の発生を抑えることができる．

c. リン酸の特徴と有効利用

(1) リン酸の特徴

リンはおもにリン酸のかたちで生物に吸収され，核酸やアデノシン三リン酸(ATP)，リン脂質，補酵素など，生体における重要物質の成分となる．そのため，リン酸は作物の生育に不可欠な養分の１つである．しかしリン酸は，火山性土壌や酸性土壌ではアルミニウムイオンや鉄イオンと結合し，アルカリ性土壌ではおもにカルシウムイオンと結合して，いずれの場合も溶けにくくなっている．これをリン酸の固定という．このような土壌で作物を栽培すると，施用したリン酸のうち５～20％程度しか吸収されない．このため，火山性土壌や酸性土壌が多い日本では，戦後にリン酸肥料が普及するまで畑土壌の生産力が低かった．リン酸固定能の高い土壌では，土壌中の可給態リン酸が作物に障害を与えるレベルに達しにくいし，多少過剰でも作物に障害を起こすことが少ないことから，近年は必要以上に多くのリン酸が施用されて土壌中に蓄積している場合が多い．

リン酸肥料は，限りある資源であるリン鉱石から生産されており，枯渇が懸念されている．また，土壌中のリン酸が過剰だと，鉄欠乏症や亜鉛欠乏症が起きるため，施肥量に注意しなければならない．地力増進法では，可給態リン酸の改善目標を乾土 100 g 当たり 10 mg 以上としており，これ以上蓄積している圃場では，リン酸施用量を節減できる．

(2)　リン酸の有効利用

土壌中の固定リン酸や有機態リン酸の一部は，植物や微生物が分泌する有機酸や酵素によって可給化される．そのため，有機酸を分泌するキマメ，土壌酵素となるフォスファターゼを分泌し活性化するオオムギやトウモロコシ，リン溶解菌を増殖させるソルガムやラッカセイなどの緑肥作物を利用し，混作を行うことで固定リン酸を吸収できる形に変えることが期待できる．

そのほか，アーバスキュラー菌根菌が作物の根に菌根を形成すると，根の延長部分として土壌中を移動しにくいリン酸の吸収が促成される．そのため，菌根菌の宿主となるオオムギやヒマワリをカバークロップ（地表面を被覆して土壌浸食防止や雑草抑制に役立つ作物）や前作（問題としている作物の前に栽培した作物）として栽培することも役立つ可能性が高い．また，下水汚泥や家畜糞尿から作られる肥料や厩肥を利用することも，リン酸をはじめとする養分のリサイクルに有効である．下水汚泥に由来する肥料の国内生産量は，2009 年において肥料全体の約 17％を占めている．

d.　堆肥の調製と利用

(1)　家畜排泄物の堆肥化

家畜排泄物は水分含有率が高く，悪臭を放ち，植物病原菌や雑草種子が混入しているだけでなく，そのまま施用すると作物の生育が阻害される．家畜排泄物に含まれている分解しやすい成分（易分解性成分）を餌として，微生物が急激に増殖するとこの微生物の呼吸によって，土壌中の酸素が短時間に大量に消費され，作物が酸素欠乏になる．また微生物が増殖に必要な窒素分を吸収するため，作物が窒素不足となる「窒素飢餓」が起こる．この2つが生育阻害の原因である．

これを防ぐために，家畜排泄物に稲わらや籾殻などの副資材を混ぜて水分含有率を60％程度に調整し，堆肥原料の攪拌（切り返し）などによって原料内部に酸素を供給して，原料中の好気性微生物を急激に増殖させる．微生物が急激に増殖すると温度が70～80℃まで上昇した後，易分解性成分が減少して，微生物の増殖が落ち着き，温度も低下する．この工程で，微生物により臭気成分が分解され，温度が上昇して過剰な水分が蒸発し，病原菌や雑草種子が死滅する．さらに，微生物の増殖が落ち着くことで，作物の生育阻害要因がなくなり，水田や畑に施用できるようになる．

(2)　堆肥施用による土壌の改善

完熟した堆肥を施用することで，土壌の化学性（作物に必要な栄養成分の供給など），物理性（土壌間隙率の増加など），生物性（生物種の増加など）の改善が期待できる．

堆肥中には，窒素・リン酸・カリウムといった，作物生産に必要な成分が含まれている．これら成分にはその化学的形態によってゆっくり効くものと，すばやく効くものとがあり，例えば窒素には，ゆっくり効く有機態窒素と，すばやく効く無機態窒素の2種類がある．堆肥に含まれる窒素の大部分は有機態窒素（タンパク質，アミノ酸などの分子量の大きな窒素化合物で，植物はそのままのかたちではほとんど吸収できない）であり，これらが微生物の働きでゆっくり無機化し，植物が吸収できる無機態窒素に変わる．この無機化は，堆肥の炭素率（＝炭素量／窒素量：C/N比）が小さいほど，微生物が活発になるので早く進行する．そのため，堆肥の炭素率は利用を考えるうえで重要なポイントとなる．

また，堆肥を施用して土壌中の微生物が増殖すると，その働きで土壌粒子の単粒構造が団粒化する．土壌に団粒構造ができると土壌間隙が増えるため，通気性，排水性が向上し，団粒形成によって保水性が向上する．作物は無機物だけでも生育できるが，土壌中の微生物の増殖には有機物が必要なため，堆肥の施用は土壌の改善に役立つ．

〔上地由朗・垣内　仁・平野　繁〕

3-4　資源エネルギーと農業

a.　耕地生態系と補助エネルギー

(1)　トウモロコシ栽培とエネルギー

作物栽培をエネルギーの観点から分析した研究として，Pimentel ら（1973）の研究が有名である．彼らは，アメリカのトウモロコシ栽培におけるエネルギー利用を分析し，アメリカの農業や緑の革命の農業が化石エネルギー依存型であることに警鐘をならした．すなわち，Pimentel らは，1945 ～ 1970 年におけるトウモロコシ栽培に投入された労働力，機械，肥料，農薬，灌漑，輸送等のエネルギー（投入エネルギーあるいは補助エネルギー）を積み上げ，それによって生産されたトウモロコシのエネルギー（産出エネルギー）と比較検討した．

その結果によれば，収量は増加したが，それ以上に投入エネルギーが増えたため，産出／投入エネルギー比は 1945 年以降，ほぼ一貫して低下した．この結果を踏まえて，エネルギー危機がくることを想定した場合の対策として，特に肥料と農薬を削減するために，輪作や緑肥作物を利用すること，また人力の代わりに機械を使うことを勧めている．

(2)　稲作とエネルギー

日本では宇田川（1976）が初めて，1950 ～ 1974 年における稲作のエネルギー利用の解析を行った．その結果によれば，この間，投入エネルギーは 5 倍以上に増加しており，特に機械と肥料の占める割合が高い．これに伴って産出エネルギーも増加したが，産出／投入エネルギー比は低下した．宇田川は，エネルギー依存型の稲作を脱却するために，機械の合理的な使用と肥料の削減をあげ，地力向上のために田畑輪換を含む水田利用の工夫が必要としている．

その後，木村（1993）が，1955 ～ 1990 年における稲作を対象として，さらに精度の高い分析を行っている．それによれば，1950 ～ 1985 年に投入エネルギーが約 6 倍に増加したが，その後 1985 ～ 1990 年は横ばいである．その中で，農薬と機械の増加が著しく，1990 年には両者の合計が約 7 割を占めていた．米生産も増えたが，産出／投入エネルギー比は約 5 分の 1 に低下した（表 3.1）．

耕地生態系における作物栽培においては，太陽エネルギーを固定するためにさまざまなエネルギーを投入している．その結果，収穫量は増大したが，同時に投入エネルギーも増えているため，産出／投入エネルギー比は低下した．その評価

表 3.1　米生産 10 a あたりの化石エネルギー消費量（10^3 kcal，（ ）内は%）

項　目	1955 年	1965 年	1975 年	1985 年	1990 年
化学肥料	171（41）	222（27）	250（16）	272（11）	244（10）
農業薬剤	29（7）	115（14）	363（23）	569（23）	601（24）
農業機械	77（19）	251（30）	614（39）	1235（49）	1213（48）
燃　料	16（4）	110（13）	198（12）	260（10）	260（10）
電　力	37（9）	55（6）	75（5）	107（4）	115（4）
諸材料	—（—）	6（1）	9（—）	4（—）	4（—）
建　物	83（20）	73（9）	74（5）	87（3）	91（4）
合　計	413（100）	833（100）	1583（100）	2534（100）	2528（100）
kcal／米 1 kg	1051	2136	3291	5058	4967

はさておき，この点を踏まえて持続的農業の構築を考える必要がある．なお，このような産出／投入エネルギー比の違いは時代的な推移だけでなく，地域別の栽培様式によっても大きく異なる．ボルネオ，日本，アメリカにおける稲作のエネルギー効率を比較検討した結果，米の生産量はボルネオ＜日本＜アメリカで，エネルギー効率はボルネオ＞日本＞アメリカであったことは示唆的である．

b.　バイオエタノールのエネルギー

(1)　バイオエタノールの種類

作物栽培にエネルギーが必要であるのと反対に，作物をエネルギーに変えることもできる．その代表例としてバイオエタノールを取り上げ，おもにエネルギー変換の観点からみてみよう．

バイオエタノールは，植物由来の有機物を原料として製造したエタノールで，原料植物は糖質系（サトウキビやテンサイ），デンプン系（トウモロコシ，コムギ，キャッサバなど），セルロース系（草や木，廃材・古紙など）の 3 種類に分類される．現在，世界各地で稼働している事業系プラントでは，糖質系やデンプン系作物を原料として利用している．

しかし，2008 年に発生した世界的な食料危機を契機として，食用・飼料にもなる糖質系・デンプン系作物をバイオエタノールの原料とすることに対して，批判が集まっている．バイオエタノールの製造が増えると，食料としての作物が不足し，貧しい人々が影響を受けるという論理である．それについては冷静に分析する必要があるが，いずれにしても，糖質系やデンプン系の原料作物の代わりにセルロース系原料作物を利用するための技術開発が世界で進められている．

(2)　バイオエタノールのエネルギー

バイオエタノール1Lが含むエネルギーから，製造過程で投入したエネルギーを差し引いた値が赤字か黒字かは，重要な評価基準となる．トウモロコシに由来するバイオエタノールについて検討した結果では，研究者によって異なるが，全体的に黒字という報告が多い．

もう1つの重要な評価基準は，産出／投入エネルギー比である．トウモロコシでの検討結果をみてみると，やはり研究者によって異なるが，代表的な研究例として，1.34という値を採用する場合が多い．すなわち，100のエネルギーを投入して，134のエネルギーをもつバイオエタノールを製造していることになり，デンプン系原料作物のエネルギー変換効率は必ずしもよくない．

これに対して，糖質系のサトウキビの場合は，産出／投入エネルギー比が7～8程度と著しく高い．デンプン系原料作物の場合，デンプンを糖化してブドウ糖に分解しないと使えないのに対し，サトウキビは絞ったショ糖液をそのまま利用することができる（図3.7）．このように工程が少ない分，エネルギー投入量を節約できる．また，バガスと呼ばれるサトウキビの搾りかすを製造工程のエネルギー源として利用できることも，エネルギー効率が高い主な理由である．

(3)　セルロース系バイオエタノール

セルロース系原料作物の場合，分解しにくいセルロースを糖化しやすくするために加水分解などの前処理を行うため，必要なエネルギーがさらに増える．しかし，セルロース原料作物のエネルギー効率は，必ずしも低くない．その理由は，収穫残渣を利用することもあるが，そもそもセルロース系バイオエタノールの原料として利用できるバイオマス（生物に由来する有機物）が世界中に非常に多量

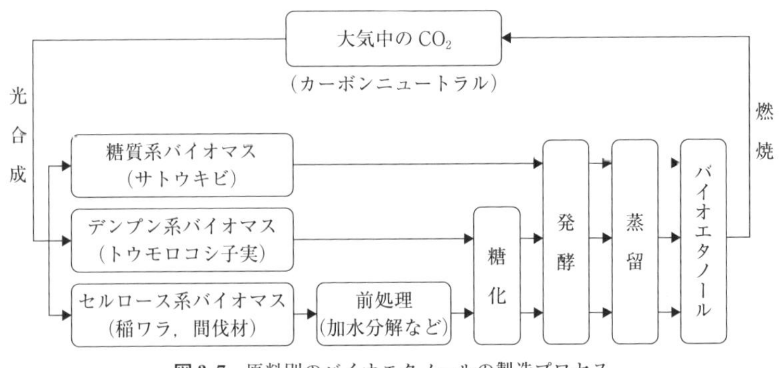

図3.7　原料別のバイオエタノールの製造プロセス

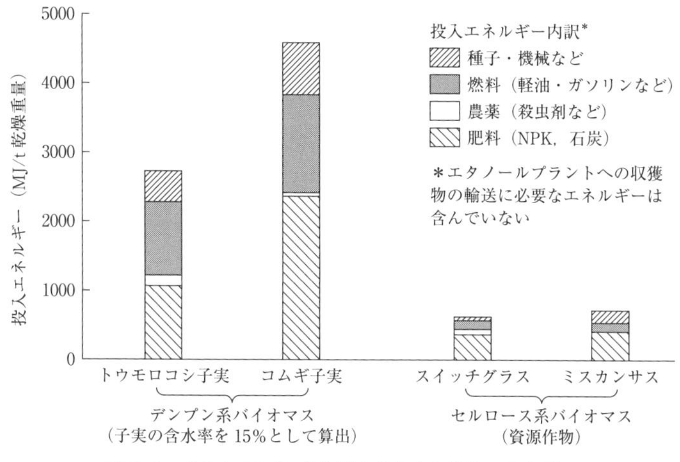

図3.8　バイオマス1tを生産するための投入エネルギー

に存在しているからである．

セルロース系原料の場合，食用作物の残渣を利用するだけでなく，当初から原料使用を想定した資源作物として目的生産する場合もある．資源作物としてのセルロース系原料作物の候補としては，スイッチグラスやミスカンサスなどが選定されている．

スイッチグラスやミスカンサスは生産性が高いだけではなく，栽培に必要な投入エネルギー量も少なくてすむ（図3.8）．すなわち，少ない肥料でも旺盛な生育を示し，病害虫にも強いため，肥料や農薬の使用量を節約することができる．また，多年生植物なので，毎年，機械を使った耕起と播種・定植をしないで済む．このように，投入エネルギーの投入量が少なくてすむため，セルロース系原料作物を利用すると，産出／投入エネルギー比が4～6という高いレベルを実現できる．

〔森田茂紀〕

引用文献

1）木村康二（1993）：農業経済研究，**65**（1）：46-54.
2）Pimentel, D., *et al.*（1973）：*Science*, **182**：443-449.
3）宇田川武俊（1976）：環境情報科学，**5**（2）：73-79.

〈第2部　日本の農業の現状と課題〉

第4章　日本農業の現状と課題

4-1　日 本 の 農 業

a.　変容する日本の農業

日本の農業は，冷害や干ばつ，病虫害の発生と戦いながら私たちの食料を2000年以上も供給してきた．その日本農業の食料供給力に今，陰りがみえてきたといわれているが，実態はどうなのだろう．日本では5年に一度，農林水産省が農林業に関する統計調査を行い，『農林業センサス』として発表している．そこで，このデータなどに基づいて，日本農業の現状をみてみよう．

(1)　日本農業の現状

農業生産額は，1984年の約11.7兆円をピークに，2015年には8.8兆円まで減少している．この間，米の生産額が2.4兆円減っており，減少額全体の大半を占めている．現在の生産額を費目別にみると，畜産3.1兆円，野菜2.4兆円，米1.5兆円，果実0.8兆円である．食料自給率は，アメリカ，カナダ，フランス，オーストラリアなどでは100%を超えている．これに対して日本は，この数十年の間低下を続け，現在は40%前後で停滞している．この値は先進国中で最も低い．

日本の農業就業人口は2016年に初めて200万人を割り込んだ．1990年にはおよそ500万人であったので，6割ほどが減少したことになる．高齢化も進んでおり，農業就業人口の6割が65歳以上で，日本農業は他に類をみない超高齢産業といえる．また，耕地面積も緩やかに減少している．今後，作物を栽培する見込みのない耕作放棄地は増加を続けており，耕地面積の10%に及んでいる．このように，食料供給を支える日本農業の基盤は，データからみて明らかに衰退している．

(2)　日本農業大規模化の兆し

それでは，日本農業に明るい兆しはないのだろうか．農家数が減少するなか，5 ha以上の耕地（全国平均2.7 ha）を経営する農家数の割合は増加している．また，企業として農業を営む法人経営体の増加も進んでいる．農産物販売金額が5,000万円以上の経営体の割合が増加し，その経営は平均年齢55歳未満の若い層が担っている．一方，新規就農者数は5～6万人台で，近年，大きく変動していないが，こちらも49歳以下の若い層が増えている．このように，日本農業には大規模化の兆しがみえており，それを若年層が担っていることは，明るい兆しといえるだろう．それだけが，日本農業のあるべき姿かどうかは別にして，農業就業人口や経営面積が減るなかで，いかに大規模化を図り，生産性を高めるかが日本農業の課題である．

b. 生産性向上に向けた技術革新

生産性を高めるためには，農業経営の大規模化のほかに，技術革新が必要である．ロボットなどの最先端技術の活用や情報処理技術で生産性の向上をめざすさまざまな試みが始まっている．

(1) ロボット技術の活用

真夏に施設の中で行う収穫作業は，農家にとって非常に負担が大きい．トマトやイチゴでは，果実の色，形，位置を正確に読み取って，収穫に適した果実だけを収穫するロボットが開発されている．また，高齢者や女性農業者も体力が必要な農作業に従事するための農業用アシストスーツが開発されている．このスーツを着れば，重さ30 kgの収穫コンテナでも，楽々と持ち上げることができる．

(2) 情報処理技術の進展

これまで人間ができなかったような大量の情報を処理する技術が，生産性向上につながることも期待されている．農地で作物が栽培，収穫された後，輸送されて売場に届くまでのすべての過程における温度，湿度，水条件，光条件などに関

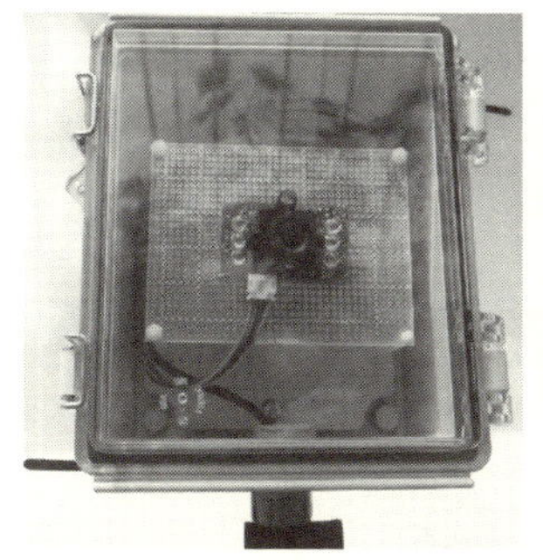

図 4.1 施設内の環境を常時測定して（左），その情報をもとに補光装置を設置し（右），植物の生長を最大化するシステム

する大量のデータを専用のセンサーで取り込み，一括して解析するシステムが開発されている（図4.1）．このデータをスマートフォンでいつでも閲覧可能にすれば，例えば水管理に要する時間を削減することができる．これは，農業分野におけるモノのインターネット（Internet of Things：IoT）といえる．IoTの導入が進めば，生産性の向上とともに，労働時間の短縮が実現できる．

オランダのトマト施設栽培では，60 t/10 a と，日本の2倍の収量をあげている例がある．施設内の環境を最適な条件にコントロールできているからである．日本にそのまま導入できる技術ではないが，多収技術を数値化して，経験の浅い農業者をはじめ多くの農家で活用できれば，そのメリットは大きい．

c.　中山間地域の農業の維持と活性化

国土面積の約7割が森林である日本では，生産性向上を実現できる地域はどうしても限定される．したがって，大規模化や技術革新による生産性向上だけが唯一の目標ではなく，それぞれの場所の条件を踏まえて，農業のあるべき姿を考えていく必要がある．例えば，日本では中山間地域が，耕地面積と農業生産額の約4割を占めている．中山間地域というのは，平地の縁から山間地にかけた地域のことで（図4.2），平地と比べると傾斜地が多く，シカ・イノシシ・サルなどによる鳥獣害を受けやすいなど，生産性を上げることが難しい．そのため，中山間地域の農業を今後，どのように維持していくかは重要な課題である．

図4.2　新潟県上越市の中山間地域にある棚田

上越市は米どころで知られるが，1 ha以上にも及ぶ大規模な田んぼは東部の平地に集中しており，西部は，棚田の続く典型的な中山間地域に属する．

(1) 中山間地域における農業

中山間地域では，収益性の高い農産物の生産・販売に力を入れるとともに，観光，教育，福祉と連携して都市農村交流の取り組みが行われている．また中山間地域における農業を維持することは，国土の保全や水源の涵養，生物多様性の保全，景観の形成，文化の伝承等につながる[2)]．このような中山間地域の農業がもつ多面的な役割を認めて，次世代に継承していく必要がある．

(2) 中山間地域の農業を支える消費者の役割

生産性の飛躍的向上が望めない中山間地域の農業を維持するには，多面的機能の恩恵を受けている国民の理解と協力が不可欠である．農場に出向き農作業を手伝う，自然災害等による経営リスクを回避するために農産物の前払い契約を結ぶなど，消費者が農業に積極的に関与する仕組みづくりが必要だろう[1)]．これが実現できれば，単に農業を支えるだけでなく，農業を通じた地域づくり，コミュニティ形成へとつながっていく．中山間地域の農業を維持していくうえで，消費者の果たすべき役割は大きい．

〔馬場　正〕

◆コラム2 消費者参加型の地域支援型農業

中山間地域では，棚田オーナー制度が導入されている事例がある．棚田の景観や環境に価値を見出し，その保全を図ろうとする消費者が会員となり，前払い契約によって米の売買を行う制度であり，中山間地域の農業を維持する先駆的な役割を果たしてきた．この制度が進化して，生産者と消費者が連携した新たな農業のモデルとして誕生したのが地域支援型農業（community supported agriculture：CSA）である．CSAでは農家と消費者が連携し，前払いによる農産物の契約を通じて相互に支え合うため，中山間地域の農業の存在意義を次世代へ継承することに役立つ新たな農業モデルとして注目されている．

引用文献

1) 唐崎卓也他（2012）：農村生活研究，**56**：25-37.
2) 農林水産省（2017）：平成28年度食料・農業・農村の動向，農林統計協会.

4-2 日本の畜産業

a. 日本の畜産業の歴史

(1) 明治以前

古墳時代の牛乳・乳製品管理の制度化（大宝律令）や，江戸時代の“薬喰い”と呼ばれた食肉習慣の記録はあるが，日本の家畜は，基本的に食用ではなく，運搬・移動の手段や，鑑賞・祭事で利用することを目的に飼養されていた．仏教思想に基づいて肉食禁止令が発布されたこと，タンパク源として海産物の利用が浸透していたことがその理由である．

(2) 太平洋戦争前

明治時代に肉食が解禁され，畜産物を消費することが普通のことになった．しかし，明治政府は畜産振興の中心に軍馬養成を位置づけたため，農業総産出額に占める畜産の割合は，1900年初頭には3%と低かった．その後，政府の有畜農業奨励により家畜の飼養頭数は1930年代後半に戦前のピークに達し，畜産の割合は1935年には7%に増加した．

(3) 太平洋戦争後

1961年に農業基本法のもとで選択的拡大政策が施行され，畜産の生産が大幅に増加した．1973年には変動相場制に移行したことに伴って，大幅に価格が低下した輸入濃厚飼料を多給する集約的な飼養管理が可能となり，家畜の生産性が向上した．家畜の飼養頭数や生産額は，1980～1990年代にピークを迎えた．

1990年代にはバブル崩壊，輸入濃厚飼料の高騰，「関税及び貿易に関する一般協定（GATT）」のウルグアイランド合意（輸入自由化），2000年代になると家畜伝染性疾患の流行と厳しい局面が続いた．畜産産出額は，自由化前年の1994年の2.6兆円から，2003年には2.3兆円に減少したが，その後，寡占化を伴う経営の合理化・規模拡大が進行して増加に転じ，2016年には3.2兆円となった．この間，1955年に14%だった畜産の割合は，2007年以降は30%台で推移している．

b. 日本の畜産業の現状

表4.1は，2015年現在の主要家畜の飼養と需給状況を，50年前と比較したものである．いずれの畜種においても飼養戸数が減少し，飼養頭羽数，1戸あたり飼養頭羽数および生産量が増加している．また，畜産物の消費量は，生産量を上回る増加を示し，その結果，自給率は大きく低下した．

表 4.1 主要家畜の飼養と需給状況の50年前との比較

畜 種	年	飼養戸数	飼養頭羽数（千）	一戸あたり頭羽数	生産量（千 t）	消費量（千 t）	自給率（%）*
肉用牛	1965	1435000	1886	1	196	207	95（84）
	2015	54400	2489	46	475	1185	40（11）
乳用牛	1965	381600	1289	3	3271	3815	86（63）
	2015	17700	1371	78	7408	11892	62（27）
ブ タ	1965	701600	3976	6	431	431	100（31）
	2015	4830	9313	1928	1268	2502	51（7）
採卵鶏	1965	3243000	120197	27	1330	1332	100（31）
	2015	2640	174806	52151	2521	2632	96（13）
ブロイラー	1965	20490	18279	900	238	246	97（30）
	2015	2360	134395	56900	1517	2298	30（9）

ブタおよびブロイラーの飼養戸数，飼養頭羽数および一戸あたり頭羽数は2016年のものを使用．2015年は農林水産省による調査が実施されていない．
生産量は肉用牛・ブタ・ブロイラーは肉重量，乳用牛は生乳量，採卵鶏は卵重量．
自給率は牛肉，牛乳・乳製品，豚肉，鶏卵，鶏肉について，カロリーベースで供給量のうち国内生産物でまかなえる比率．＊：（ ）内の数値は飼料自給率を考慮した%．

(1) ウ シ

・肉用牛： 明治初期に在来牛に海外品種を交配させ，和牛（黒毛和種，褐（あかげ）毛和種，無角和種および日本短角種）が生まれた．2016年現在，黒毛和種160万頭，その他3品種5万頭，ホルスタイン種（去勢牛，経産牛）33万頭，交雑牛（黒毛和種雄とホルスタイン種雌の F_1）51万頭が飼養されている．

・乳用牛： 2016年現在，全牛品種のなかで最も乳量の多いホルスタイン種134万頭，高脂肪の乳を特徴とするジャージー種1万頭，高タンパク質の乳を特徴とするブラウンスイス種1800頭が飼養されている．

(2) ブ タ

2016年現在，770万頭の肥育豚が飼われており，そのうち540万頭は3品種を掛け合わせて作出した F_2：三元雑種（三元豚）である．最も多い組合せは，ランドレース種雌に大ヨークシャー種雄を交配し，その F_1 雌に，デュロック種雄を交配するものである．交配に用いる品種の改良や飼育方法を工夫して銘柄化が図られている．次いで115万頭は，海外の種豚会社がすぐれた雑種系統を作出し，その F_1 を購入した農家が F_1 に生ませた子豚（ハイブリッド豚）である．その他，“黒豚”の銘柄で流通するバークシャー種（39万頭），サシ（脂肪交雑）の入りやすさを改良した銘柄があるデュロック種（14万頭），脂肪にうま味がある沖縄在来豚アグー種が知られている．

(3) ニワトリ

・卵用鶏（レイヤー）： 産卵率が高く白い卵殻の卵を産む白色レグホーン種と，産卵率は劣るが褐色の卵殻の卵を産むロードアイランドレッド種が代表的な品種である．海外の種鶏会社は，この2品種を中心に産卵率，卵殻強度，飼料効率等の優良形質を有するエリート鶏系統を保有し，それらの系統を形質の組合せと雑種強勢を考慮した交雑によりコマーシャル鶏を作出し，農家に供給している．各種銘柄鶏は，飼料や飼育方法による差別化を図ったものが多い．

・肉用鶏（ブロイラー）： レイヤー同様，種鶏会社がコマーシャル鶏を供給しており，その作出には，肉付きのよい白色コーニッシュ種雄と肉付きは劣るが産卵率が高い白色プリマスロック種雌の組合せを基本にした交雑が用いられる．コマーシャル鶏は，7～8週間で約3kgに成長する．近年，この速い成長が鶏のストレスになっていることが問題視され，ヨーロッパ各国の肉用鶏は成長の穏やかな鶏種に切り替わりつつある．比内地鶏，名古屋，薩摩地鶏等の国産鶏種（740万羽）は，品質の高さに加え，成長が遅いことが改めて注目されている[2]．

(4) その他の家畜

・ウマ： 2016年現在，競争用馬（サラブレッド種）4.1万頭，農用馬0.6万頭，乗用馬1.6万頭，肥育馬0.9万頭，小格・在来馬0.2万頭，計7.5万頭が飼養されている．

・ヒツジおよびヤギ： 2014年現在，それぞれ1.7万頭（肉用）および2万頭（肉用，乳用）が飼養されている．

・ウズラおよびアヒル・アイガモ： 2010年現在，それぞれ520万羽（おもに卵用）および21万羽（おもに肉用）が飼養されている．

c. 日本の畜産業の課題

(1) 飼料自給率の向上

粗飼料（牧草，稲わら）および濃厚飼料（穀類，魚粉）の自給率は64%および17%である．飼料稲をはじめとする飼料作物の品質と収穫量向上のための品種改良が必要である．さらに，飼料作物の利用性を高めるための草地・圃場の整備，放牧および未利用資源の飼料化（エコフィーディング）の推進が求められる．

(2) 生産システムの強化

経営の合理化と品質の向上・維持を両立させる必要がある．個人経営で培われた飼養管理技術の大規模経営への適用，ロボット・情報伝達技術を活用した省力化を前提とした個体群，畜産物の品質管理システムの導入が必要である．伝染性疾患対策，環境負荷の低減，個体の経済寿命の延長も望まれる．

(3)　日本版畜産 GAP（Good Agricultural Practice）の推進

家畜・畜産物，生産者，環境の三者にとって健全かつ持続的生産を可能とする生産工程が構築され，それが正しく管理・運営されていることを客観的に評価する仕組み（外部認証制度）の認証を受けることが，世界的な趨勢である[3]．

(4)　各家畜の課題

ウシでは受胎率の向上と雌雄産み分け技術の普及，遺伝性疾患の制御，放牧，肉用牛では霜降りの制御，乳用牛では受胎回数の増加，乳の加工適性の改善，ブタでは産子数，育成率向上，ニワトリでは独自のコマーシャル鶏の作出がある．

(5)　オミクス解析の活用

家畜や畜産物に関する諸課題を，遺伝子，タンパク質および低分子代謝産物の網羅的解析（オミクス解析）を用いて，分子レベルで解明・制御することが必要である（コラム参照）．

〔半澤　恵〕

◆コラム 3　牛肉の霜降りをコントロールする遺伝子の探索

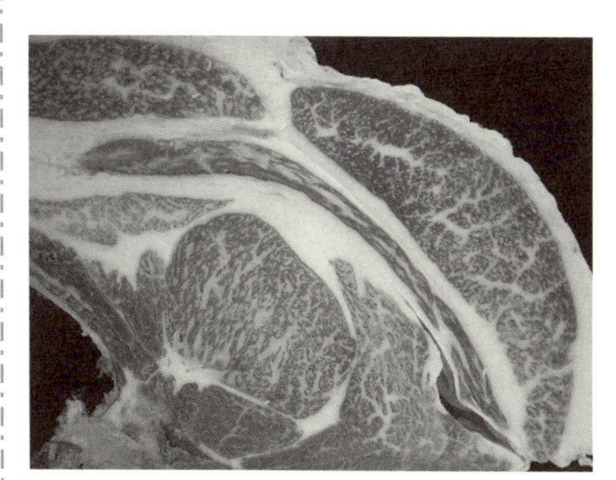

図 4.3　黒毛和種牛の霜降り肉

現在，黒毛和種の霜降り肉生産では，筋肉内に脂肪を貯める細胞（脂肪細胞）の分化・増殖を促すためにビタミン A を制御している．一方，霜降り形成には，ビタミン A に加えて，脂肪代謝，血管や神経，細胞間の結合などさまざまな要因が関与しており，それらにかかわる遺伝子を解明することで，より安心・安全に風味豊かな霜降り肉やヘルシーな赤肉の生産が可能になる[1]．

〔平野　貴〕

引用文献

1) Hirano, T., *et al.* (2008)：*Anim. Genet.*, **39**：79-83.
2) 池内　豊 (2017)：TPP時代の生き残りをかけた高品質・高付加価値な畜産生産物の創生，日本畜産学会第122回大会公開講演会，51-58.
3) 荻野　宏 (2017)：畜産の情報，**5**：2-6.

4-3 日本の漁業

a. 漁業とは

海や河川・湖沼にはさまざまな生き物がおり，私たちはさまざまな道具を使ってこれらの生き物を食料とするために獲ってきた．これが漁業であり，有史以前から行われてきた．自然の力を利用しながら人の手で魚介類を増やす養殖も漁業である．漁業は，獲る漁業である漁船漁業と養殖業に大別でき（表4.2），漁業に加工を含めたものが水産業である．

漁業の対象となる生物は，成長してやがて次世代を残すので，再生産を行うことが特徴である．石油や石炭などの化石エネルギー資源は使えばいずれ枯渇するが，水生生物は再生産量を上回らない程度に獲って利用していけば，枯渇することなく，永続的に利用できる．したがって，持続的な漁業を行うためには，対象

表4.2　漁業の分類[2,3]

<table>
<tr><td rowspan="6">漁業</td><td rowspan="4">漁船漁業</td><td rowspan="3">海面漁船漁業</td><td>遠洋漁業</td><td>長期間にわたって操業を行う大規模な漁業で，遠洋底びき網漁業，以西底びき網漁業，大中型遠洋かつお・まぐろ1そうまき網漁業，遠洋まぐろはえ縄漁業，遠洋かつお一本釣漁業および遠洋いか釣漁業がある．</td></tr>
<tr><td>沖合漁業</td><td>沿岸域より沖合の200海里以内で操業する漁業で，10トン以上の動力漁船を使用する漁業のうち，遠洋漁業，定置網漁業および地びき網漁業を除いたもの．</td></tr>
<tr><td>沿岸漁業</td><td>漁場をほぼ日帰りできる範囲とする漁業で，漁船非使用漁業，無動力漁船および10トン未満の動力漁船を使用する漁業ならびに定置網漁業および地びき網漁業がある．</td></tr>
<tr><td colspan="2">内水面漁船漁業</td><td>公共の内水面において，水産動植物を採捕する漁業．</td></tr>
<tr><td rowspan="2">養殖業</td><td colspan="2">海面養殖業</td><td>海面または陸上に設けられた施設において，海水を利用して水産動植物を集約的に育成し，収穫する漁業．</td></tr>
<tr><td colspan="2">内水面養殖業</td><td>一定区画の内水面または陸上において，淡水を利用して水産動植物を集約的に育成し，収穫する漁業．</td></tr>
</table>

の資源生物の量を適切な水準に保つ管理が重要となる.

b. 世界の漁業

世界における魚介類の消費量は年々増加しており，この半世紀の間に約5倍になった[2]．世界の人口は今後も増え続けることが予想されており，水産物の需要も増大することは確実である．世界の漁業生産量も年々増加を続けており，2015年における生産量は約2億tである（図4.4)．生産量も消費量と同様に，この半世紀の間に約5倍に増加した．これまでの漁業は漁船漁業によって支えられてきたが，1980年代後半から漁船漁業の生産量は頭打ち状態となり，過去30年にわたり9,000万t程度である．人の手で獲れる魚介類量の限界に達しているのかもしれない．

漁船漁業による生産量のトップは中国で，2015年では生産量の約19%を占めている．日本は世界第8位で，生産量は4%である[2]．最も多く漁獲されている魚種は2014年ではニシン・イワシ類で全体の16%を占め，次いでタラ類（9%)，マグロ・カツオ・カジキ類（8%）が続く[1]．漁船漁業の生産量が停滞しているのに対し，養殖業の生産量は，近年，増加が著しい．2014年には1億tを上回り，2015年は漁業生産量の53%を占めるに至った[1,2]．養殖業の生産量トップも中国で，2015年には58%を占めている[2]．海面養殖では藻類（コンブなど）が約50%を占め，内水面養殖では魚類（コイ・フナ類など）が約90%を占める．

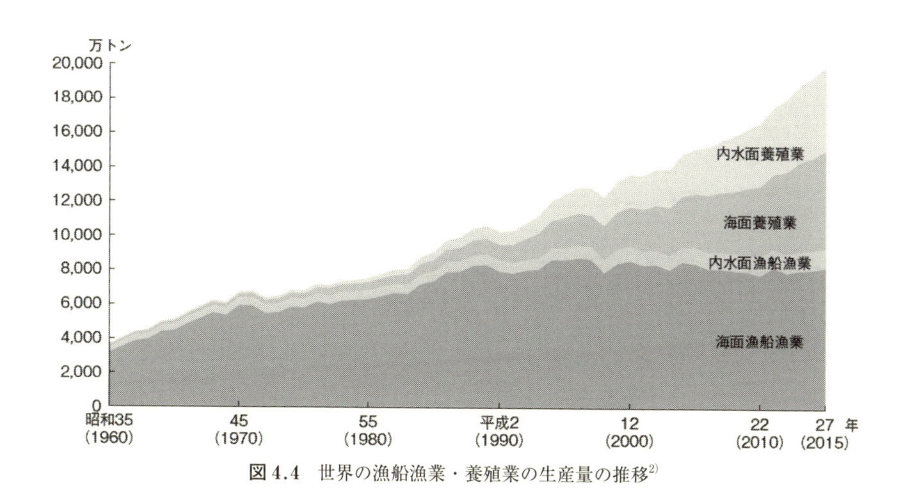

図4.4 世界の漁船漁業・養殖業の生産量の推移[2]

c. 日本の漁業

(1) 生産量と生産額

戦後の漁業生産量のピークは1984年の約1,300万tである（図4.5）．2015年の生産量は約470万tで，ピーク時の36%まで減少している．これは，1990年代に入ってからマイワシの漁獲量が大きく減少したためである．また，漁業生産額のピークも，生産量とほぼ同じ1982年に約3兆円であった（図4.6）．ただし，2015年の生産額は約1兆6千億円で，ピーク時の53%である．マイワシの価格が安く生産額への寄与が低かったためである．このように，日本の漁業生産力はおよそ30年間で半減したことになる．特に，遠洋漁業と沖合漁業の衰退が著しい．

近年（2010～2015年）における日本の漁業生産量のうちわけをみると，沖合漁業が約46%で最も高く，次いで沿岸漁業の約23%である（図4.5）．かつて高い生産量を誇った遠洋漁業は約9%にすぎない．海面養殖業は約21%で，ほぼ一定している．世界の養殖業生産量は近年著しく増加しているが，日本では大きな動きはみられない．海面漁船漁業で多く獲られているのはイワシ類とサバ類で，両種を合わせると近年の生産量の約28%になる[2]．生産額でみるとマグロ類が最も多く，約13%を占めている．海面養殖業の生産量では，ノリ類が最も多く約31%，次いでホタテガイが約19%，カキ類が約17%である．生産額でみると，ブリ類が最も多く約27%（生産量は約15%）で，生産量で最も多いノリ類は約19%である．また，生産量で約5%のマダイの生産額は約11%である．このように，魚類は生産量の割には生産額が高いという特徴がみられる．

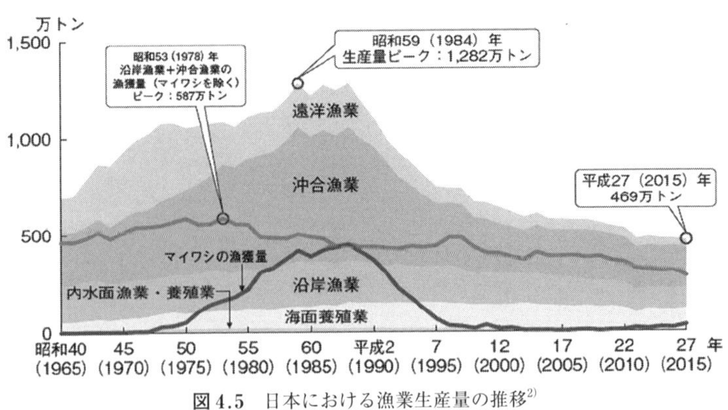

図4.5 日本における漁業生産量の推移[2]

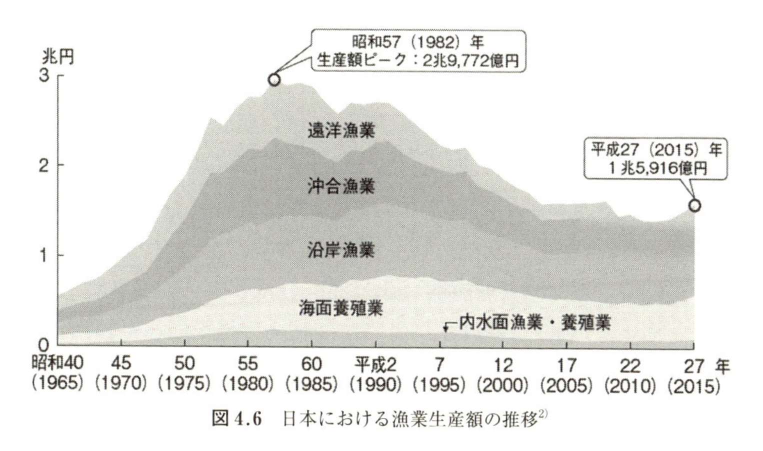

図 4.6 日本における漁業生産額の推移[2)]

(2) 就業者数

日本の漁業就業者は2015年には17万人程度で，漁業の生産量および生産額がいずれもピークであった1980年代初頭に比べると28万人程度減少している[1,2)]．年齢構成をみると，65歳以上の高齢者の割合が漸増しており，2015年には36%である[2)]．これが，日本の漁業の大きな特徴の1つである．

(3) 輸入と輸出

水産物の輸入量は減少傾向にあり，2015年は約250万t，輸入金額は過去5年間，1兆4千億～1兆7千億円である．輸入先は中国，アメリカ，チリ等で，主たる輸入物はエビ，マグロ・カジキ類，サケ・マス類である[2)]．輸出は，2011年の東京電力福島第一原子力発電所の事故により落ち込んだが，その後は増加傾向がみられ，2015年には56万t，金額は約2800億円まで回復した．輸出先は香港，アメリカ，中国等で，主たる輸出品は，ホタテガイ，真珠などである．

(4) 消費量

日本における食用（生産量から飼肥料を除いたもの）魚介類の自給率は1964年度の113%をピークに，2000～2002年度に53%と最低となった後，少し回復し，2015年度は59%であった[2)]．1人が1年間に消費する量も2001年度の40.2kgをピークに低下し，2015年度は25.8kgである[2)]．また，1世帯（2人以上で構成）あたりの生鮮魚介類（切り身など，加工してないもの）の年間購入量も減少しており，2015年には28kgと，2010年より6kg減少している．一方，魚介類の年間支出金額には近年大きな変動がみられず，4万4千～4万8千円である．したがって，消費者の購買意欲が低下しているわけではない[2)]．

(5) 課題と取り組み

日本人のタンパク質摂取量のおよそ20%が魚介類由来であり，動物性タンパク質に限れば40%程度を占める[2]．このように，魚介類は日本人にとって動物性タンパク質の供給源として重要である．したがって，限りある水産資源を持続的に利用していく必要があるが，そのためには適正な資源管理が不可欠である．このため，7魚種（サンマ，スケトウダラ，マアジ，マイワシ，サバ類，スルメイカ，ズワイガニ）については漁獲可能量（total allowance catch：TAC）を決めて資源管理を行っている（TAC制度）[2]．さらに，個々の漁業者または漁船ごとに年間の漁獲量の上限を定めて管理を行う個別割当（individual quota：IQ）方式が試験的に実施され，良好な結果が得られている[2]．〔塩本明弘〕

引用文献

1) 水産庁（2016）：水産白書 平成28年版，農林統計協会．
2) 水産庁（2017）：水産白書 平成29年版，農林統計協会．
3) 多田 稔（2016）：水産海洋ハンドブック（竹内俊郎ほか編），pp.545-547，生物研究社．

4-4 日本の林業

a. 森林に恵まれた日本

(1) 豊かな森林

日本は森林国といわれるほど森林が豊かで，日本文化の形成にも大きな影響を与えてきた．日本の国土面積は約3,800万haで，その68%に相当する約2,500万haが森林に覆われている．国土面積に占める森林面積の割合を森林率という．約7割の森林率は，フィンランドに次いで世界第2位であり，きわめて高い．これは，湿潤温暖な気候によるところが大きく，他の国々では森林を造成するのが難しいのとは対照的に，家屋や田畑が森林に飲み込まれないようにする必要性がある．

(2) 国土と生活を守る森林

日本は海に囲まれ，狭隘(きょうあい)な国土の中央に脊梁(せきりょう)山脈が走り，山がちな島国である．そのため，私たちの先祖は常に，わずかな平地に拓(ひら)いた田畑や集落が，海風が運ぶ砂と，山地からの土砂に埋もれてしまう危険性と闘ってきた．人々は，周囲の森林を大切に守り育て，森林の発揮する国土保全機能を活用してきた．これは，森林を作り，育てることが比較的容易だからできたことである．

b. 日本の林業

日本人は，豊かな森林を古くから利用してきた．例えば，先にあげた国土保全のための利用，森林が涵養した水源の利用，木材に代表される林産物の利用など，多様なものがある．ここでは，林産物生産を目的とする林業を取り上げる．

(1) 林業の特徴

林業は，広義には農業の一分野とすることがある．それは，人間が利用するために生物を育て，収穫するという点で，作物の栽培と多くの共通点をもつからである．生態学者の只木良也は，広義の農業で利用する技術について「植生遷移の人為的なコントロールである」とした．

農業も林業も，具体的な作物や生産方法などには，じつにさまざまなものがある．農業としてイネや野菜の生産，林業としてスギやヒノキを中心とする建築資材としての木材生産を代表例として比較すると，それぞれの特徴がよくわかる．只木の表現を借りれば，作物栽培はおもに1年生作物の群落の遷移を初期段階にリセットすることで高い生物生産を実現しているのに対して，林業では，多年生植物の遷移を進めてできるだけ早く最終的な植生（極相）を実現することをめざしている．

また一般に，1年生作物の栽培と比べると，林業の土地生産性は低く，同様の所得を得ようとすれば広大な土地が必要となるうえ，人が必要とする大きさの樹木（木材）を育てるためには長い年月が必要となる．すなわち林業は，耕起や施肥をできるだけ省略しながら，生態系の仕組みを最大限に活かした生産形態を生み出して，樹木生産と国土管理や自然保護との両立を達成してきた．林業は経済行為であると同時に，私たちの生活と，それを支える環境とを保全する営みである．

(2) 林業を構成する2過程

建築材料の供給を目的とする林業は，育林生産過程と素材生産過程（伐出生産過程ともいう）とに大別される．育林生産過程は，樹木を植え，育てる過程であり，素材生産過程は育林生産過程を引き継ぎ，樹木を伐採し，搬出する過程を指す．農業においては，播種や苗の定植から収穫に至る一連の過程を通常，同一主体が担うが，林業においては育成の過程と収穫の過程に，それぞれ異なる人々がかかわることが一般的であり，この点も林業の特徴となっている．

育林生産過程は，植栽（苗木の定植）・下刈り・間伐・枝打ち等の保育作業から構成され，素材生産過程は，伐倒・出材・運材等の伐出作業から構成される[1]．育林生産過程を通じて造成される森林は人工林とよばれ，わが国の森林面積の約4割に相当する1,000万haに及ぶ[1]．この人工林率の高さも，日本の森林の特徴の1つとなっている．

c.　林業から林産業へ

林業過程を経た生産物には多様なものがあり，建築資材・家具用材・土木資材・紙・燃料等が代表例である．生産の過程もきわめて多様であるが，近年は，いわゆる木材以外の生産を目的とするNWFP（non-wood forest production）と呼ばれる経営形態を含めた多様な経営が注目されつつある．NWFPはFAO林業局が1991年に提唱した概念で，木材生産が森林を生産物とするのに対し，森林を生産手段として位置づけ，樹木の伐採を伴わずに得られる副産物を主産物とする森林経営を意味する[2]．

林業は樹木（立木）の生産と伐採（収穫）によって完結しない．その後の流通・加工・販売・廃棄の段階を経て生活に供される．そのなかで，特に加工段階を担う産業群を林産業と呼んでいる．林産業では丸太を加工し，板や柱といった木材を生産することが中心となるが，木材以外にも，パルプ生産や製紙，木材の抽出成分から食品や医薬品，繊維原料などを得てきた．すでにみたNWFPを導入・活用するのにも，林産業の振興が必要となる．

d.　これからの林業と森林管理

戦後の復興期から，1950年代半ばに始まった高度経済成長期は，長い歴史を刻んできた日本の林業にとってきわめて特異な時期であった．国土を保全しつつ，人々の生活に必要とされる物資の生産を行ってきた林業が，建築資材，それも家屋の柱の原材料（柱材）の生産一辺倒の産業として再編された時期である．

私たちは，狭い国土に多くの人口がひしめく日本における，森林の利用と管理のあり方を再考しなくてはならない．森林を利用することが現在，どういう意味をもっているかを考え，新たな林業像を模索することが必要である．

〔関岡東生〕

引用文献

1)　関岡東生（2016）：図解知識ゼロからの林業入門，家の光協会．
2)　関岡東生（2016）：新版森林総合科学用語辞典，東京農大出版会．

第5章　モノからみた日本農業

5-1　イネ・米・ご飯・水田

a.　イ　ネ

イネは比較的高温を好み，湛水条件でよく育つ作物である．日本列島には，今から約2千数百年前の縄文時代末期に伝わり，北九州で栽培が始まり，弥生時代には，すでに本州北端まで栽培が広がった．その後足踏みをしたが，1800年代にようやく津軽海峡を渡り，亜寒帯気候の北海道でも栽培が始まった．

(1)　イネの種類と分類

イネは，植物学的にはイネ科（Poaceae）イネ属（*Oryza*）に属する．イネ属には約22種が認められているが，食用として栽培されているのはアジアイネ（*Oryza sativa* L.）とアフリカイネ（*Oryza glaberrima* Steud.）の2種だけである．アジアイネが世界で広く栽培されているのに対し，アフリカイネは西アフリカに限定されており，生産量も非常に少ない．そこで以下，アジアイネについて解説する．

アジアイネは，インディカ，ジャポニカ，熱帯ジャポニカ（かつてジャバニカと呼ばれた）の3タイプに分けられる．それぞれ，ウルチ（粳）タイプと，粘り気の強いモチ（糯）タイプがある．また，これとは別に，水田で栽培する水稲と，畑での栽培に適応している陸稲（りくとう，おかぼ）がある．日本で栽培されているのは，ほとんどが水稲で，アジアイネのジャポニカ・ウルチタイプである．

作物種のなかには，農業的に意義のある形質（草丈が高いとか茎数が多いという体のつくり，栽培期間が短いとか，病気に強いなどの生育特性，味や品質がよいといった利用・嗜好特性など）が遺伝的に均一な集団があり，それらの形質によって他の集団と区別できる場合がある．この集団を品種と呼んでいる．例えば，‘コシヒカリ’は，イネという植物種のなかの品種の名前である．

◈コラム4　植物の名前―学名

イネは（「米」は作物ではなく，イネという作物の収穫・利用部分をさす），英語ではriceという．このように，同じ植物に異なる名前があると同時に，1つの名前が複数の植物等をさす場合も出てくる（作物としての「イネ」，収穫部分の「米」，食べる「ご飯」は，いずれも英語では同じriceである）．そこで，生物には世界共通の名前である学名がつけられている．学名は命名規約に基づいて決められ，ラテン語を使う．一般に，属名と種小名からなる二名法で表記する．イネの学名は*Oryza sativa* L.で，*Oryza*（イネという意味）が属名，*sativa*（栽培されたという意味）が種小名である．属名と種小名はイタリック体で記載するか，アンダーラインをつける．L.は学名の命名者を示し，カール・フォン・リンネというスウェーデンの植物学者を示す略号である．

(2)　イネの生育と栽培

・イネの一生：　イネのライフサイクルを種籾（たねもみ）からみてみよう．イネの種籾は籾殻と玄米からなる．玄米は，植物学的には種子ではなく果実であるが，慣習で籾全体を種子と呼ぶことが多い．玄米は果実で，一番外側に薄い果皮と種皮があり，その内側の種子にあたる部分は，芽や根のもとを含む胚と，胚の生長に必要な栄養を蓄えた胚乳とからなる．適当な水・温度・酸素条件がそろうと，籾殻から鞘葉（しょうよう）と種子根が出て発芽する．

その後，鞘葉を破って，内側から本葉が1枚ずつ出てくる．これらの葉は胚に由来する茎部分である主茎（しゅけい）からでる．最初の鞘葉と，次の第1葉を除き，葉は葉鞘と葉身からなる（図5.1）．生長が進むにつれ，主茎から枝分かれして，分げつと呼ばれる茎を形成し，茎数が増える．分げつにも順次，葉が形成され，また枝分かれして分げつを作る．主茎および分げつのいずれの茎も，葉をつける節と節との間は節間という．茎は節と節間が交互に位置している．

さらに生長が進み，環境条件が整うと，茎の先端に穂が形成される．これは植物学的には，花の集まりの花序である．節間が伸びて，最上位の葉（止葉（とめば））の葉身と葉鞘の境界部分から穂が出てくることを出穂（しゅっすい）という．1株あたり20本程度の茎ができ，1穂あたり100粒程度の籾がつく．その後，開花・受粉・受精を経て，

図 5.1　イネの体のつくり

図 5.2　イネの開花

胚乳が発達し，やがて成熟した玄米が形成される（図 5.2）．種籾の発芽から収穫までの日数は品種により異なり，120 ～ 180 日である．

イネには，1 本の種子根と，茎の節付近から発生する多数の冠根（かんこん）（他のイネ科作物では節根（せっこん）という）がある．種子根と冠根には，いずれも枝分かれした側根（そっこん）ができる．種子根・冠根・側根のいずれにも根毛が形成される．なお，根毛は根ではなく，根の表皮細胞の突起である．

・イネを栽培する：　日本では一般に，水稲（ジャポニカ・ウルチタイプ）が移植栽培される．まず，水田を耕起し，その後，水を入れてさらに土壌を細かくしてから，均平にする．この作業を代（しろ）かきといい，水田の水漏れを防ぐ，田植えをしやすくする，雑草防除の一助とするなどの意義がある．

水田の準備と並行して苗づくりを進める．比重 1.13 の塩水で沈んだ籾を用いる．これは塩水選種法（えんすいせんしゅほう）とよばれる技術で，東京農業大学の初代学長の横井時敬（よこいときよし）が，福岡県勧業試験場長を務めていたときに開発した．田植え機用の苗箱に，肥料を混ぜた培土を入れて，播種・覆土・灌水する．

1 か月ほど生育して，葉数が 3.0 ～ 5.0 枚（鞘葉は数えないが，葉身を欠いた第 1 葉は数える）の稚苗（ちびょう）や中苗（ちゅうびょう）を田植え機で植える．慣行では，条間 30 cm，株間 15 cm 程度の栽植間隔（22.2 株 /m^2）で，1 株あたり苗が 3 ～ 5 本となる．

田植え後，生長に合わせて水管理を行い，肥料を施用し，病害虫・雑草防除のために農薬を投入する．籾が成熟したら，稲刈りと脱穀（穂から籾を取り外すこと）を一緒に行うコンバインで収穫し，乾燥，保管する．

労働のピークであった田植えと稲刈りが機械化され，これに次いで辛かった草取りが除草剤で置き換わったため，生産性は非常に上がった．ただし，これに伴って投入されるエネルギーは増大し，エネルギー効率は下がった．

大きな労働ピークは消え，後は苗づくりが若干，負担となるくらいである．そのため，省力化やコストダウンをめざして，田植えを行わない直播（ちょくはん），じかまき）栽培も研究されている．技術的には，播いた籾からきちんと芽が出て旺盛に生育する株の確保が容易でないことや，雑草防除が難しいことが問題である．結局，移植栽培ほどの収量を得ることが難しいため，栽培面積は少しずつ増加してきたが，現在も約2.7万ha（2014年）にとどまっている[2]．

b.　米

(1)　生産量と収量

日本の米（水稲）の年間生産量は，1960年代後半の約1,400万tをピークに，その後，徐々に減少して，2017年には約700万tと半減している．栽培面積は1969年の約317万haが最高で，現在は約148万haである[3]．したがって，収量は，現在，544 kg/10 a（約5.4 t/ha）である[3]．収量は，明治時代以降，増加を続けてきたが，最近頭打ちの傾向がみられる．収量の増加には，品種の改良と栽培技術の改善の両者がかかわっている．ちなみに，陸稲の栽培面積は現在，約2,000 ha，生産量は約5,600 tで，収量は276 kg/10 a（約2.8 t/ha）である[3]．また，2015年の国民1人あたりの米の年間消費量は，近年減少を続けており，2015年現在で約55 kgである．

(2)　米の品質と食味

私たちが「米」という場合，玄米の周辺部分を削り取った白米をさすことが多い．籾殻を外して玄米のみにする作業を籾すり，玄米を白米にする作業を精白（せいはく）（搗精（とうせい））という．精白で削りとられた部分が糠（ぬか）である．糠には，果皮と種皮のほか，玄米の周辺部分と胚が含まれている．

十分に成熟した玄米は籾殻いっぱいに詰まっており，白米にしたときに光沢があり，半透明である．このような米を完全米という．一方，順調に成熟せずに，白米の一部が濁ったり，黒い斑点が生じることがある．これらの不完全米が混入すると，外観品質が低下して価格が下がる．

米の食味は品種による差が大きい．‘コシヒカリ’は有名であるが，最近は，‘ななつぼし’，‘ゆめぴりか’，‘あきたこまち’，‘ひとめぼれ’，‘つや姫’，‘ヒノヒカリ’など，多くの良食味品種が開発されている．ただし，同じ品種のイネでも，産地，栽培方法，刈取り時期，収穫後の保存方法，炊き方などによって，食味は大きく変わる．嗜好性が，時代とともに変化している可能性もある．食味の評価には，米の物理化学的特性が重要である一方，食味官能試験を行い，最終的には人間が評価する場合が多い．

c. 利　用

(1)　食　用

米の大部分は，ご飯として食べる．最近は，用途によって品種を使い分ける消費者や飲食店もみられる．寿司，焼き肉，おにぎり…，では粘り気，温度，甘みなどが異なり，それぞれに適した品質をもつ品種が開発されている．ご飯のほかには，米菓，麺類，パン，酒類，味噌，酢，油などの原料とされる．

(2)　飼料用

イネ品種には，飼料用に開発されたものがあり，それを飼料米と呼んでいる．飼料用イネには米を利用するものと，イネ株全体を発酵させて飼料とする稲発酵粗飼料用イネ（WCS用イネ）があり，両者を合わせた作付面積は，2016年には13.3万haである[4)]．

d. 水　田

(1)　水田の多様性

世界的にみると，イネは北緯50°から南緯35°，標高2,400 mまでの広い範囲で栽培されている．それに伴って，水田や栽培もさまざまなタイプがある．

すなわち，日本のような灌漑水田は，世界的にみると必ずしも多くない．雨が降れば灌漑水田のように湛水状態になるが，降らなければ畑状態という天水田が，東南アジアには多い．また，斜面の畑では陸稲が栽培されるし，焼畑の一部に組み込まれている場合もある．その他，洪水によって水かさが著しく増すところには，生態環境に適応した浮稲や深水稲が栽培されている．

世界的にみると水田の形態はさまざまで，生態条件にあったイネが，それぞれのやり方で栽培されている．すなわち，水田とイネと栽培様式はシステムを形成している．高谷好一は，水田の景観学的分類というアイデアを提示した．東南アジアにおける稲作を，水田の景観を指標にして，扇状地の稲作，デルタの稲作，平原の稲作，湿地の稲作の4タイプに分類した．生態条件が栽培システムを規定し，その栽培システムが景観に反映されているという視点は示唆的である．

(2)　水田の持続性

・湛水の効果：　イネは，長いところでは数千年にわたって連作されてきた．日本でも2000年以上続いているところが多い．畑作物ではこのような事例はない．文明発祥の地を含め，畑作物の栽培を続けると土壌に問題が生じて，中断せざるをえないことが多い．その点，稲作，特に灌漑水田で行う稲作はきわめて持続的な農業である．これは，水田が持続的な装置であることに大きな理由がある．

水田が持続的な装置としてすぐれているのは，湛水できるからである．湛水すると，水分調整が不要となり，連作障害もなくなる．また，雑草，特に畑雑草が減り，保温効果もあるため，冷害対策では水を深くすることがある．灌漑水には肥料養分が含まれているし，湛水すると土壌養分の吸収もよくなる．

・湛水の維持：　水田は湛水できることが特徴である．これは，1つには畦(あぜ)を作り水を溜められるようにしているからであるが，毎年手入れが必要である．また，水田は15 cmほどの深さに，鋤床(すきどこ)と呼ばれる硬盤があるため，水が漏れないで溜まる．人が作業をしたり，機械を入れることができるのも鋤床があるからである．また，鋤床の上は作土(さくど)というが，田植えの準備として行う代(しろ)かきは，土壌や肥料を均一にしたり，田植えしやすくするほか，水が漏れにくくする意味もある．

(3)　水田の多面的機能

灌漑水田の湛水できるのメリットは非常に大きい．単に稲の生育を支え，高い生産を上げることに役立っているだけではない．例えば，水田があることは，一時的な豪雨が起こっても水を溜めることができるため，自然のダムの役割を果たすことになり，洪水抑制に役立つ．また，水田があると，その周囲ではヒートアイランド現象が緩和されるなど，気象調整の役割も果たしている．

水田は完全に水を溜めるのではなく，じつは少しずつ土壌中に浸透させており，ここにも大きな意味がある．すなわち，土壌中に生じる有害物質を洗い流すため，連作障害や塩類集積が起こりにくい．それだけでなく，ゆっくりと浸透が起こる

図5.3　棚田の景観（石川県能登地方）

ことで，地下水を涵養したり，水質浄化にも貢献している．

水田を含む景観は，日本の原風景を形作っている（図 5.3）．FAO が提唱する世界農業遺産（GIAHS）として，田園風景が広がる能登および佐渡地域が認定されている[6]．水田があることで地域の生物多様性が豊かになることも認められている．例えば，冬にも湛水する「ふゆみずたんぼ」で生物多様性が豊かになることに伴い，コウノトリが舞い降りる水田ができる．兵庫県豊岡市で，コウノトリを育む農法として，安全で安心な米作りをアピールしていることは有名である．

このように，灌漑水田は，単に米生産に役立っているだけではない．そのほかに果たしている洪水抑制機能，気象緩和機能，水質浄化機能，景観形成機能などを，水田の多面的機能とよんでいる．これは広く農業・農村の多面的機能として最近，内外で高く評価されており，その経済効果も試算されている．

〔松嶋賢一・森田茂紀〕

引用文献

1） 国土交通省水管理・国土保全局水資源部（2016）：平成 28 年度版 日本の水資源の現状．

2） 農林水産省（2016）：水稲の直播栽培について． http://www.maff.go.jp/j/seisan/ryutu/zikamaki/z_genzyo/pdf/zikamaki_zyoukyou_25.pdf

3） 農林水産省農林統計．

4） 農林水産省（2016）：飼料用米の推進について（平成 28 年 10 月農林水産省政策統括官）． http://www.maff.go.jp/j/chikusan/sinko/lin/l_siryo/attach/pdf/index-32.pdf

5） 農林水産省：米流通をめぐる現状． http://www.maff.go.jp/j/study/ryutu_system/01/pdf/data8.pdf

6） 世界農業遺産 BOOK 編集政策委員会（2015）：次世代につなぐ美しい農の風景 世界農業遺産，家の光協会．

5-2 園 芸 作 物

a. 園芸の取り扱い対象

園芸には，果樹，野菜，花卉の生産が含まれる．2015 年の生産農業所得統計[1]によると，日本の園芸の生産額は 3.5 兆円を超え，稲作 1.5 兆円や，畜産 3.1 兆円とともに，日本の農業において重要な位置を占めている．

果樹は，食用となる果実，すなわち果物を生産するために栽培される木本性植物である．ただし，バナナやパイナップルは草本性植物であるが，例外的に果樹として扱う．反対に，果物として流通消費されているスイカ，メロン，イチゴは，統計上は果実的野菜として扱う場合が多い.

野菜は，食用とする葉，茎，根，花蕾，果実を生産するために栽培する草本性植物（穀物を除く）をさす．また，木本性植物のタケノコや菌類のシイタケも，野菜として扱う．一方，イモ類，マメ類，トウモロコシは，成熟段階や利用目的によっては，食用作物や飼料作物として扱うこともある.

花卉は，観賞の対象となる花，蕾，葉，茎，果実を生産するために栽培する草本性・木本性植物である．通常，花卉に含まれる切り花，鉢物，苗物のほか，花木（植木），球根，芝・地被類などを含めて観賞植物と呼ぶこともある.

園芸では，取り扱う品目や利用する器官が多様である．また，収穫物に水分・ビタミン・ミネラル・食物繊維・植物性色素が豊富に含まれることも特徴であり，鮮度はきわめて重要な評価基準となる.

b.　高度先進栽培技術―ミカン

(1)　周年生産・周年供給

秋から冬にかけての代表的な果物の1つであるミカン（温州ミカン）は，収穫・出荷量が果樹の中で最も多く[2)]，10月から翌年2月にかけて極早生・早生・普通品種の順で大量に出荷される（図5.4）．すなわち，品種によって生育特性が異なることをうまく利用して長期間の出荷が可能である．このほか，施設栽培による生産も行われている.

ガラスやプラスチックフィルムを利用して気温を調節する施設栽培が普及したことは，多くの野菜や果物の生産量と出荷期間の拡大に貢献してきた．ミカン栽培では，前年の秋冬から春にかけてハウス内で加温することで，夏に収穫できる．そのほか，地温を低く保つ地中冷却技術が開発された結果，気温が高い時期でも

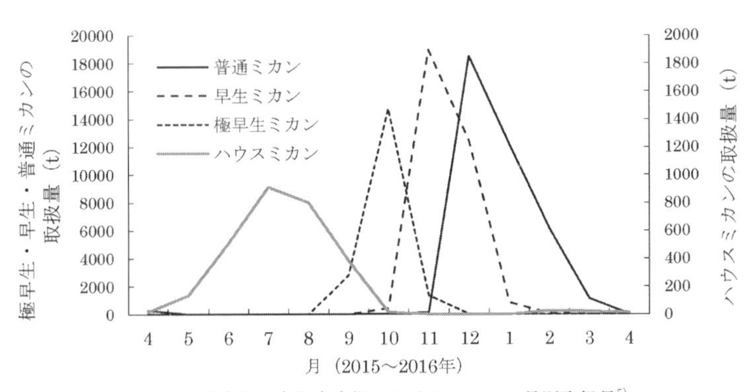

図5.4　東京都中央卸売市場におけるミカンの月別取扱量[5)]

着花できるようになり，4 月からの収穫が可能となった．

(2)　高度先進栽培技術

以上のような施設栽培のほか，高度な先進栽培技術が数多く開発され，周年生産や省力化，高品質化などに役立っている．果樹では，整枝・剪定や矮性台木の利用，人工授粉や摘果，袋かけや無核化などがあげられる．野菜では，セル成型苗や接ぎ木苗の利用，育苗から収穫に至る各段階の機械化，養液栽培や高設ベンチ栽培が代表例である．花卉では，日長や温度，植物生長調整剤による開花調節，無菌播種や組織培養，矮化剤や遮光処理などがある．このように，生産現場における経験的な知見だけでなく，植物生理学研究で明らかにされた知見が，多くの栽培技術として実用化されている．

c.　品種開発と貯蔵技術―リンゴ

野菜や果物は副食物となるため味，食感，香りが，また花卉は観賞品であるため色，形，香りが，それぞれ重要な形質となる．そのため，園芸作物では嗜好性が高い優良品目・品種を新規に開発して導入することが，消費者の関心を維持するために欠かすことができない．

(1)　品種開発

リンゴの栽培面積と出荷量は，果皮が赤色系の品種である晩生の‘ふじ’と早生の‘つがる’が，長年にわたり 1 位と 2 位を占めてきた[2,3]．‘つがる’の出荷が減少し，‘ふじ’の出荷が最盛期を迎える前，すなわち早生と晩生の端境期の 10 月には，以前は中生品種の‘紅玉’などの生産が盛んであったが，最近は各地で新品種の開発も進められている．

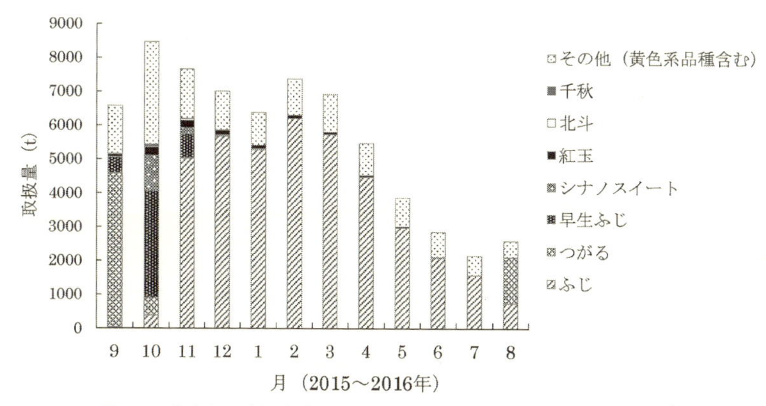

図 5.5　東京都中央卸売市場におけるリンゴ赤色系品種の月別取扱量[5]

すなわち，長野県が‘ふじ’と‘つがる’を交配して選抜・育成した‘シナノスイート’や，弘前市の生産者が‘ふじ’の枝変わり（一部の枝に本来のものと異なる形質が生じる現象）として発見した‘弘前ふじ’（早生化した‘早生ふじ’の1つ）は，2000年代に栽培面積が増加し，現在では赤色系中生品種の栽培面積[3]や赤色系品種の10月の市場出荷量において上位を占めている（図5.5）．‘ふじ’の出荷時期拡大の期待から見出された‘弘前ふじ’と，‘つがる’と‘ふじ’の出荷の端境期を狙う品種として育成された‘シナノスイート’は，経緯は異なるものの，いずれも需要を見据えて誕生した新品種である．両品種が普及することは，リンゴの周年供給が安定化することに寄与している．

(2) 貯蔵技術

リンゴの周年供給には，貯蔵技術の開発と普及も大きく貢献している．‘ふじ’では，収穫適期の晩秋から冷蔵貯蔵することで翌年の春まで，さらに庫内の空気組成を長期貯蔵に最適化したCA貯蔵によって，品質を下げることなく夏まで出荷を続けることが可能となった．収穫適期に出荷が集中しやすい国産果実では他に例のない周年供給体制を実現している．

d. 周年供給体制の背景—トマト

日本は南北に長く，標高差も大きいため，これを有効に活用して，夏は冷涼な地域，冬は温暖な地域で野菜や果物が生産されており，多くの品目で周年供給体制が確立している．これは，1つには，優良品種の開発や栽培技術が普及しているからである．そのほか，全国各地に集荷・出荷施設や卸売市場が設置され，また全国に高速道路網や鉄道網が張り巡らされており，野菜や果物を大量に高速輸送して円滑に取引できる物流基盤が整備されていることも背景にある．

季節ごとに異なる栽培適地から供給される野菜の例としては，トマトがあげられる．すなわち，冬は暖地の熊本県，夏は冷涼地の北海道が，収穫・出荷量において全国1位と2位を占めている[4]．東京都の中央卸売市場においても，1月から5月にかけては熊本県からの出荷が多く，6月になるとやや減少する．一方，4月から6月にかけては栃木県，また7月から9月にかけては北海道や青森県，福島県から，さらに10月と11月は千葉県からの出荷が増加する．11月と12月には，ふたたび熊本県からの出荷が目立つようになる（図5.6）．

トマトは，50年前は近県で露地栽培したものが中心で，夏に出荷が集中するきわめて季節性の高い野菜で，7月の取扱い量は1月の20倍を超えていた．それが，施設栽培の普及や流通基盤の整備，優良品種の開発などの技術革新の結果，現在

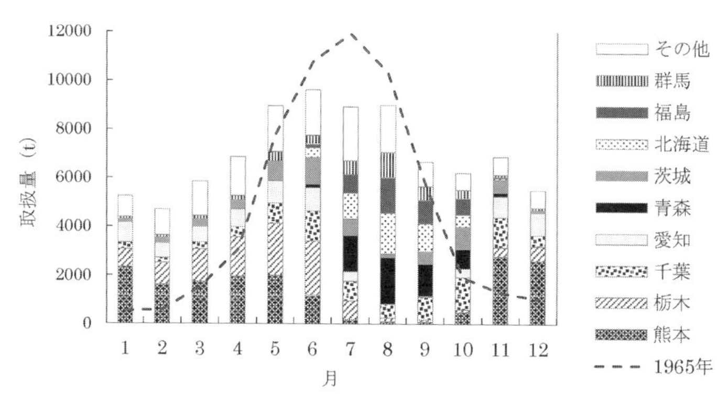

図 5.6 東京都中央卸売市場におけるトマトの月別取扱量（2015 年および 1965 年）[5)]

は最大では 2 倍を超えない安定供給が年間を通じて実現されている．

以上，周年生産・周年供給に着目して，現在の日本における園芸生産の姿をみてきた．この問題を理解するためには，新しい栽培・貯蔵技術，新品目・新品種，市況・消費動向に関する情報の収集と分析が必要である．〔乗越　亮〕

◆コラム 5　電照ギク

キクの開花期は本来，秋であるが，弔事や供養などに用いられることが多いため，年間を通じて需要が多い．そこで，キクの切り花を周年生産するために，電照栽培が行われている．すなわち，十分に茎が伸長しないで開花してしまうことを防ぐため，夜間に数時間だけ照明を点灯して花芽分化を抑制し，栄養生長を促す暗期中断が広く行われている．このように電照栽培したものを電照ギクと呼んでいる．電照栽培の光源として，従来は安価な白熱電球を使用してきたが，省エネのために電球型の蛍光灯や LED 電球への転換が進んでいる．LED 電球では特に赤色の使用が多いため，夜間にハウスを浮かび上がらせる光が，電球色から赤色に変わる産地も増えるであろう．

引用文献

1) 農林水産省（2015）：平成27年度生産農業所得統計.
2) 農林水産省（2016）：平成28年度果樹生産出荷統計.
3) 農林水産省（2014）：平成26年度特産果樹生産動態等調査.
4) 農林水産省（2015）：平成27年度野菜生産出荷統計.
5) 東京都中央卸売市場：市場統計情報（昭和40年，平成27，28年）.

5-3 昆虫・微生物

a. 昆虫・微生物と日本農業

(1) 虫害と害虫

人類が農業を開始したのと同時に始まった終わりのない戦いが，病害虫対策である．807年に書かれた『古語拾遺』には，イネの害虫としてウンカやアワヨトウが記載され，寄生バチやヘビが有用な天敵になるとされている．ただ，日本列島で初めて農作物が栽培された縄文・弥生時代には，病害虫問題より気象災害や鳥獣害の方が深刻であったことが想像される．

(2) 病害と微生物

虫害に関しては，古くから害虫と被害との対応関係が知られていたのに対して，微生物の発見はかなり遅れた．世界で初めて植物の病原としての微生物を報告したのはド・バリーで，ジャガイモ疫病が菌類の一種によって起こることを1861年に証明した．それ以降，細菌，ウイルス，ファイトプラズマ，ウイロイドが植物の病原体として確認されてきた．

(3) ウイルス

ウイルスの発見物語は，1886年にタバコのモザイク病が汁液で伝染することを実験的に証明したマイヤーに始まる．その後，1898年にベイエリックは，タバコモザイク病の病原を，ラテン語で毒を意味するvirusと名付けた．これが，世界で最初に発見されたタバコモザイクウイルス（tobacco mosaic virus：TMV）である．

しかし，じつは世界で最も古い植物ウイルス病の記録は『万葉集』（752年）に掲載されている「この里は継ぎて霜や置く夏の野に　我が見し草はもみちたりけり」という孝謙天皇の歌である．「やがて霜が降りるこの里に夏というのに，この草（ヒヨドリバナ）はもう黄葉している」という意味だが，ヒヨドリバナはベゴ

図5.7 世界で最も古い植物ウイルス病として記載されたヒヨドリバナの黄化萎縮病の症状（提供：奥田誠一博士）

モウイルス属の一種であるヒヨドリバナ葉脈黄化ウイルス（eupatorium yellow vein virus：EYVV）に感染していたため黄色く見えたのである（図5.7）．

1895年に高田鑑三は，イネ萎縮病がイナズマヨコバイによって伝染されることを，1933年に福士貞吉は，ツマグロヨコバイの卵を通じてイネ萎縮病の病原ウイルスが次世代に伝わることを実証した．それぞれ，虫媒伝染と経卵伝染の世界で最初の発見である．

(4) ファイトプラズマ

ファイトプラズマによる病気は古くから世界各地で発生が知られていたが，その原因が不明のままだった．1967年に土居養二らが，電子顕微鏡観察によってクワ萎縮病の病原体が，動物の病原体であるマイコプラズマに類似していることを発見し，マイコプラズマ様微生物（mycoplasma-like organism：MLO）と命名した．その後，遺伝子情報に基づく分子分類研究によってマイコプラズマとは異なる微生物群であることがわかり，現在はファイトプラズマと呼ばれている．

以上のように，日本の研究者によって，いくつかの重要な病原微生物が発見されている．この発見は，植物病を引き起こす病原体を解明したことだけでなく，適切な防除対策を講じることによって高品質の農産物を安定生産することで，日本農業に大きく貢献した．

b. 日本農業に被害をもたらした害虫と病原微生物

(1) トマト黄化葉巻ウイルスとタバココナジラミ

ウイルス病に関する最も古い記録は，ベゴモウイルス属の一種の病原である．本属に属するウイルスには多くの種があり，世界各地でさまざまな植物に感染している．なかでもトマト黄化葉巻病を引き起こすトマト黄化葉巻ウイルス（tomato yellow leaf curl virus：TYLCV）は，日本国内で最も注意が必要な病原の1つである．このウイルスは，1996年に静岡県，愛知県および長崎県で初めて発見されて以来，徐々に広がり，2014年には38都府県で認められている．

このように広く蔓延したのには，媒介昆虫のタバココナジラミが深く関係して

図5.8　トマト黄化葉巻ウイルス（tomato yellow leaf curl virus：TYLCV）の感染によって黄化葉巻症状を示すトマト（左）とTYLCVの媒介昆虫であるタバココナジラミ（右）（提供：東京農業大学・石川　忠博士）

いる（図5.8）．寄主植物の範囲が広いタバココナジラミは，バイオタイプや雌雄によってTYLCVの伝搬能力が異なる[1]．タバココナジラミとTYLCV系統の組合せによっては，最短15～30分間の吸汁でウイルスを獲得することがあり，1日ほど潜伏した後，死ぬまでウイルスを媒介する[2]．

本ウイルスに感染すると葉縁部が退緑して黄化し，葉の先端から内側に丸く巻き込み，葉巻症状を示す．激しく発症すると株全体が萎縮し，開花しても結実に至らず収量が低下する．日本ではトルコギキョウでも自然感染が認められ，商品価値を下げる1つの要因となっている．ここでは，タバココナジラミをウイルスの媒介昆虫としてあげたが，コナジラミ類の吸汁によって生育抑制も多く発生するので，害虫としても警戒すべきである．

(2)　ウメ輪紋ウイルスとアブラムシ

2009年に東京都青梅市のウメで，葉に輪紋や斑紋が生じたり，花弁に斑入り症状がみられて話題となった．これが，日本国内でそれまで発生がなかったウメ輪紋ウイルス（plum pox virus：PPV）による病害であることが明らかになり，市内全域が植物防疫法に基づく緊急防除の防除区域に指定された．

青梅市はウメを重要な観光資源としてきたため，PPVの防除対策として3万6千本を超えるウメの木を伐採せざるを得ず，農業のみならず観光事業にも多大な被害を及ぼした．市が中心となり防除対策を実施してPPVに対する強化対策に取り組んだ結果，2016年10月に一部地域でのウメの再植栽が認められた．

本ウイルスはアブラムシや接ぎ木によってウメ，モモ，スモモ，アンズ，ネクタリンなどのサクラ属植物に伝染する．したがって，アブラムシの防除やPPV感染樹の早期処分，PPVの発生地域からの宿主植物の移動制限が蔓延防止のために行われている．このような新病害の発生は，農産物の輸出にも影響を及ぼし，輸出相手国によっては新たな検疫措置が要求されたり，輸出が禁止されることがありうる．逆に国内へ病害発生国の宿主植物を輸入する際には，輸出国での栽培地検査など，病原の再侵入を警戒した処置が必要となる．

(3)　特殊報と注意報

今日問題となっている病害虫については，各都道府県より出される病害虫防除に関する特殊報（新たな病害虫を発見した場合やこれまでにない病害虫の発生様相が確認された場合に発表する病害虫発生情報）や注意報（警報を発表するほどではないが，重要な病害虫の多発生が予想されるため，早急に防除が必要である場合に発表する病害虫発生予察情報）を見れば，ある程度把握することができる．

c.　日本農業を支える昆虫と微生物

生産現場では，農作物の収量や品質の低下を及ぼす害虫・病原微生物への対策が求められ，発生状況について継続した調査が行われ，それに基づいた適切な防除法が提案されている．

(1)　細菌の微生物農薬

従来の化学農薬に頼った農業から，環境に配慮した農業への転換をめざして，環境負荷を軽減するために微生物や天敵を利用した病害虫防除が推進されている．日本で最初の微生物農薬は，1954 年に登録されたトリコデルマ生菌で，これはタバコ白絹病および腰折病の抗菌剤として世界で最も古い登録薬剤である．

それ以降，トマト，ナス，イチゴおよびブドウなどの灰色かび病およびイチゴのうどんこ病防除にバチルス・ズブチリス水和剤が，また，イチゴの炭疽病およびうどんこ病防除にタラロマイセス・フラバス水和剤が頻繁に利用されている．野菜類の細菌による軟腐病には，非病原性エルビニア・カロトボーラ水和剤が生物防除剤として有効である．

(2)　ウイルスの微生物農薬

植物ウイルス病では有効な抗ウイルス剤がなく，媒介虫の防除を含む予防策や，罹病株の抜き取りなどの蔓延防止対策を講じるしかない．その一方で，病原性の弱い弱毒ウイルスをあらかじめ接種しておくことで病原性の強いウイルスの感染を防ぐ，「植物ワクチン」の開発が進んできている．

国内で初めて登録された植物病原ウイルスに対する微生物農薬は，2003 年のズッキーニ黄斑モザイクウイルス弱毒株水溶剤である．現在は，京都府内のキュウリから分離した優良弱毒株を有効成分とする商品が 2008 年登録されて ZYMV の抗ウイルス剤として市販されている．ほかにピーマン・トウガラシ類のモザイク病を予防するトウガラシマイルドモットルウイルス弱毒株水溶剤が2012年に登録された．土壌くん蒸剤として利用されてきた臭化メチル剤が全廃された現在，土壌伝染性を示すモザイク病に対して有効な微生物農薬でもある．

微生物農薬への関心は高まっているものの，化学農薬に比べて残効性が劣る，病原菌が高密度であったり，発病しやすい環境条件下では高い防除効果が期待できない，利用する微生物に影響する殺菌剤の併用ができない，といった課題を残している．

(3)　天敵の生物農薬

日本で初めて天敵の生物農薬が登録されたのは1951年で，ルビーロウムシの天敵で用いられたルビーアカヤドリコバチ（現在は失効）である．その後，アザミウマ類の天敵であるタイリクヒメハナカメムシ，アブラムシ類の天敵であるコレマンアブラバチ，コナジラミ類の天敵であるオンシツツヤコバチ，ハダニの天敵であるチリカブリダニなどが登録され，主として園芸施設内で効果を上げている．近年は生物多様性に及ぼす影響を懸念して，地域の土着天敵を活用する取り組みが行われている．

(4)　生物農薬の情報源

農林水産省のホームページでは，総合的病害虫・雑草管理（integrated pest management：IPM）推進に向けた各産地での事例を紹介している．そのなかには生物農薬が用いられた例も多くある．〔キムオッキョン〕

引用文献

1)　Ning, W., *et al.* (2015)：*Sci. Rep.* **5**, Article number：10744.
2)　Pico, B., *et al.* (1996)：*Sci. Hortic.* **67**：151-196.

5-4　家　　畜

家畜は，畜産食品（乳・肉・卵など），生活資材（毛・皮・羽根など），肥料および医療用資材（ワクチン，抗体など）の生産，役用（運搬，乗用，農耕），医薬品開発などの実験用，愛玩，鑑賞，福祉などの文化的な目的に利用される．

ヨーロッパ，北アメリカ，オセアニアでは降水量が少なく，作物の生産効率が低い．このような地域でも野草や牧草は育つので，人間が食料として利用できないが，エサとして利用すれば動物を飼うことができる．そこで，農業の労力として役立つ動物が古くから家畜化され，畜産物や肥料が生産されていた．

a. 日本の畜産の歴史

日本に家畜が伝えられたのは弥生時代初期で，中国大陸や朝鮮半島からイネとともに渡来した．ウシとウマは運搬や農耕用，ニワトリは鳴き声による報晨（ほうしん）（時告げ）のために飼われていたようである．弥生時代後期に肉食習慣のある民族が渡来したが，日本は温暖多湿な気候で植物性の食料が豊富に得られ，また，海に囲まれ魚介類が入手しやすいこともあり，食用家畜を飼うことは広まらなかった．さらに，仏教伝来により殺生禁止の思想が根付き，天武天皇による肉食禁止令をはじめ，多くの天皇による殺生禁断の令や，徳川綱吉による生類憐れみの令が公布されたことから，家畜を食用にする文化は発展しなかった．

庶民の食生活に畜産物が利用されるようになるのは明治時代以降で，明治天皇が 1870 年代初頭に牛乳や畜肉の飲食を自ら国民に示したことで広まった．明治時代から昭和時代中期までは，日本農業でも家畜を役用，肥料生産に利用し，土・作物・家畜の間で資源循環させる耕畜一体となった欧米型の自給型有畜農業が展開された．しかし，第二次世界大戦後に畜産物の需要が増えたことへの対応や，畜産を促進する農業基本法の制定などにより，農地面積が狭い国土事情から輸入飼料に依存する加工型（日本型）畜産が発達した．畜産は，土を耕し作物を育てる耕種農業と分かれ，役用家畜の役割を代替するトラクターや化学肥料が普及したこともあって，食用のみを目的とした家畜飼養が短期間で急成長したのである．

b. 日本の家畜の歴史

日本では食用家畜の歴史が浅く，畜種はウシ，ブタ，ニワトリに集中している．

(1)　ウ　シ

日本のウシは，明治時代以降，1950 年代中頃までは役用と肉用を兼ねており，稲わらや野菜くずなどの農業副産物や野草などを餌として飼われていた．農耕や運搬，堆肥生産に利用した後に食肉として出荷するのが代表的な利用方法であり，自給的な農業経営のために重要な存在であった．

しかし，1960 年頃にトラクターが普及したため，役用の需要がなくなり，飼養頭数は激減した．その後，肉用牛へ転換が図られ，霜降りの肉質で増体率が高い和牛へと改良された．1968 年以降は，牛肉消費の増加を受けて，乳用種去勢牛や交雑牛などの肉用牛とともに飼養頭数が増加した．しかし，1991 年の牛肉の輸入自由化により飼養頭数の伸びは止まり，2010 年に宮崎県で口蹄疫が発生したり，

2011年に東日本大震災が発生した影響で，ここ数年は減少している（図5.9a）．

乳用牛は明治時代に数品種が輸入されて飼われていたが，第二次世界大戦後の牛乳の消費の伸びに伴って飼養頭数が増加した．近年は，産乳能力の高いホルスタインが育種されて1頭あたりの生産効率が向上したことと，飲用乳の需要が減少したことから，飼養頭数は減少傾向にある（図5.9b）．

(2) ブ タ

ブタは雑食で多産であり，他の家畜に比較してすぐれた食肉供給家畜である．ブタは役畜とはならないため，飼養が全国に広まったのは明治時代以降である．日露戦争および第二次大戦で豚肉の需要が高まり，飼養頭数は急増したが，戦争が長引くにつれて飼料事情が悪化して頭数は減少した．戦後，多頭飼養法が普及し，豚肉消費が拡大したため，1990年頃までは飼養頭数が増加したが，近年は，輸入肉との価格競争から伸び悩んでいる（図5.9c）．

(3) ニワトリ

ニワトリは，平安時代から江戸時代初期にかけて，中国や東南アジアから新種が入り，それをもとにして品種改良が重ねられ，日本独特のニワトリがつくられた．元々は報晨，愛玩，闘鶏を主目的に飼っていたが，鶏卵や鶏肉も食べていたようである．明治維新後，給与を失った武士が生活費を得るために養鶏を行った

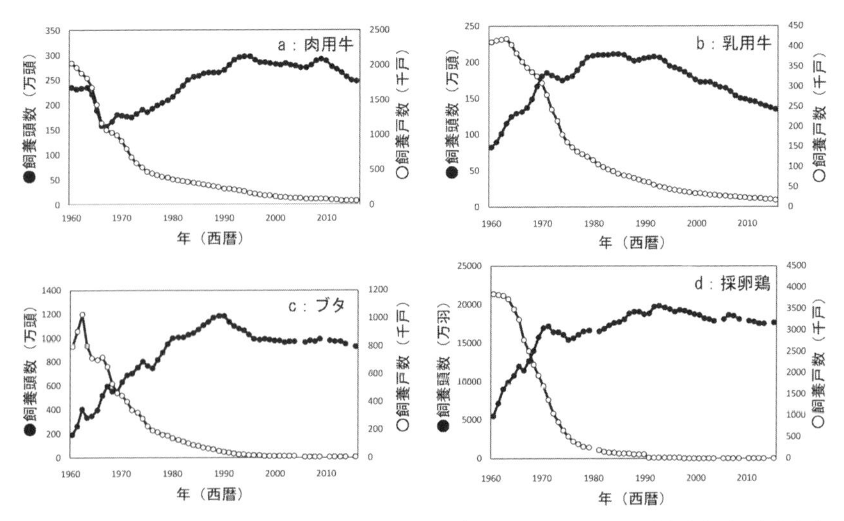

図5.9 国内における家畜の飼養頭羽数と飼養戸数の年次推移（農林水産省「畜産統計調査」をもとに作成）

時期もある．1900年代初頭からは第二次世界大戦時を除いて養鶏の普及とともに飼養羽数が増え，ケージ飼育，自動給餌器，配合飼料，輸入品種の導入により，生産性が向上した．しかし，鶏卵消費の伸びは1970年頃までで，その後は供給過剰となったため，飼養羽数は定常状態となっている（図5.9d）．1960年代以降に肉用種（ブロイラー）が導入され，卵用種と区別されるようになった．

ウシ，ブタ，ニワトリともに生産の大規模化が進み，1戸当たりの飼養頭羽数が増え，小規模な畜産農家が減ったことから，飼養戸数は激減している．

c.　畜産の果たす役割

畜産食品はおいしく，嗜好性にすぐれることから，消費量は生活水準に対応していることが知られている[1]．日本でも第二次世界大戦後の高度経済成長期に国民の所得水準が上昇したのと連動して，野菜，果実，小麦とともに畜産食品の消費量は急速に増加した．特に，牛乳・乳製品の伸びが著しいことが特徴である（図5.10）．

畜産食品はおいしいだけでなく栄養的にもすぐれており，畜産食品の摂取量が

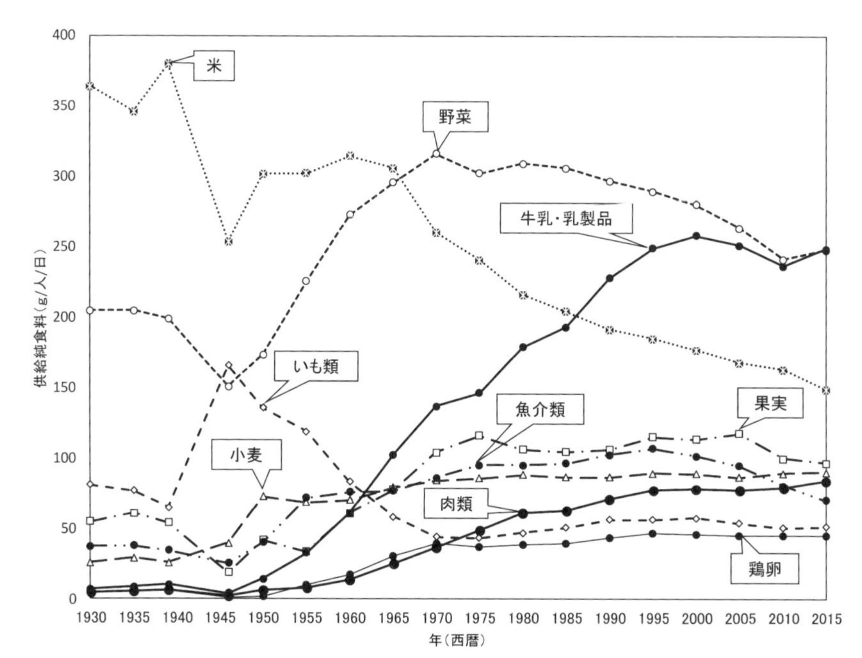

図5.10　日本人1人・1日あたり供給純食料の推移（農林水産省「食料需給表」，「食糧需要に関する基礎統計」をもとに作成）

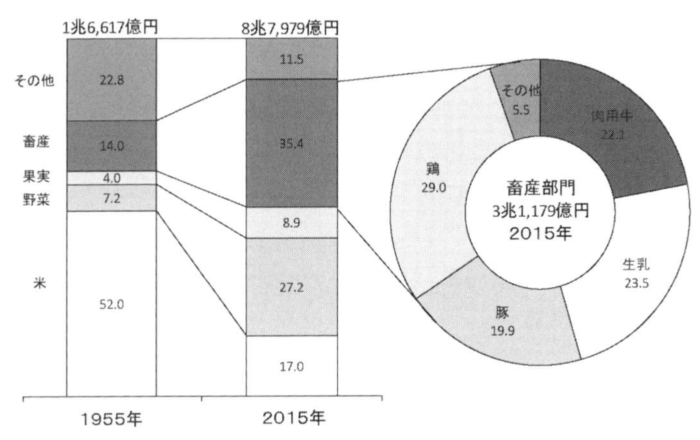

図5.11　農業産出額構成比（%）（農林水産省「生産農業所得統計」をもとに作成）

増加したのに伴って，日本人の体格は向上した．また，平均寿命も延びており，1947年には男性50.06歳，女性53.96歳であったものが，2016年にはそれぞれ80.98歳，87.14歳となり，世界トップレベルの長寿国となっている[2)]．私たちが心身ともに元気で過ごすことに畜産食品は大きく貢献している．したがって，畜産食品を生産している家畜によって，私たちの豊かな生活が確保されているといえる．

家畜の飼養現場は地方に分散し，地域の活性化にも役立っている．すなわち，畜産物の輸入が増え，価格競争が激化しているが，地域ごとに品種や飼養方法などを工夫することで，特徴あるブランド家畜が誕生している．

農業産出額の構成をみると，畜産部門は1955年には14%ほどであったが，近年は米や野菜を上回り，2015年には35.4%で，日本農業の主要部門となっている(図5.11)．また，畜産物の加工，流通，販売，外食などまで含めると，畜産は非常に多くの雇用を生み出しており，家畜は私たちの生活を経済面でも支えている．

家畜を飼い，畜産を行うことは，国土の保全や資源利用にも役立つ．例えば，家畜を放牧することで，耕作放棄地の活用に貢献することができる．また，作物栽培や食品加工の過程で発生する廃棄物は，家畜の飼料とすることができる．今後，持続的農業を展開するために耕種農業と畜産業の連携が不可欠であり，家畜は循環型農業において重要な役割を担っている．　〔多田耕太郎〕

◆コラム6　肉は滋養強壮薬

日本では，仏教伝来以降，肉食が制限される時代が長く続いた．しかし，肉を焼くときに香り立つロースト臭，口の中で広がる肉汁の濃厚な味わいなど，肉は五感を刺激し，おいしく，栄養が豊富なため，人々は肉食への欲求を抑えることができなかった．そこで「薬喰い」と称し，健康回復や病気療養のための薬であると正当化し，野鳥獣を狩り，その肉を食べていた．また，彦根藩は，幕府へ陣太鼓に使う牛皮を献上するのが慣例で，例外的にウシのと殺が公認されており，その際に派生する牛肉を滋養強壮のための養生肉と称し，味噌漬けや干し肉に加工し，将軍家へ贈っている．織田信長や徳川家康，西郷隆盛は，肉が大好物だったようで，エネルギッシュに活動するためには肉食が欠かせなかったのではないだろうか．

引 用 文 献

1)　稲垣晴郎他訳（2010）：世界食料農業白書 2009 年報告，pp.13-40，国際農林業協働協会．
2)　政府統計（2017）：平成 28 年度簡易生命表の概況，pp.1-5，厚生労働省．

第6章　食料生産システム

6-1　作物生産システム

a.　耕地生態系と作物生産システム

（1）　耕地生態系の特徴

作物生産を行う水田や畑は，耕地生態系と考えることができる．耕地生態系は生物，環境，技術の3つの構成要素からなるが，生物構成要素は通常，1種・1品種の作物であり，単純な構成になる．

また，作物栽培にあたっては系外から肥料を投入し，収穫物は系外へ搬出するため物質収支に関して開放的である．さらに，毎年，耕地を新たに耕起して1年生作物を播種したり定植したりするため，二次遷移の初期段階にリセットされる．

耕地生態系における作物生産では，生産性，安定性，持続性の3つが求められるが，生物構成要素が単純であるため，気象変動や病害虫に対する安定性が低い．そのため，耕地生態系の生産性，安定性，持続性をバランスよく向上するため，耕起，播種，施肥，水管理，病害虫や雑草の防除，収穫などの栽培管理を行う．

（2）　耕地生態系の管理

作物生産は耕地生態系における太陽エネルギーの固定にほかならないが，その効率を上げるために耕地生態系に投入されるエネルギーを補助エネルギーという．具体的には，労働力，機械・化学肥料・農薬の製造や輸送などの形で補助エネルギーを投入し，生産性を向上させている．このように，耕地生態系においては，栽培管理を行うことと，それに伴う補助エネルギーの投入によって，耕地生態系における物質循環やエネルギー収支を通じて作物生産を制御して生産性，安定性，持続性を確保することをめざすことになる．

なお，耕地生態系において，個々の作物栽培を適切に行うためには，栽培地域の自然条件（土壌や気象条件），生態条件（雑草や病害虫），対象作物の生育特性

（肥料反応性や早晩性）の相互関係が前提となる．また，耕地面積，灌漑（かんがい）水の確保，労働力，需要などの立地条件や，作付け体系も考慮しなければならない．

b.　日本の作物生産システムの現状

（1）　稲　作

・水田稲作と作付け体系：　現在，日本における耕地面積の半分以上を水田が占めており，稲作を中心とした作物栽培が行われている．灌漑稲作は，年間降水量が多く，河川も多い日本に適した作物生産システムである．灌漑稲作では水田が湛水状態となるため，連作障害の防止，雑草の防除，地温の調節機能，養分の供給機能などの効果が認められる．

戦前には，水田における稲作の裏作として，冬から初夏にコムギやオオムギを栽培する二毛作が盛んに行われていたが，現在は，水稲単作が最も広い面積を占めている．単作は機械化が進めば労働生産性と経済的合理性が高いが，異常気象や自然災害の影響や市場価格などの経済的影響を大きく受ける可能性がある．

・米の生産量と収量：　日本における水稲の 10 a あたり平均収量は，1900 年代初頭では 200 ～ 250 kg 程度であった．その後，年変動はあるものの増加し，現在は 500 kg を超えるまでになっているが，近年，頭打ちの傾向がみられる．

また，稲作における 10 a あたりの労働時間も 1960 年には 174 時間であったが，その後，急激に減少し，2015 年には 23 時間になっている．このように労働時間が著しく短縮して労働生産性が向上したのは，多収性品種の育成のほか，移植と収穫・調整の機械化，薬剤による雑草や病害虫の防除，育苗・施肥・耕起などの技術的な改善によるものである．

・米の品質：　現在は生産量だけでなく，米の品質や食味にも関心が集まっている．外観品質の良し悪しで米の等級が決まり，価格に大きく影響する．品質低下の要因の 1 つとなる青未熟粒や胴割粒などは，適期に刈り取ることで発生を抑えることができる．ただし，コンバインで一斉収穫するため，登熟の斉一性が求められる．機械移植や中干しは登熟の斉一性につながる栽培管理である．

そのほか，近年は高温によるイネの登熟障害が問題となっている．白未熟粒の発生は地球温暖化を背景に，出穂後の平均気温が高いことが原因と考えられる．また，稲体の窒素濃度が低いと，高温登熟障害による背白粒・基部未熟粒は増加するため，窒素施肥量の再検討が必要である．窒素施肥によって玄米のタンパク質含量が高くなると，食味が落ちる一方，飼料価値は向上する．したがって，同一作物でも用途が異なると最適な栽培管理技術が異なる場合がある．

・米の食味：　米のタンパク質含量が高いと食味が落ちる．これは，タンパク質含量が高すぎると吸水が阻害され，食感が硬くなるためと考えられている．そこで，タンパク質の増加を防いで良食味米を生産するために，穂肥や実肥の窒素量を抑える．ただし，追肥を控えて窒素施肥量の合計が減ると収量の低下につながるため，バランスを考慮する必要がある．

そのほか，粘りのあるご飯が好まれるため，アミロース（玄米の中のデンプンは，アミロースとアミロペクチンからなる）含量の低い品種の人気が高い．

(2)　畑　作

・生態系としての畑地：　日本の畑作は，地域によってムギ類，マメ類，イモ類，雑穀類，野菜類，工芸作物，飼料作物と多様である．畑地では，天然養分供給量が水田より少なく，有機物の分解や消耗も早いため，有機物を施用して地力を維持，向上させる必要がある．また，土壌理化学性の悪化や病原菌，線虫の加害などによる連作障害が発生しやすい．収益性の高い作物は，農薬による土壌消毒や化学肥料の施用を行って連作することもあるが，補助エネルギーの投入が増加して，耕地生態系が気象変化や病害虫に対して脆弱化しやすい．そのため，畑作では地力維持と土壌病害虫防除のために輪作が行われることが多い．

・施設園芸：　施設園芸を行うためには，ガラス温室やビニールハウスなどの施設の建設と維持に多くのコストを必要とする．一方，気温，光，水分，二酸化炭素などの環境を適切に調節できる．そのため，栽培時期の調節，作業効率の向上，収量の増加や品質の向上とその安定を図ることが可能である．さらに進んだものに，植物工場がある．高度に環境制御した条件下で栽培環境や生育をモニタリングし，計画的，安定的に作物の生産を行う施設で，近年全国各地で増えている．

・果樹栽培：　日本の果樹栽培ではリンゴとミカンを中心に，さまざまな品目が生産されている．果樹の安定生産のためには，施肥，剪定（せんてい），摘蕾（てきらい），摘果（てきか）などの栽培管理を行い，栄養生長（樹体の生長と維持）と，生殖生長（開花・結実）のバランスをとることが重要である．栽培管理としては，そのほかに挿（さ）し木などの栄養生殖による繁殖，自然受粉のための環境管理，人工授粉などがある．また，着果調節や新梢伸長抑制などの生育制御のために植物生長調整剤が利用される．

日本における果樹栽培では，品質や収量を上げることだけでなく，労働負荷が大きい手作業が少なくないため，省力化が求められる．傾斜地は，排水性・透水性や日照条件が相対的に優れているため果樹栽培が行われることが多いが，機械の導入が困難である．そのため，地形の改変や作業道の整備を行って生産基盤を整え，作業者が作業しやすく，機械が導入できる環境を作る必要がある．

c.　低投入持続的作物生産システムの構築

現在も世界の人口は増加を続けており，安定的な食料生産の維持，発展が求められる．しかし，20 世紀においては，食料生産を増加させるために補助エネルギー（おもに肥料と機械）の投入量が増加したことに伴い，生物多様性が低下し，環境負荷が増大した．特に日本は，化学肥料の原料や製造に必要な化石エネルギーの多くを輸入に依存している．化石エネルギーを大量に利用することは，二酸化炭素排出量の増加を通じて温暖化を促進することになり，それがまた作物生産の安定性を低下させる可能性が高い．

作物生産システムでは，生産性だけでなく安定性や持続性とのバランスのよい改善が必要である．そのためにさまざまな試みが行われている．例えば，必要最小限の耕起だけを行い，作物残渣を土壌表面に放置する不耕起栽培は，耕起の削減による省力化や化石燃料の削減だけでなく，土壌侵食抑制，土壌への有機物蓄積量増加と炭素貯留などの効果がある．北米や南米などの地域では土壌の侵食が問題となっており，省力化と土壌侵食の抑制を目的として，不耕起栽培が導入され，非選択性除草剤とその除草剤耐性の遺伝子組換え作物を雑草防除に利用することで普及につながった．

水稲栽培において水田に直接種籾を播種する直播栽培は，アメリカやオーストリアで多く利用されている．日本の稲作の大部分は移植栽培で行われているが，育苗および田植は稲作全体の労働時間の 1/4 を占め，直播栽培の利用は育苗および田植の省略による省力化だけでなく，労働の平準化や作期の分散などの利点がある．また，日本の稲作における環境負荷抑制技術として，いもち病に対する真性抵抗性が異なりそれ以外の形質が同一である品種群を育成し，それらを混植することがある．病害の発生が軽減され，減農薬栽培が可能となるとともに，単独の真性抵抗性品種の栽培と比較して，真性抵抗性を侵害するいもち病系統の増加を抑制し，抵抗性を長く維持する効果も期待できる．さらに，リモートセンシングや ICT に基づく空間情報，作物の生育や土壌養分を踏まえて，肥料・水・農薬などの効率的な施用を行い過剰な投入を避ける精密農業や，生物農薬を利用した病害虫の防除など，環境保全型農業が進められている．〔有澤　岳〕

◆コラム7　SRI農法

1980年代，マダガスカルにおいてSRI（System of Rice Intensification）と呼ばれる稲作法が体系化された．この農法では，化学肥料や農薬，農業機械が存在しない条件で，深耕，堆肥などの有機物の多投，均平度の高い代かき，乳苗をていねいに取り扱う低密度の移植，複数回の除草，間断灌漑などを行う．すべての作業を人的労働力のみで非常に精緻に行うことが特徴である．SRIを実施すると，非常に高い収量が得られる．多収の要因は，深耕と有機物投入による根圏環境の改善にあるとされる．資源や経済が不足する環境下でも，人的労働力で補うことで高い生産性をあげる作物生産システムで，アジアやアフリカの一部地域で普及が進められている．

6-2　家畜生産システム

a.　ニワトリの生産

(1)　用途別の分類

ニワトリの品種は，用途によって大きく卵用，肉用，卵肉兼用，愛玩鶏種（観賞用）に分類されてきた．現在，養鶏産業で広く飼育されている採卵用あるいは採肉用のニワトリはコマーシャル鶏と呼ばれ，それらの品種とは区別されている．コマーシャル鶏は，産卵成績の高い卵用鶏種あるいは産肉成績の高い肉用鶏種をもとに，雑種強勢を利用した品種間，または系統間の多元交配で，基礎鶏から原種鶏，種鶏を経て作出された実用鶏であり，基礎鶏となった卵用鶏種あるいは肉用鶏種よりも，産卵成績や産肉成績がすぐれている．

卵用鶏は，卵の殻が白色，褐色，薄い褐色のものが多い．肉用鶏はブロイラーが市場流通の大半を占める．ブロイラーは，もともとはアメリカの食鶏で，孵化後8～12週以内の若鶏をさした．現在は食肉専用の雑種の総称で，より若い週齢で出荷されている．最近はそれ以外に，地鶏肉（素びなの在来種由来の血液百分率が50%以上で，孵化日から80日以上飼育，28日齢以降は平飼い，28日齢以降の飼育密度は10羽/m^2以下という農林JAS規格を満たしたもの）や，付加価値を付けるために特殊飼料を給与した銘柄鶏の肉も流通するようになってきた．

(2)　育種と流通経路

養鶏の育種会社は，目的によって交配様式を決め，系統を交配させて種鶏を作り，孵卵業者に供給している．孵卵業者は，種鶏をもとにしてコマーシャル鶏を大量に生産し，養鶏会社や養鶏農家に供給している．そのほか，それぞれの地域の地鶏と卵肉兼用種を交配して地域特産鶏とする改良が進められている．

(3)　飼養羽数と戸数

採卵鶏の飼養羽数は，2017年に約1億8千万羽で，ここ数年，やや増加傾向にある．一方，飼養戸数は1992年の約9,200戸が2017年には2,400戸となり，1戸あたりの生産規模は約5万8千羽と，大規模化が進んでいる（畜産統計）．

肉用鶏の飼養羽数は，2017年に約1億3千万羽で，2005年の約1億羽から，増加傾向にある．飼養戸数は採卵鶏と同様に，1992年の約4,700戸が2017年では約2,300戸となり，1戸あたりの生産規模が大型化している．特に畜産業のなかでも養鶏産業の大規模化は著しい．これは，採卵鶏では数万羽単位で飼育出来る大型ケージの普及や，卵の自動パッキングシステムの導入，肉用鶏ではアメリカから導入されたシステム式養鶏のブロイラーが日本でも主流となったことや，流通の合理化が牛肉や豚肉と比較して進展したことが背景にある．

b.　ブタの生産

(1)　品種分類と三元豚

日本で飼育されている種雄豚の品種は，デュロック（D），ランドレース（L），大ヨークシャー（W），バークシャー（B），中ヨークシャー（Y）である．肉豚として出荷されるブタの多くは，3種類の純粋種を交配した三元交雑種（三元豚）である．これは，純粋種の特徴を活かしながら，雑種強勢効果によって肉付きや肉質をよくしたものである．日本では，ランドレースと大ヨークシャーを交配して作出した雌豚（LW，WL：略号の前の雌と後の雄を交配）を母とし，デュロックの雄を交配した三元交雑種（LWD，WLD）が生産される食用豚のほとんどを占めている．また，雌雄ともにバークシャーを使って純粋生産した，肉質，脂肪とも良質な「黒豚」は有名である．

(2)　飼養頭数と戸数

2017年の日本の養豚農家数は約4,700戸，総飼養頭数は約935万頭で（畜産統計），国内の生産量は国内消費量のおよそ半分をまかなっている．過去5年間，飼養頭数と飼養戸数はやや減少傾向にあるが，1戸あたりの飼養頭数は増加傾向にあり，大規模化が進んでいる．

(3) 経営形態

日本の養豚には，繁殖用の雌雄豚を飼育し分娩された子豚を肥育農家用の市場に出荷する子どり経営，肥育した食養豚を出荷する肥育経営，繁殖雌豚の交配-分娩-離乳-肥育-出荷の生産工程を一貫して行う一貫経営の3つのタイプが存在する．大規模化が進んだ今日では，日本の生産農場の約8割が一貫経営を行っている．

(4) 飼育形態

飼育形態には，屋外飼育と舎内飼育がある．屋外飼育は土地を有効活用するため，施設への初期投資が少なくてすむ．しかし，飼育環境の管理や寄生虫の駆除が難しい．なお，衛生上の理由から，飼育にはローテーションできる広大な土地が必要である．舎内飼育は飼育環境の管理が屋外飼育より容易で，病気のリスクを下げることもできる．ただし，初期投資額が大きくなってしまう．

c. ウシの生産

(1) 飼養頭数と戸数

日本におけるウシの用途は乳と肉の生産で，産業用には乳用種と肉用種しかない．飼養頭数は，乳牛は1985年の約210万頭をピークに徐々に減少し，2017年には約132万頭となった．肉牛は1990年以降，ほぼ横ばいで推移し，2017年には約250万頭である．飼育戸数は，乳牛は1971年の約28万戸が2017年には約1万6,000戸，肉牛は1971年の約80万戸が2017年には約5万戸と，いずれも激減し，1戸あたりの飼養規模は増え続けている（畜産統計）．特に北海道では，1戸あたりの乳牛飼養頭数が約124頭で，都府県の約54頭の2倍を超えている．

(2) 成長段階と利用方法

ウシの成長段階は，子牛（生後6か月齢まで），育成牛（6か月齢～2歳まで），成牛（2歳～7歳くらいまで）に分けられる．16か月齢前後に人工授精で交配し，26か月齢前後で初産，その後，搾乳と分娩を繰り返す．日本の乳牛の多くは，6～7年で平均4産すると乳牛としての役目を終え，食用とされる．

肉牛の生産は，飼料用穀物の大半を輸入に頼っているため，飼料の運搬が容易な港に近いところが多い．また，大規模経営の場合，悪臭や騒音が近隣へ影響することが比較的少ない北海道，九州，東北地方で盛んであり，ブランド牛を生産する地域がそれに続いている．

(3) 国産牛の繁殖と肥育

日本で供給される牛肉のおよそ6割が輸入牛で，その大半がオーストラリア・

ニュージーランド（約5割）とアメリカ（約4割）から輸入されている．また，国産牛の4割強が和牛で，和牛の9割以上が黒毛和種である．

和牛を生産する農家は，子牛を産ませる繁殖農家，子牛を食用に育てる肥育農家，繁殖と肥育の両方を手がける一貫経営農家（あるいは一貫生産農家）の3つに分類できる．繁殖農家は，雌の子牛を自家で更新するか，子牛市場から子牛（8～9か月齢）を購入し，約16か月で初回の種付け（人工授精）を実施し，分娩を経て，その後は1年1産を目標に子牛を生産し，9～12か月齢まで育てた子牛を子牛市場で肥育農家に販売する．

肥育農家は子牛（肥育素牛）を購入し，去勢牛（2か月齢前後で去勢）の場合は，約20か月間肥育後（29か月齢，740 kg前後）で食肉市場に出荷する．雌子牛の肥育は，体重の増加が去勢牛より緩やかなため，出荷までの肥育期間が長い．交雑種（乳用牛雌×黒毛和種雄）は，750 kg前後（27か月齢）で出荷される．乳用種の雄の子牛は，生後10日前後（ヌレ子）で育成農家に販売され，その後8か月齢前後で子牛市場に出荷され，肥育農家によって肥育後，750 kg前後（21か月齢）で出荷される．

d.　規模拡大と経済効率

日本の三大家畜であるニワトリ（3億万羽），ブタ（930万頭），ウシ（380万頭）の生産システムでは，程度は異なるものの確実に規模拡大による大型化が進んでいる．しかし，海外諸国と比較してその飼養スペースが限られる日本においては，さらなる生産効率の向上が望まれる．そのためには，家畜の遺伝的能力，繁殖技術，飼養技術（栄養・管理），衛生管理，経済状況などさまざまの情報を踏まえて，市場価格を見据えた日本独自の生産システムを確立し，最終的に家畜生産システムを総合的に評価し，改善していくことが重要である．

e.　飼料の自給率向上

日本の飼料自給率（純国内産飼料自給率）は，1989年から2013年までの間，23～26％で推移してきたが，近年微増傾向にあり，2015年には28％である．しかし，国内で家畜生産物を安定供給するためには，この飼料自給率では不十分であり，農林水産省は2025年度に飼料自給率を40％まで高めることを目標として，牧草，飼料作物，飼料用米などの生産と利用を推進している．

また，食用作物，果物，お茶，精米，アルコール類（日本酒，焼酎，ワイン，ビール）等の製造加工工程で廃棄される食品残渣を家畜飼料の補助飼料として有効活用する試みも開始されている．このような研究は，今後の日本の家畜生産システムを持続的なものとするために重要な意味をもつ.

f. 環境保全型システム

日本の畜産業界は従来から環境に配慮してきたが，近年，生産現場で規模拡大が進んでいるため，家畜排泄物による環境汚染の対策がいっそう，重要となっている．また，農業の物質循環機能を維持増進するためにも，有機畜産物の生産が期待される．有機畜産物の生産について日本農林規格では「環境への負荷をできる限り低減して生産された飼料を給与すること及び動物用医薬品の使用を避けることを基本として，動物の生理学的及び行動学的要求に配慮して飼養した家畜又は家禽から生産すること」としている.

有機畜産物を生産する場合のおもなポイントとしては，①飼料は，おもに有機農産物を与える，②野外で放牧を行うなど，ストレスを与えずに飼育する，③病気の予防目的で抗生物質を使用しない，④遺伝子組換え技術を使用しない，などがあげられる．これを国の方針とし，着実に計画・実施・点検していくことが，環境保全機能を高めながら安全な畜産物を生産するために重要である.

それに加えて，水田を有効活用して食料および飼料の自給率向上をめざして耕畜連携を図り，循環型家畜生産システムを積極的に推進することが望まれる．これらの取り組みにより地域も活性化するので，それぞれの地域で持続可能な畜産業のあるべき姿を検討する必要がある．そのためには，畜産農家，耕種農家，地域住民，関連機関が情報を共有し連絡を取り合いながら，それぞれの地域にあった生産組織を確立することが成功の鍵となるだろう.　〔桑山岳人〕

6-3 新しい農業システム

a. スマート農業

(1) スマート農業とは?

近年，あらゆる分野でモノやコトの「スマート化」がめざましい．スマートには賢いとか仕事が手早いという意味があるが，スマート化技術とは，一般にICT（情報通信技術）を駆使して装置やシステムに情報処理や制御の能力をもたせ，高度に統合させて最適な運用を図る技術のことである．スマートフォンは，すでに身近に普及しているスマートデバイスの例であり，交通システムや電力網，都市機能など，しくみや機能のスマート化も各分野で実現されつつある.

高齢化や後継者不足から次世代型農業の拡充が望まれる農業分野でも，スマート農業への取り組みが着々と進んでいる．農林水産省のスマート農業の実現に向けた研究会によると，スマート農業とは「ロボット技術やICT等の先端技術を活用し，超省力化や高品質生産等を可能にする新たな農業」と定義されている．

(2)　スマート農業の将来像—大規模化と安定多収

スマート農業のもたらす新しい農業のかたちとは，どのようなものであろうか．これまでの日本の農業を支えてきた担い手のリタイアに伴い耕作放棄地が年々増加し，意欲のある担い手や農業法人に農地が集積・集約されるなど，農業構造の変化が起こっている．

しかし，規模拡大するにしても分散した圃場の寄せ集めになりがちで，管理や運営上の課題に直面しているし，また手作業の多い園芸分野では労働力確保もネックとなっている．しかし今後，GPSや自動走行技術が発達することでトラクターやコンバインの無人走行が可能となり（図6.1），パワーアシストスーツ（図6.2）や除草ロボットによって危険作業・重労働の負担が軽減でき，さらにデータに基づく作業ピークの予測や調整によって労務管理を効率化すれば，超省力化された競争力のある大規模農場の実現が加速すると予想される．このような農業ができあがれば，日本の食料の安定供給を支える基盤となるであろう．

(3)　スマート農業の将来像—農業技術の標準化

スマート農業は，大規模農業の実現と安定的多収の達成にとどまらない．新たなセンシング技術の導入とモニタリングによって，環境条件や植物生体情報のデ

図6.1　自動運転田植え機の無人走行
（写真提供：株式会社クボタ）
※試験段階で市販されていない．

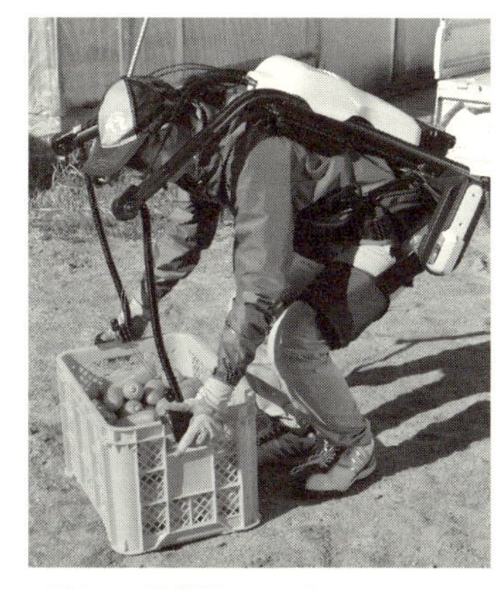

図6.2　農業用アシストスーツ
（写真提供：株式会社クボタ）

ータが「見える化」されれば，最適な環境制御や栽培管理が容易になる．すなわち，これまで経験と勘に頼る部分が多かった篤農家の知と技が標準化されて，高品質ブランド化や付加価値向上を狙う経営戦略にも十分対応できる．

無駄のない施肥管理・水管理も可能となるため，コスト削減だけなく，環境負荷軽減にも役立つ．また，クラウド技術やビッグデータの活用で，習得に長い年月を要し，後継者以外には伝承されにくかった農業技術が，未経験者や雇用従事者にも効率よく学べるようになれば，農業への新規参入のハードルが下がる．

消費者や実需者のニーズと生産者側の供給とのマッチングにもICTが活用されつつあり，効率的生産・出荷や食品ロス低減の効果が見込まれている．ネットワークを介して現場の情報公開や消費者とのコミュニケーションに画像情報を活用できれば，食に対する関心や安心，さらに農業に対する理解や支援を引き出すという二次的な効果も期待できるであろう．

b.　植物工場と次世代施設園芸

(1)　植物工場のシステムの変遷

「植物工場」という用語は近年まで，閉鎖空間において人工光を光源として，環境を高度に制御しながら，野菜や苗を計画的に周年生産する形態を指していた（図6.3）．1970年代に，高圧ナトリウムランプを光源としてレタスを水耕で生産する植物工場の研究が始まり，1980年代に実用化に至った．それ以降，このような閉鎖型の植物工場が他業種からの参入により運営されてきたが，事業として採算が合わず，撤退に終わるケースも多かった．

2010年に植物工場の推進や普及・拡大に向けた農林水産省・経済産業省による一大事業が開始されたこともあり，現在では蛍光灯の近接照射，LED光源の利用によるエネルギー効率の改善に加え，さまざまな技術革新により低コスト化が図られている．品目も，レタスや苗生産だけでなく，イチゴや薬用植物など単価の高いものが選択肢に加えられるようになった．

図6.3　人工光利用型植物工場でのイチゴ栽培
（写真提供：日清紡ホールディングス株式会社）

(2)　オランダの動きと日本の対応

一方，オランダでは1970年代以降，産官学の連携により施設栽培における

図 6.4 太陽光型植物工場でのパプリカ栽培（写真提供：日東紡績株式会社）

環境制御技術が飛躍的に進展し，光，温度，湿度，二酸化炭素濃度，気流などを複合的にコンピュータ制御した高軒高（こうのきだか）のガラス温室（天井が 4 m 以上ある温室で，換気効率にすぐれ，ハイワイヤー栽培が可能）で養液栽培することで，トマトで 10 a あたり 70 t 以上と，日本の約 2 倍もの多収を実現している．通常，このような栽培施設には高度な環境制御に加え，自動化・情報化のためのさまざまな設備が導入され，安定した品質の生産物を周年出荷できることから，前述の植物工場との違いは光源のみであるといえる．

そのため，日本では 2009 年より，設備の整った大型施設での最新式園芸生産システムも植物工場の概念に含めるようになった．このような太陽光利用型の植物工場は日本でも各地で稼働しており，日本のスマート農業を牽引する形で ICT を活用したトマトやパプリカの大規模生産が実現している（図 6.4）．

(3) 次世代施設園芸への動き

しかし今後は，オランダ型の高度な環境制御温室や技術を導入するにとどまらず，日本特有の気候や消費者ニーズに適合し，地域の天然資源を活用する，日本型の大規模施設園芸を構築することが求められる．農林水産省は 2014 年より，施設の集積・集約による大規模化や，木質バイオマス（薪，チップ，木質ペレット）等の地域資源エネルギー利用に対応できる次世代施設園芸の推進と地域の活性化をめざして，次世代施設園芸導入加速化支援事業に着手し，全国 10 箇所の拠点で実証事業が行われている（図 6.5）．

c. 6 次産業化

(1) 日本人の食の変化

日本人の食品の消費傾向は人口構造やライフスタイルとともに変化し，外食・中食（なかしょく）（料理店で食べる外食と家庭内で調理して食べる内食との中間で，総菜や弁当など調理された市販品を家庭内で食べる形態）など食の外部化が進み，加工食品の利用が著しく増えた．日本人が支払う飲食費は，1980 年の約 50 兆円から 30 年間で 76 兆円へと 1.5 倍に増加した一方で，農林水産業に支払われている金額は

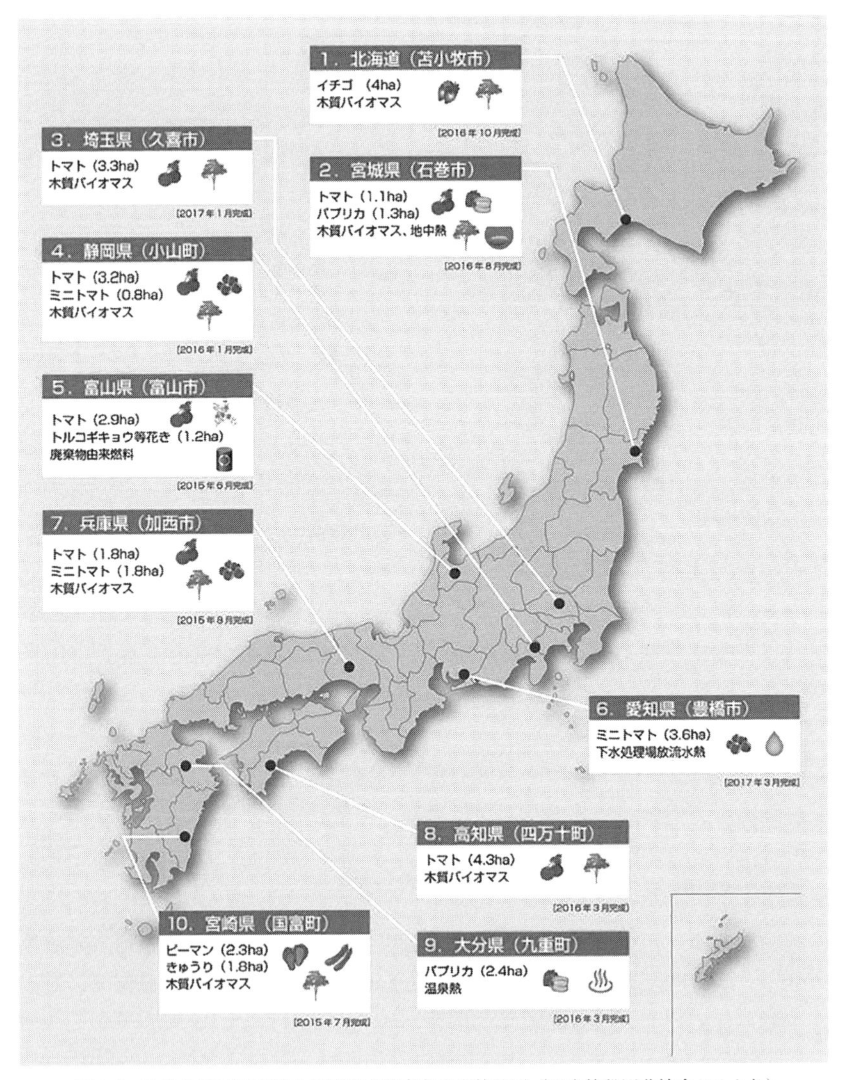

図6.5　次世代施設園芸導入加速化支援事業の実施地区（日本施設園芸協会HPより）

14兆円から10兆円に減少している．このことから，農産物の加工や流通販売における消費の伸びを，農業や生産者が享受できていないことがわかる．

(2)　6次産業化とは？

このような状況のなかで，新たな農業の形として「6次産業化」に取り組む生産者や法人が年々増えており，国や地方もそれを推進している．6次産業化とは，

図 6.6　温室を利用した農園併設カフェ

1 次産業である農業を 2 次産業である食品加工，3 次産業である流通・販売・観光と一体的に行うことで農産物の価値を高める，あるいは農産物の新たな価値を生み出すという概念であり，1990 年代半ばに提唱された．具体的には，産地直売(図 6.6)，レストラン経営，体験型農園，農産物加工品の開発，海外輸出などがある．2020 年 9 月現在，全国で 2,568 件の総合化事業計画が農林水産省の「六次産業化・地産地消法に基づく事業計画」によって認定されており，さまざまな優遇を受けている．

(3)　6 次産業化の進め方

これまで生産者は，自分で作った農産物の値段を自分で決められないことが多かったが，6 次産業化すれば主体的で計画的な事業にできる．ただし，6 次産業化にあたっては，農業生産者側の都合や利益のみを優先すると，事業としての成立は難しい．消費者や相手先にとっての魅力やメリットを提示できるものにすることが重要である．そのため，農業生産だけでなく，同時にその他のすべての面でもプロであることが求められることになり，生産者にとってはハードルの高い取り組みでもある．場合によっては地域の他業種とノウハウを出し合い協力する農商工連携方式も視野に入れながら 6 次産業化に取り組むことによって，地域の活性化にも貢献できる新たな農業形態となるであろう．〔峯　洋子〕

第7章　フードシステム

7-1　食品の流通と販売

a.　食品流通と食品輸入の変化

(1)　食品流通のグローバル化

「地産地消」(地元で生産した物を地元で消費する)，あるいは「身土不二」(自分が住んでいる土地でとれた季節の物を食べるのが健康によい) という言葉があるように，かつて，食品の流通はごく狭い地域に限られていた．特に軟弱野菜といわれる生鮮葉物野菜は1960年代頃まで，そのほとんどが1つの都府県あるいは隣接する数都府県の範囲内で流通していた．

ところが，1960年代にトラック輸送が普及し，その後，保冷トラック，冷蔵トラックが出現し，産地に予冷施設が整備されるようになると，軟弱野菜でさえも流通範囲が著しく拡大した．今日，夏期に北海道産野菜が九州で販売され，冬期には九州産野菜が北海道で販売されるのは，何ら珍しいことではない．

それどころか，1970年代にボーイング747等の大型ジェット機が就航し始め，大量航空輸送が可能になると，また海上輸送において1980年代に温度を一定に保つことができるリーファー・コンテナ (庫内温度を+25℃から−25℃の間で制御できる海上コンテナ) が急速に普及すると，あらゆる食品の流通範囲は，国境も越えた．すなわち，食品流通のグローバル化が始まったのである．

(2)　食品輸入の増大

このグローバル化は，日本では食品全般の輸入増大として現れた．その概要 (図7.1) をみると，小麦等の一部の品目 (大豆，トウモロコシ，粗糖) は，すでに1970年代以前から大量に輸入されていたが，農畜産物から水産物までの食品全般において輸入が大幅に増加し始めたのは1980年代半ば以降である．特に1985年から1995年にかけての輸入増加が著しい．

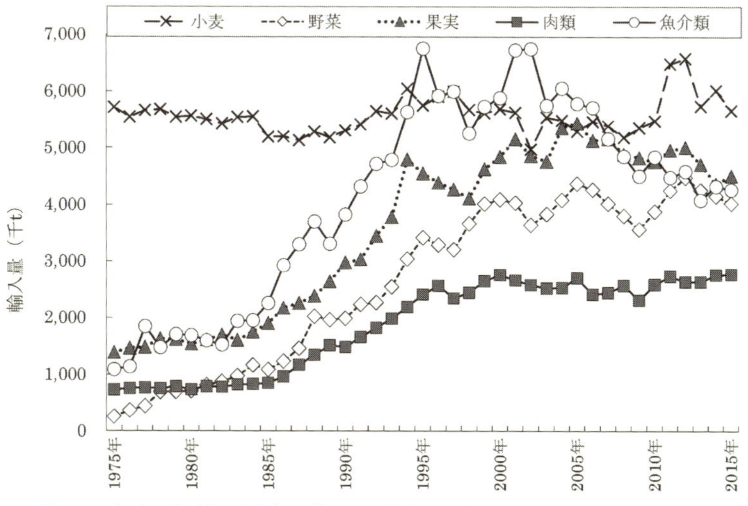

図 7.1　主要食品（農水産物）の輸入量の推移（農林水産省「食料需給表」より）

その要因の1つは，ジェット機の大型化やリーファー・コンテナの普及といった，輸送技術の進歩である．しかし，最も決定的な要因は，1985年9月22日のG5（5か国蔵相会議）でのプラザ合意に起因する円高であろう．同合意前はほぼ1ドル＝240円のレートであったが，円高が最も進んだ1995年4月19日には一時的ではあったものの，1ドル＝79円75銭を記録した．単純に考えれば，わずか10年ほどの間に輸入品の価格は3分の1にまで低下したといえる．この結果，日本では食品の輸出が減少し，輸入が増大したのである．

ちなみに，輸入の増加によって当然，日本の食料自給率は低下した．すなわち食料自給率は生産額ベースで1985年の82%から2015年の66%へ，供給熱量ベースで53%から同39%へ低下した．

b.　加工品比率と卸売市場経由率

(1)　加工品比率の上昇

輸入した食品，特に青果物のほとんどが生鮮品と思い込んでいる人が少なくない．生鮮品の小売価格が高騰し社会問題化したようなとき，マスコミが生鮮品輸入を中心に取り上げることが多いからである．

しかし，青果物は，生鮮品よりも加工品の輸入量が格段に多い．2015年の野菜輸入量は全体は258万t，このうち生鮮品は83万tで，全体の32%にすぎない．しかも，貿易統計では加工品は製品数量で示されるため，それを原料段階の生鮮

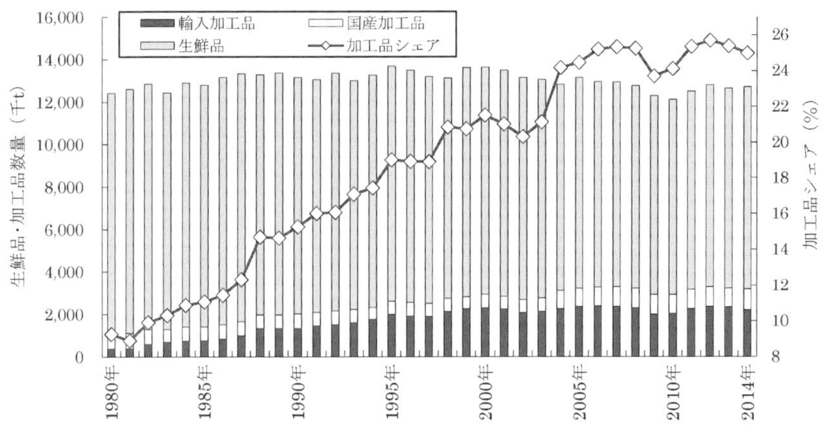

図 7.2 野菜の生鮮品・加工品（輸入加工品，国産加工品）別流通量と加工品シェアの推移（農林水産省データより作成）

注1：国産野菜の流通量と加工品数量は「野菜生産出荷統計」の28品目で算出した数量である．

注2：1980年から1988年までの国産加工品数量は「主産県」物の加工向け出荷比率に基づいて算出し，1989年以降は「指定産地」物の加工向け出荷比率に基づいて算出した．ただし1988年までの数量は1989年の「主産県」物と「指定産地」物の両「加工向け出荷比率」の比較に基づき修正した．

注3：加工品シェアは国内流通量に占める加工品数量（国産加工品と輸入加工品の合計）の割合．

注4：バレイショとカンショを除いた．

数量に換算すると，全体の輸入量は350万～400万tと推計され，生鮮品の割合は20～24%に低下する．それゆえ，野菜輸入の中の加工品の割合は8割近くに達している．

したがって，輸入が増えるにつれて国内食品流通量に占める加工品比率は次第に上昇した．野菜流通量の中の加工品比率は，1985年以前は11%以下にとどまっていたが，その後，明らかな上昇傾向が続き，2005年以降は25%前後に達した(図7.2)．果実でも加工品比率は同様に上昇し，最近では45%前後と，半分近くにのぼっている．

(2) 卸売市場経由率の低下

こうした加工品比率の上昇によって，卸売市場流通と卸売市場外流通の関係にも大きな変化が生まれた．卸売市場は生鮮品の取引に特化しているため，加工品の増加は市場流通量の減少＝市場外流通の増加になるからである．

実際，図7.3にみるように，野菜の場合，かつては卸売市場経由量が増加し，それにつれて卸売市場経由率も上昇傾向であった．ところが，市場経由量，市場経由率とも1980年代半ばがピークで，その後，明らかな減少・低下となる．特に

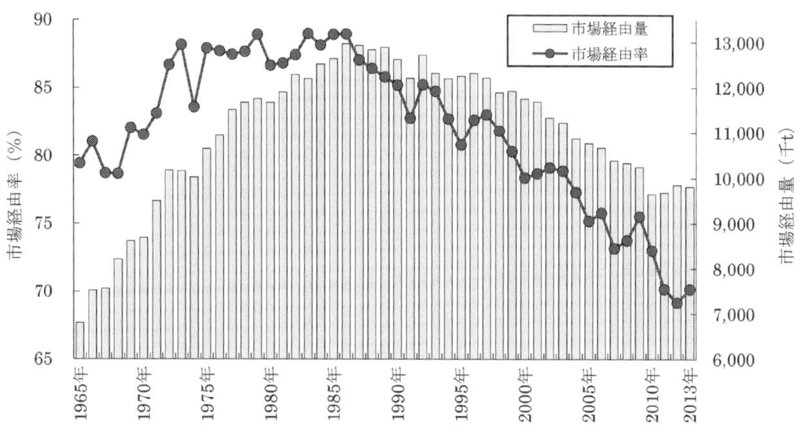

図 7.3 野菜の卸売市場経由率と卸売市場経由量の推移（農林水産省「卸売市場データ集」より）

経由率はピーク時に 89%を記録したが最近は 70%を下回っている．このように，現在，これまで経験したことがないような流通システムの変化が進行している．

c. 食の外部化と加工品需要

(1) 食の外部化の進行

輸入の増加，市場経由率の低下といった，流通の川上と川中の変化に加え，川下でも大きな変化が認められる．それは従来からよく指摘されている，スーパー・マーケットやコンビニエンス・ストアの拡大といった小売構造の変化だけではない．もう 1 つ重要な点は，食の外部化の進行，すなわち消費者が家庭内で調理するために食品を食材として購入するのではなく，外食，中食，給食という料理そのもの，あるいは調理済み食品を購入する傾向が強まっていることである．しかも，このことは社会の高齢化と相まって進んでいる．

図 7.4 は，総務省「家計調査」をもとにして，世帯主の年齢階層別に 1 人あたり外食・中食年間利用額を示したものである．70 歳以上は外食利用額は低いものの，中食利用額が最も大きいのは 70 歳以上（2013 年 4 万 1200 円）で，2 番目が 60 ～ 69 歳（4 万 900 円）．また，中食と外食の 1 人あたり年間合計利用額が最も大きいのは 60 ～ 69 歳（2013 年 9 万 6700 円）で，2 番目は 50 ～ 59 歳（9 万 2000 円）であるが，3 番目は 70 歳以上（8 万 7800 円）である．さらに，2000 年の年間合計利用額と比較した 13 年の伸び率を計算すると 70 歳以上が最も高く（12%），2 番目が 60 ～ 69 歳（8%）である．

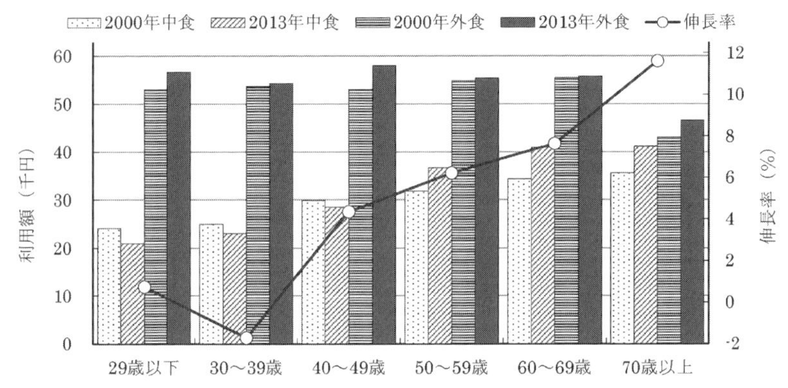

図7.4　世帯主年齢階層別1人あたり外食・中食年間利用額の変化（総務省「家計調査」より）

注1：2人以上世帯を対象にしている.

注2：伸長率＝（2013年の外食と中食の合計利用額）／（2000年の外食と中食の合計利用額）.

(2)　加工品需要の増加

社会の高齢化とともに食の外部化が進むと考えられるが，その外部化の担い手である外食・中食・給食企業は，圃場で収穫したままの農産物（原体品）を食材として仕入れるよりも，何らかの加工された物を仕入れる傾向が強まっている．とくにチェーン化等で大型化した企業の場合，そうした傾向がとりわけ強い．例えば，生鮮野菜の仕入れも原体品そのものを仕入れるのではなく，ときには皿に盛りつけるだけでサラダとして提供できるようなカット製品を仕入れている．イタリアン・レストランの多くはトマトが丸ごと入っているトマト缶詰を仕入れているし，レストラン・チェーンは冷凍野菜やジュース等の加工品を大量に仕入れている．小規模な食堂や寿司店であっても，たくあん漬けやガリ等はそのほとんどが加工品での仕入れである．

加工品を利用するのは生ゴミを減らし，厨房の衛生状態を高めることもあるが，最大の理由はパート・アルバイトでもマニュアルに基づいて料理を提供できることであろう．こうすれば人手不足でも価格を抑え，多くの店舗を展開できる．

d.　流通システムの高齢化対策

社会の高齢化が進むにつれて食の外部化が進み，食材としての加工品の需要が高まり，流通量に占める加工品比率が上昇している．日本の場合，64歳以下の人口が減り始めた1980年代半ば以降からこうした傾向が強まった．ごく最近まで国内農水産業は生鮮形態（水産物は冷凍形態も含む）で消費者に届ける流通システム前提とされたため，加工品の供給において輸入が果たす役割が高まり，円高の影響も受けて食料品全般において輸入量が急増した．

今後，高齢化がさらに進むことは間違いない．特に2025年以降は団塊の世代（1946～49年生まれの人々）がすべて後期高齢者（75歳以上）となるため，高齢化の度合は一段と進む．したがって，国内の農水産業も今後，生鮮形態で消費者まで届く流通システムを中心とする販売を考えるのではなく，外食・中食・給食の業務用需要者向け流通システム，あるいはその間に加工業者が介在する流通システムをより重視した販売を考える必要があろう．

なお，高齢化に伴って消費量が減少を続けることも想定されるため，海外市場の開拓にも力を入れることが必要である．また，買い物弱者を支援する流通システムを考える必要もある．いずれにしても，国内農水産業の維持・発展を図るためには，社会の高齢化に対応した流通システムの構築が重要な鍵になる．

〔藤島廣二〕

7-2　ポストハーベスト技術

a.　ポストハーベスト技術の原理

(1)　ポストハーベスト技術

農作物は収穫後も生きており，呼吸しているため，適切な管理を行わないと品質劣化が早まる．収穫後に品質が低下して廃棄されることをポストハーベスト（post（～の後）と harvest（収穫）の合成語で，収穫後を意味する）ロスという．青果物（野菜と果物）では，収穫した1/3がポストハーベストロスとして廃棄されている[2)]．現代の農業では，効率的な生産と同時に，ポストハーベストロスの削減も大きな課題である．そこで，収穫後の品質管理のためのポストハーベスト技術の開発が求められている．その中心は，温度管理とガス濃度制御である．

(2)　温度管理

農作物の品質低下の大きな要因は，呼吸による内部成分の消耗である．呼吸は，温度を10℃下げると1/2～1/3に低下するため，青果物の品質保持のためには，凍結温度以上の範囲で，できるだけ低温にすることが望ましい．ただし，熱帯・亜熱帯地域が原産の青果物は低温に弱いため，低温で管理するとかえって変色したり軟化することがある．これを低温障害という．このように，保存に適した温度は青果物ごとに異なるので注意が必要である（図7.5）．

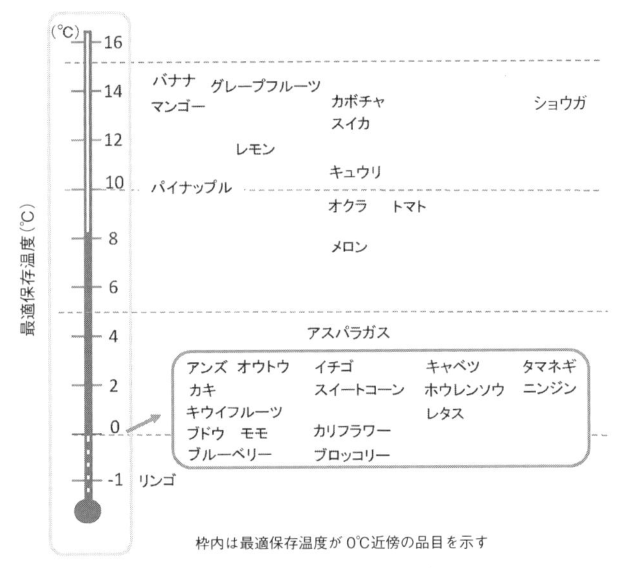

図7.5　青果物の最適保存温度（文献[1,3]より作図）

(3)　ガス濃度制御

対象物周囲の酸素濃度を大気より低くし，二酸化炭素濃度を高くすることも，呼吸を抑制するのに有効である．また，一部の青果物では呼吸のほか，植物ホルモンの1つであるエチレンが老化の促進を招く．エチレンの発生は呼吸と同様に，低温やガス濃度制御で抑制できる．このほか，発生したエチレンを吸着したり分解する方法や，エチレンの作用を阻害する薬剤を利用する方法も有効である．

b.　ポストハーベスト技術の実際

青果物の品質を保持するためには，対象とする青果物の品種や熟度を考慮しながら，上記の原理に基づくポストハーベスト技術を適用する必要がある．

(1)　野　菜

・収穫時刻：　野菜の呼吸速度はさまざまで，大きいものは品質を保持できる期間が短い（表7.1）．例えば，スイートコーンやホウレンソウは呼吸速度が大きく，品質保持できる期間が比較的短い野菜である．このような野菜は，品温（青果物の温度）の低い早朝に収穫することが望ましい．

・予冷処理：　収穫後に予冷（低温庫に一定時間入れて出荷前に品温を下げる処理）をすることも品質保持に効果的である．予冷方法には冷風や冷水で直接青果物の品温を下げる強制通風や冷水冷却，予冷庫内に圧力差を作って風の流れによ

表 7.1　青果物の呼吸速度と品質保持期間（文献[1]より作図）

品質保持期間	呼吸速度（mg CO_2/kg/hr）				
	5 ～ 10	10 ～ 20	20 ～ 40	40 ～ 60	60<
<2 週間		キュウリ ナ　ス	イチゴ	ブロッコリー オクラ	スイートコーン ホウレンソウ シイタケ
2 ～ 4 週間	スイカ メロン パイナップル	ブルーベリー トマト オウトウ マンゴー アンズ バナナ モ　モ	レタス ネ　ギ カリフラワー		アスパラガス
1 ～ 6 か月	グレープフルーツ カ　キ カボチャ キウイフルーツ レモン ブドウ リンゴ	キャベツ サトイモ ニンジン			
6 か月<	タマネギ サツマイモ ニンニク ジャガイモ				

ってダンボール箱内に冷気を引き込む差圧予冷，予冷庫内を減圧することで青果物の水分を蒸発させて品温を下げる真空冷却などがある．強制通風が主流であるが，葉菜類では短時間に品温を下げられる真空冷却が利用されることも多い．

・コールドチェーン：　予冷による品質保持効果は，その後温度が上昇すると薄れるため，収穫後の予冷から消費者の手に渡り消費されるまでの過程において，常に低温で管理し続けること（コールドチェーン）が重要となる．現在の流通過程でコールドチェーンが途切れやすい場所の1つが卸売市場である．施設面積が大きいうえに，搬入口が大きく密閉が難しい構造であるため，また，人と物の出入りが激しいため，低温の維持が難しい．最近は，卸売市場でも冷蔵庫・保冷庫の設置や空調設備の導入による卸売市場内全体の低温化など，コールドチェーンの維持に向けた取り組みが進められている．

・MA 包装：　低温に次いで呼吸抑制に効果的な方法として，MA（modified atmosphere）包装がある．これは，青果物をフィルムで密封し，青果物による呼吸と包装フィルムのガス透過性を利用して，袋内のガス濃度を低酸素・高二酸化炭素条件にする方法である．最適な袋内ガス濃度は青果物により大きく異なるため，青果物の呼吸速度や貯蔵温度に合わせたフィルム素材や厚さの選択が重要となる．また，表面積が大きく，しおれやすい葉菜類のMA包装は，蒸散抑制による品質保持効果も大きい．

(2)　果　物

・低温管理：　果物は野菜より呼吸速度が小さく，品質保持期間が長い傾向があるが，野菜と同様，呼吸を抑制するために低温管理を行う．リンゴやナシは糖度が高いため0℃以下でも凍結しないので，－1℃程度にすると6か月程度の貯蔵も可能となる．

・収穫時期：　果実は樹上におく期間が長いと，糖度の上昇などにより食味が向上する一方，貯蔵性は劣る．そのため，長期貯蔵をめざすリンゴは，品質保持期間を延ばすために早い時期に収穫する．

・CA貯蔵：　リンゴでは，ガス濃度の制御により長期貯蔵が試みられている．野菜のようなMA包装ではなく，規模の大きいCA（controlled atmosphere）貯蔵を行う．CA貯蔵も低酸素・高二酸化炭素濃度下で行うが，青果物の呼吸速度に依存するMA包装と異なり，貯蔵庫内のガス濃度をあらかじめ目的の青果物に合わせて設定し，強制的に最適濃度にコントロールすることで呼吸を抑制する方法である．リンゴでは，酸素，二酸化炭素とも2%程度（残りは窒素）に調整することで，最長8か月程度の貯蔵が可能である．しかし，二酸化炭素濃度が高すぎる，もしくは酸素濃度が低すぎると，ガス障害（低酸素によるアルコール発酵や高二酸化炭素による果肉の変色など）が発生して品質低下を招くため，その年の品質に合わせて酸素および二酸化炭素の濃度設定を微調整して，適切な濃度にコントロールする必要がある．

・エチレン対策：　成熟にエチレンが関与しているリンゴやモモでは，エチレンが引き金となって，老化の進行や品質低下が生じる．エチレンの作用を阻害する薬剤である1-メチルシクロプロペン（1-MCP）は，エチレンを感知する受容体にエチレンより先に結合することで，エチレンによる老化を抑制し，品質保持期間を延ばす効果があり[3)]（図7.6），世界40か国以上で利用されている．リンゴでの利用が最も多いが，日本ではナシ，カキでも農薬として登録されている．

(3)　切り花

・水あげと低温処理：　切り花は収穫後，水きり（水の中で茎を切る）などの水を吸いあげやすくするために行う水あげ処理を行いながら，調整・選別を行い，

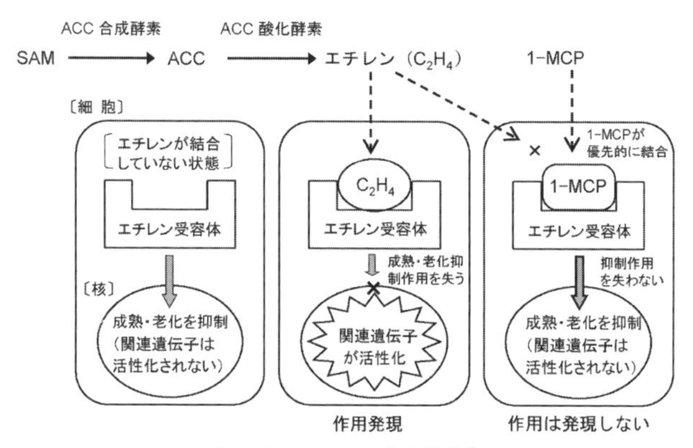

図 7.6　1-MCP の作用機作[3)]

予冷で品温を下げてから出荷するのが望ましい．その後も 10℃以下の低温を保って輸送・販売するのが理想的である．ただし，熱帯・亜熱帯性の切り花の場合は，低温障害が生じるおそれがあるため，温度管理に注意が必要である．

・エチレン対策：　エチレン感受性は花の種類によって異なり，感受性の高いものはエチレンの影響を受けて蕾や花弁が落ちる．これを防ぐために，カーネーションやスイートピーでは，エチレン作用阻害剤であるチオ硫酸銀錯塩（STS）の処理が必須である．STS 処理を行うことで，品質保持期間が 2 倍に延びる場合もある．

・糖処理：　また，切り花は通常，消費者が観賞する期間が長くなるように，輸送期間を考慮して蕾の段階で収穫される．蕾を開花させるためには多量の糖が必要となる．そのため，切り花独自の重要なポストハーベスト技術として，糖処理がある．収穫後の生け水（花を生ける水）に糖を数％添加すると観賞価値の高い切り花が提供できる．処理する糖の濃度によっては葉に黄化などの障害が出るので，注意が必要である．　〔吉田実花・馬場　正〕

◆コラム 8　非破壊品質評価

近年，ミカン，リンゴ，モモは，糖度を記載して販売している場合が多い．この糖度は，近赤外線を利用した光センサーで測定したものである．

従来の果実の品質測定では，箱から数個果実を取り出して行う抜き取り調査が主流であったが，光センサーを用いることで，すべての果実の糖度を非破壊で推定できるようになった．近赤外線は，貯蔵リンゴにおける内部褐変発生の判定にも利用されている．今後，品質の見える化を求める声はさらに高まり，糖度のみならず，健康に良いとされる機能性成分などに関しても，非破壊評価の技術開発が進むものと期待される．

引用文献

1) Kader, A.A. (2002)：*Postharvest Technology of Horticultural Crops*, pp.40；511–518, University of California.
2) 国際連合食糧農業機関（FAO）(2011)：世界の食料ロスと食料廃棄，pp.4–7，国際農林業協働協会（JAICAF）.
3) 真子正史（2006）：見てわかる農学シリーズ2 園芸学入門（今西英雄編），pp.2；133，朝倉書店.

7-3 食品の加工

私たちの身のまわりには，多くの食材や食品があふれている．しかし，日本の食料自給率はカロリーベースで約4割にとどまり[1]，残りの約6割の食品を輸入に頼っている．それにもかかわらず，日本では，国内の食料消費の1/3に当たる約2,800万tが食品廃棄物として捨てられており，しかも，そのうちの約620万tは食べられる食品ロスである[2]．この食料自給率や食品ロスを含めて，現在の日本における食に関するさまざまな問題に対応するための重要なアプローチとして，食品の劣化について理解したうえで，食品の加工を工夫する必要がある．

a. 食品劣化の要因

農産物，畜産物，水産物，さらにそれらの加工品は，いずれも時間の経過とともに品質が悪くなる．この食品劣化の要因は，おもに物理・化学的要因，生化学的要因，生物学的要因の3つに分けられる．油脂が酸素や光によって酸化することは，物理・化学的要因による食品劣化の代表例である．酸素や光のほか，水分，pH，温度などがある．

リンゴを切ったり，ジュースにすると酵素の働きにより次第に褐色に変化していく．また，レタスなどの野菜も同様に酵素の働きで褐色に変化する（生化学的要因）．果物や野菜などの色を褐色に変化させる酵素の１つにポリフェノールオキシダーゼがある．ポリフェノールオキシダーゼはクロロゲン酸やカテキン等の物質と反応して褐色の物質を生成する．食品の色は，品質を評価する際の重要な指標の１つであり，現在それに関するさまざまな研究が行われている．

◈コラム９　100％のイチゴジュースを売っていないのはなぜ？

加工食品に酸化防止剤として添加されているビタミンＣ（アスコルビン酸）は，量が多すぎると品質劣化の原因となる．例えば，イチゴの赤色はアントシアニンという色素で，酸性のときは鮮やかな赤色を呈する．しかし，酸素や光，熱によって酸化されるとあっという間に褪色してしまう．イチゴはビタミンＣを豊富に含む食材なので，アントシアニンの酸化を防いでくれそうだが，ビタミンＣが過剰だとまわりの酸素と反応して酸化型ビタミンＣへと変化し，過酸化水素など反応性の高い物質が生成される．アントシアニンは抗酸化物質でもあるので，アスコルビン酸酸化物と反応する．その結果，アントシアニンの構造は破壊され，褪色してしまう．店頭で100％のイチゴジュースを見かけない背景には，このような理由がある．

〔野口治子〕

その他，パンやミカンに青かびが生じたり，肉や魚などから異臭が生じるのは，微生物による食品の劣化である（生物学的要因）．微生物は家庭のみならず，衛生管理の徹底した加工食品の製造現場でさえ生息している．また，大腸菌や黄色ブドウ球菌，サルモネラ菌などの細菌による食品の汚染も毎年のように起きており，食品の劣化がヒトの健康を脅かす場合があるので，注意が必要である．

食品の劣化は以上の３要因によって起こるが，単一要因が原因となることより，複合的に働く場合が多い．例えば，物理・化学的要因は，微生物の生育とも深く関係しているため，生物学的要因と連動して食品を劣化させることがある．いずれにしても，食品の種類によって条件は異なるが，適切な条件で保存して品質を保持することが必要である．

b.　食品加工の意義

私たちが普段目にしている食品の原材料は，ほとんどが生物である．ただし，生物をそのまま食べることは少なく，何かしら手を加えることが多い．食品や原材料となる食材に手を加えることを，食品加工という．加工の意義には，①可食化，②保存性（貯蔵性）の向上，③嗜好性の向上，④利便性の向上，の4つがあるとされている．

可食化とは，野菜・果実の皮や，肉・魚の骨など，食事のときに食べない部分を取り除くことで，食品加工で基本的な操作といえる．また，食品加工の意義のなかで最も重要なものが保存性の向上である．日本は南北に長い島国であり，夏は高温多湿，冬は雪が降る地方もあり，気候が多様である．これに加えて山がちで，生産できる農産物にも制限があった．食料の生産が困難になる冬季を乗り越えるために，食品の保存性を向上させるために，いくつもの技術が開発・利用されてきた．

例えば，乾燥，塩蔵（食塩を加えて保存性を高める方法），糖蔵（糖を加えて保存性を高める方法）は非常に単純な加工方法であるが，干物や乾燥野菜（乾燥），漬物（塩蔵），ジャム（糖蔵）など，私たちの身近な加工食品に適用されている．

近年注目を浴びている発酵は，微生物の働きにより，保存性を向上させる加工法である．人類は偶然，発酵という技術を手に入れたと考えられ，すでに紀元前から世界中で応用されていた．日本は，発酵を食文化に取り入れてきた国の1つである．漬物，味噌，醤油，清酒など，日本の食文化を語るうえでなくてはならない多くの食品や調味料などが生まれ，発酵大国と呼ばれている．

原料が本来もっている風味などをさらに向上させることが嗜好性の向上であり，発酵による効果の1つである．例えば，大豆を発酵させて醤油や納豆を製造し，乳を発酵させてヨーグルトやチーズを作る．この製造過程における発酵の結果，独特の香りやうま味がつくことになる．また，漬物では乳酸菌が生産する乳酸によって爽やかな酸味がつく．すなわち，発酵に関与する微生物が原材料を栄養源として生産した副産物が，嗜好性の向上に大きく貢献している．

食べる直前までの輸送や保管，そして調理時間の短縮という観点から，近年重視されているのが利便性の向上である．鶏卵がよい例である．鶏卵は多くの加工食品にさまざまな形態で添加されるため，私たちの生活になくてはならない食材である．しかし，鶏卵は水分が多く，卵殻が壊れやすいため，腐敗する可能性が高く，輸送に注意が必要である．そこで，鶏卵を乾燥させて乾燥卵に加工すると，水分や体積が減るので都合がよい．また食品製造の面からも，原料を安定的に手に入れることができる，保管場所が小さくて済む，温度管理がしやすいなどの多くのメリットが生じる.

調理時間の短縮という点では，冷凍食品やレトルト食品がよい例といえる．調理済みのものは加熱すれば食べられるので，現在では多種多様なものが販売されている.

c. 新たな食品加工技術

現在も，新たな食品加工技術が開発されている．実用段階に達している技術も多く，例えば，高圧処理技術（コラム参照），凍結乾燥技術，過熱水蒸気技術などがあげられる.

(1) 凍結乾燥技術

食品の乾燥といえば，従来は天日干しや熱風乾燥などが用いられてきた．しかし，凍結乾燥技術を利用することで新たな商品開発が進んでいる．この技術は，味噌汁などのスープ類やインスタントコーヒーに用いられており，フリーズドライといった方が，なじみ深いかもしれない.

凍結した食品中の氷の結晶を真空環境下で昇華させ，水蒸気を捕集して，食品中の水分を除去する．この技術が開発されて，熱風乾燥で失われていた色調や風味のほか，ビタミンなどの成分を保持できるようになった.

(2) 過熱水蒸気技術

100℃以上の高温の水蒸気で食品を加熱する技術で，それを応用したのが市販のスチームオーブンである．過熱水蒸気は食品に触れると水になり，そのときに熱（潜熱）が生じる．この熱伝達の効率は通常のオーブンでの加熱よりはるかに高いため，急速な加熱が可能になる．この技術は単なる加熱調理のみならず，食品中の油脂や塩分を除去する効果があることから，健康志向の観点から注目を浴びている．現在は，食肉加工を中心に，農産物や水産物にも適用されている.

近い将来，人口の増加による食料不足が懸念されている．しかし，日本は食品ロス大国であり，生産した食料を有効に利用できているとはいえない．これを解決するために，私たちは限りある食資源に対する考え方を改め，有効に利用する必要がある．食資源を長期間保存できれば食品ロスを減らすことにつながるので，食品加工が食資源の有効利用に貢献できる場面は多い.　〔入澤友啓〕

◆コラム10 圧力で食品加工⁉

食品加工には熱が利用されることが多いが，熱の代わりに圧力を使う高圧処理技術が開発された．熱と圧力は，どちらも物質の状態を変化させる要因であり，数千気圧の高圧で処理することは，加熱処理の場合と同様に，食材を可食化して消化性を向上させ，安全性を高めることに役立っている．また，高圧処理の利点として，熱を加えると失われてしまう食材本来の色や香り，ビタミンなどの成分を保持できることがある．高圧処理によって製品化されたフレッシュジュースは，熱を加えずに殺菌しているため，果物本来の色や香りがそのまま失われず，通常のジュースより価格が高くても販売が伸びている．高圧処理技術を利用して製品化されたものとしては，この他に畜肉加工品や野菜のペーストがあり，アメリカやヨーロッパ，韓国などで販売されている．さらに，エビやカニの殻を取ったり，貝類を開けることにも利用されている．高圧処理は火を用いないことから，宇宙空間で食品の加工や調理に使える新しい食品加工技術としても期待されている．

〔小泉亮輔〕

引用文献

1） 農林水産省（2017）：平成28年度食料需給表（概算）．
2） 農林水産省（2015）：食品廃棄物等の利用状況等（平成26年度推計）．
3） 高野克己・竹中哲夫編（2008）：食品加工技術概論，恒星社厚生閣．
4） 菅原龍幸・宮尾茂雄編（2015）：三訂 食品加工学，建帛社．

第８章　食生活と食農教育

8-1　日本の食の変遷と食文化

a.　日本の食の変遷

（1）　食の変遷の要因

・火の獲得の意義：　人類は長い狩猟採集生活の後，作物を栽培し動物を飼育するようになった．やがて，それぞれの地域の食物に基礎を置く食ができ，また食文化が形成された．この過程で，火を利用して調理することで，栄養素の摂り方が変わり，食物の衛生状態が向上し，保存期間が長くなり，食味も変わった．

・食の技術の発達：　日本は四方を海に囲まれ，狭い土地に高低差がある地形のため，山海の産物を食品にできた．このような気候風土とともに，文化的，歴史的な要因の相互作用によって地域特有の食文化が形成されてきた．この間，狩猟採集技術の発達，作物や家畜の品種改良，農業の機械化に伴う大規模化，調理加工や貯蔵に関する技術の発達など，食の技術が歴史的に変遷してきた．現在では，狩猟採集はほとんど行われておらず，漁業でも資源枯渇の懸念から，すでに栽培漁業，すなわち養殖の時代に入っている．作物や家畜の品種改良は，従来おもに交配によって進められてきたが，最近は遺伝子組換えやクローン作出などの新技術も導入され，期間短縮・効率化が進み劇的な変化が起きている．

・食品加工技術：　乾燥，冷凍やレトルト殺菌などの技術発展，インスタント食品の開発などにより，品質を落とさず保存できる，一定の味が保証される食事が提供できる，調理に手間がかからず食べられる，といったことが実現し，家庭の食生活のありかたが変わろうとしている．

（2）　日本の食の変遷

・縄文時代：　作物栽培が始まっていたといわれているが，狩猟採集の時代であった．ただ，遺跡から多くの食物遺物が発掘されており，想像以上に豊かな食生活を送っていたことがわかる．自分の五感を頼りに挑戦を繰り返し，食べられるものは何でも食べていたのであろう．

食べていた植物としては，山野の新芽や，クリ，クルミ，トチ，ナラ，ブナなどの堅果類が多かった．集落の周りには貝塚が形成されており，魚介類を獲り，天日干しや塩漬けなどの加工を行っていたことがうかがえる．食べていた鳥類はカモ，キジ，ヤマドリ，動物はシカ，イノシシ，ノウサギであった．

・弥生時代：　陸稲やアワ，ヒエなどの雑穀もあったが，水稲栽培が発達し，安定した食料供給を行えるようになった．水飴や干柿などの菓子類もあった．

・奈良時代：　中央集権国家が形成され，支配者の貴族階級が米を税として徴収した．貴族は米食であったのに対し，庶民はアワやヒエなどの雑穀が主食であった．貴族間で仏教が流行し，肉食禁止令が出たため，米，豆，野菜，魚介類が中心の食となった．この時代，食生活の基本的な構成は確立していたようである．

・平安時代：　貴族階級の間では，塩，肉醤や魚醤に代わって穀類の醤（ひしお），酢，酒など調味料が使われるようになり，バラエティに富んだ食事をしていた．主食は米を蒸した強飯（こわいい）であり，タンパク質は畜産物に代わり，大豆やその他の豆類で補うようになった．見た目の美しさを大切にする日本料理の特質が生まれた時代でもある．

・鎌倉時代：　武家の世となり，玄米と一汁，一菜などの簡素な食風で，玄米食が食べられるようになり，現代でいう健康食品が流行した．また，新仏教や禅宗により，貴族や僧侶が武士に感化されていき，獣肉を食べることはタブーではなくなった．

・室町・安土桃山時代：　公家の大饗料理，寺家の精進料理，武家の本膳料理，茶の湯の懐石料理など，さまざまな料理様式ができあがった．

・江戸時代：　農業と漁業が発展し，新田開発や品種改良，新しい漁場や漁法の開発が行われた．食を楽しむ文化が流行り，総菜屋，屋台，居酒屋などが存在していた．携帯食として，おにぎりを食べ始めた時期でもある．

・明治時代から大正時代：　文明開化の結果，洋食がブームとなり，富国強兵をめざして軍隊における集団給食が生まれた．学校給食の始まりもこの時代であり，おにぎり，焼き魚，漬物が配布され，子供の栄養素充足のために学校給食は必要であった．学校給食はさらに発展し，小麦粉と大豆油を使った料理が紹介され，日本食より西洋料理がすぐれていると洗脳された日本はますます食の洋風化を進め，学校給食の影響は日本人の食生活を変えた．

・昭和時代：　日本の食事の形式は家族そろって食卓を囲む，いわゆる内食（うちしょく）が一般的であった．内食とは家族の一員が料理を作って家で食べることをいう．高度経済成長に伴って家庭に冷蔵庫や炊飯器が普及し，料理の種類，品数が豊富になった．食卓での家族団らんにより，家庭で食文化が伝わっていった．

・現　在：　電子レンジの普及により，温めてすぐに食べることのできる調理済み食品であるレトルトパウチ食品や，解凍するだけで調理が済む冷凍食品，お湯を注いですぐに食べられるインスタント食品などの開発が盛んになった．さらに，ファミリーレストランやファーストフード店を利用する外食，コンビニなどを利用した中食（なかしょく）が普及した．外食は，家の外で家族以外が調理した料理を食べることに対し，中食とは，家族以外が調理した惣菜などを買って，家で食べることをいう．現在，中食が普及し，家庭の味や地域の伝統的料理が失われつつある．日本の伝統的な食文化を守るためには日本食の存在価値を改めて認識する必要がある．

b.　日本の食文化

(1)　伝統的な食文化の発展

おいしく，楽しく食べることを求めたときに，食の文化が生まれ，精神や芸術が発展する．日本の食文化は，地域の食材を使い，各家庭で独自の調理や味付けをし，工夫してできあがった，いわば家庭の味から生まれたものである．食文化の伝承が各地域の家庭だけでなく，居酒屋や田舎風料理店もかかわり，日本の食文化が形成されている．伝統的な郷土料理は，食材が豊富・新鮮であり，栄養のバランスもよく，生活の知恵の産物といえる．また，郷土料理のほかに，季節の行事や祝いの日に食べる特別料理である行事食も大切な食文化であり，次世代に伝えたいものである．

(2)　食文化の中心である和食

日本列島は南北に長く，四季が明確で，そこから生まれた多様で豊かな自然があり，日本人はその自然を尊んできた．このような自然を背景にして生まれ，継承されてきた和食を改めて見直す機運が近年高まり，日本政府は和食をユネスコ無形文化遺産に登録申請し，2013 年 12 月に「和食；日本人の伝統的な食文化」の登録が認められた．その申請における和食の概要を図 8.1 に，また和食の 4 つの特徴を表 8.1 に示した．

伝統的な食文化の中心をなす和食は，その土地で季節ごとに獲れた旬の食材を食べるのが健康によいという「身土不二（しんどふじ）」の精神と，歴史や風土そのものを大切にする意味で，その土地で生産されたものをその土地で消費する「地産地消」と

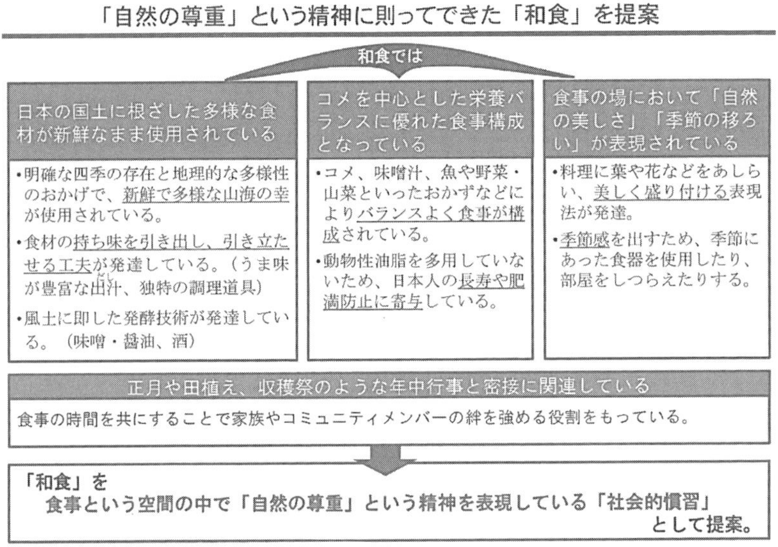

「自然の尊重」という精神に則ってできた「和食」を提案

和食では

日本の国土に根ざした多様な食材が新鮮なまま使用されている

- 明確な四季の存在と地理的な多様性のおかげで、新鮮で多様な山海の幸が使用されている。
- 食材の持ち味を引き出し、引き立たせる工夫が発達している。（うま味が豊富な出汁、独特の調理道具）
- 風土に即した発酵技術が発達している。（味噌・醤油、酒）

コメを中心とした栄養バランスに優れた食事構成となっている

- コメ、味噌汁、魚や野菜・山菜といったおかずなどによりバランスよく食事が構成されている。
- 動物性油脂を多用していないため、日本人の長寿や肥満防止に寄与している。

食事の場において「自然の美しさ」「季節の移ろい」が表現されている

- 料理に葉や花などをあしらい、美しく盛り付ける表現法が発達。
- 季節感を出すため、季節にあった食器を使用したり、部屋をしつらえたりする。

正月や田植え、収穫祭のような年中行事と密接に関連している

食事の時間を共にすることで家族やコミュニティメンバーの絆を強める役割をもっている。

「和食」を
食事という空間の中で「自然の尊重」という精神を表現している「社会的慣習」として提案。

図 8.1　「和食」の申請概要（日本食文化の世界無形遺産登録に向けた検討会（2012）：日本食文化の無形文化遺産記載提案書の概要，p.1）

表 8.1　ユネスコ無形文化遺産への登録申請の中で述べられた「和食」の4つの特徴

多様で新鮮な食材とその持ち味の尊重
日本の国土は南北に長く，海，山，里と表情豊かな自然が広がっているため，各地で地域に根差した多様な食材が用いられています．また，素材の味わいを活かす調理技術・調理道具が発達しています．
健康的な食生活を支える栄養バランス
一汁三菜を基本とする日本の食事スタイルは理想的な栄養バランスといわれています．また，「うま味」を上手に使うことによって動物性油脂の少ない食生活を実現しており，日本人の長寿や肥満防止に役立っています．
自然の美しさや季節の移ろいの表現
食事の場で，自然の美しさや四季の移ろいを表現することも特徴のひとつです．季節の花や葉などで料理を飾りつけたり，季節に合った調度品や器を利用したりして，季節感を楽しみます．
正月などの年中行事との密接なかかわり
日本の食文化は，年中行事と密接にかかわって育まれてきました．自然の恵みである「食」を分け合い，食の時間を共にすることで，家族や地域の絆を深めてきました

いう考え方が基本となっている．

日本の食文化により日本独自の食が発展し，美しい食器に盛り付けたいと願い，ヒトの要求に応えて発達し，芸術性が高められ伝統的な食文化の中心をなす和食が生まれ，現在に至る．日本人はこれからも食文化を大切にし，食生活指針にあ

げられている項目に配慮しながら，これからの「日本食」を育て，つなげていくことが必要である．〔谷口亜樹子〕

8-2　食の栄養性と安全性

a.　食と栄養

食品の機能には，一次機能（栄養機能），二次機能（感覚機能），三次機能（生体調節機能）の3つがある．

食物に含まれる栄養素が，私たちのエネルギー源や身体の構成成分となり，代謝調節を支えているのが一次機能である．食べ物に含まれている物質のなかで，生命を維持するのに必要とされるものを栄養素といい，炭水化物（消化吸収される糖質とされない食物繊維からなる），脂質，タンパク質，ミネラル，ビタミンが5大栄養素である．エネルギー源はおもに糖質と脂質，体の構成成分となるのがタンパク質とミネラルであり，体の調子を整え，働きを円滑にするのがビタミンとミネラルである（表8.2）．水は栄養素には含まれないが，体の60％以上を占めており，体内の物質輸送などに重要な役割を果たしている．また，食べ物には栄養素だけでなく，食物繊維のように，エネルギー源にはならないものの生理機能に重要な非栄養成分も含まれている．

食品の二次機能は嗜好成分による感覚刺激機能で，食品の色，味，香り，テクスチャーがかかわる．三次機能は機能成分による生体調節機能で，生体防御，体調リズム調節，老化抑制などが関係する．

b.　食と健康

(1)「健康日本21」の策定

食は健康につながっており，食の質がよくなければ，健康は維持できない．厚生労働省は，国民の健康増進の推進を図るための基本的な方針として「健康日本21」（第二次）を策定した．この方針は，日本で高齢化や疾病の変化が進むなかで，生活習慣や社会環境を改善し，ライフステージ（乳幼児・学齢期，成人期，高齢期等の人の生涯における各段階）に応じて，健やかで心豊かな生活ができる活力ある社会を実現するためのものである．「健康日本21」は2013年度から10年間の計画で，健康寿命の延伸と生活の質，社会環境の質の向上のために，栄養状態，食物摂取，食行動，食環境の基本的な事項を示し，栄養・食生活の目標を設定した（表8.3）．

表8.2　食品成分の機能による分類[1)]

区分	食品成分の機能	食品成分	食　品
一次機能	**栄養機能**		
	1. エネルギー源		
	糖質性エネルギー	糖　質	穀類，いも・でんぷん類，砂糖，甘味料
	脂質性エネルギー	脂　質	油脂類，多脂性食品
	2. 体の成分		
	血液や筋肉の成分	タンパク質	肉，魚，卵，大豆
	歯や骨の成分	カルシウム，リン	牛乳，乳製品，海藻，小魚
	3. 体の調子を整える	カロテノイド	緑黄色野菜，茶
		アスコルビン酸	野菜，果物，茶
		無機質	海藻，野菜
二次機能	**感覚機能**		
	色	色素成分	野菜，果物，肉，魚介類
	味	呈味成分	魚，肉，海藻，きのこ類
	香　り	香気成分	香辛料，果物，野菜，きのこ類
	テクスチャー	多糖類	米飯，パン，団子，めん類
		タンパク質	肉，卵豆腐，プリン，豆腐
		脂　肪	バター，クリーム
三次機能	**生体調節機能**		
	抗酸化作用	トコフェロール	植物油
		カロテノイド	緑黄色野菜，茶，海藻
		ポリフェノール	野菜，果物，茶，大豆
		アスコルビン酸	野菜，果物，茶
	腸内細菌叢の改善	オリゴ糖	オリゴ糖含有食品
	便性改善	食物繊維	海藻，野菜，きのこ類，穀類，豆類
	コレステロール低下作用	大豆タンパク質	大豆，大豆製品
		カテキン類	茶
		食物繊維	野菜，海藻，きのこ類，果物，豆類
	血圧上昇抑制	オリゴペプチド	肉　類
		カテキン類	茶
		フラボノイド	レモン
	血糖上昇抑制	食物繊維	海藻，野菜，きのこ類，果物，豆類
	血小板凝集抑制	n-3系脂肪酸	魚油，しそ油，大豆油
	生体防御機能		
	抗がん作用	硫黄化合物	にんにく，たまねぎ，アブラナ科野菜
		アスコルビン酸	野菜，果物
		トコフェロール	植物油
		カロテノイド	緑黄色野菜，茶，柑橘類
		ポリフェノール	茶，野菜，ハーブ，香辛料
	抗アレルギー作用	グロブリン除去	低アレルゲン米
	アレルギー低減作用	n-3系脂肪酸	しそ油　魚油，大豆油

表 8.3　栄養・食生活と生活習慣病の関係

栄養状態	体重はライフステージを通して，日本人の主要な生活習病や健康状態との関係が強い．肥満はがん，循環器疾患，糖尿病などの生活習慣病との関連がある．やせは骨量減少，低出生体重児出産のリスク（女性）がある．
食物摂取	減塩が血圧を低下させ，循環器疾患を減少させる．野菜，果物の摂取量の増加は，体重コントロール，循環器疾患，2 型糖尿病の一次予防に効果がある．適切な量と質の食事は生活習慣病の一次予防の基本である．主食，主菜，副菜を組み合わせた日本食は良好な栄養素摂取法である．
食行動	一人で食べるのではなく，家族や友人などと共食するほうが，野菜，果物，ご飯など食物摂取状況が良好な傾向にあり，学童，思春期の共食は，健康状態，栄養素などの摂取量，食習慣の確立につながる．
食環境	市販食品や外食，内食の栄養成分は，食生活に無関心な層に影響を及ぼすため，栄養成分の改善により，国民の食生活の向上につながる．保育園，学校，事業所，病院，高齢者施設などの給食施設で提供される給食内容が栄養的，衛生的に配慮されていることにより，喫食者の健康の維持，増進に寄与する．

(2)　日本の食と健康

栄養の質を評価する指標の 1 つに，PFC バランス（タンパク質・脂質・炭水化物のエネルギー比率）がある（図 8.2）．理想的な PFC バランスは，タンパク質 15%，脂質 25%，炭水化物 60%程度といわれている．

日本の食生活は米を主食とし，魚，野菜，海藻，芋，大豆などを中心とした食であったが，戦後の食料難とアメリカのライフスタイルの流入により，米，小麦製品の主食に，肉，卵，牛乳の動物性食品が日常の食卓に上がり，栄養のバランスが理想的となり，日本食は世界の注目を浴びる長寿国となった．

しかし，近年，不適切な食生活によって脂質の摂取が増え，PFC バランスが崩れてきた．そのため，生活習慣病の増加につながり，問題となっている．生活習

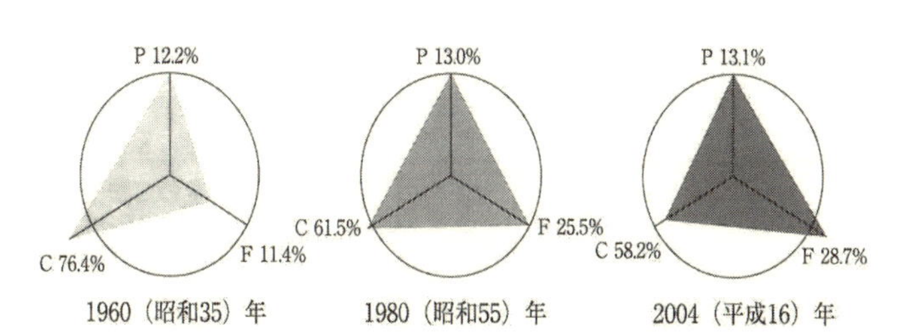

図 8.2　エネルギーの PFC バランス（農林水産省）
P：タンパク質，F：脂質，C：炭水化物．それぞれ 1 g あたり 4 kcal，9 kcal，4 kcal として摂取エネルギーを算出し，総摂取エネルギーに占める割合を求めた．

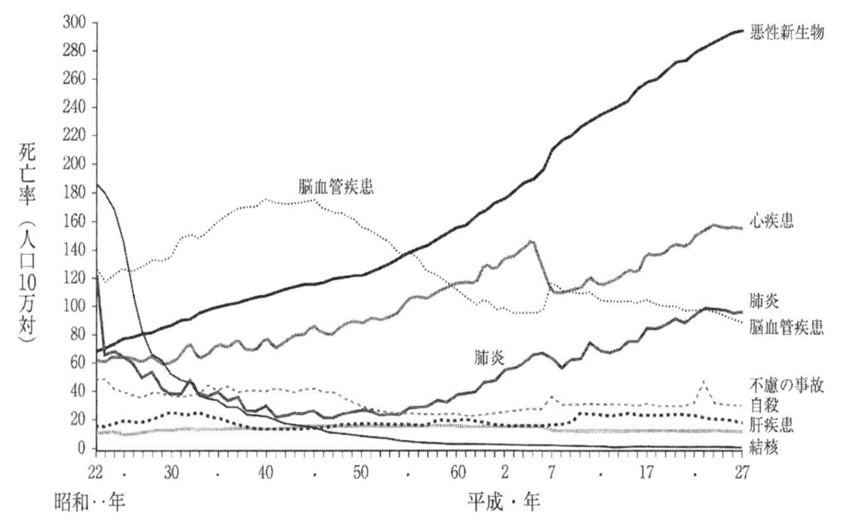

図8.3　日本人の死亡率の年次推移[2)]

注記：平成7年付近にみられる心疾患および脳血管疾患の死亡率の急な変化は，同年に死亡診断書に記入される原死因選択のルールが明確化されたことの影響と思われる．

慣病とは，高血圧，糖尿病，脳梗塞，心疾患，悪性新生物をさす．食の洋風化や飽食の時代となり，食生活の乱れが生活習慣病の増加の原因となっている．私たちは，食品の三次機能にかかわる成分を食生活に取り入れて予防する必要がある．

c.　食と安全

私たちは普通，多くの食材をさまざまな形で加工・調理して摂取している．食べ物に由来する健康障害を食性病害と総称するが，病原から，内因性，外因性，誘起性の3つに分類される（表8.4）．

食品自体に病原が含まれている場合は内因性食性病害といい，病原には有毒成分と生理作用成分がある．外因性食性病害には，微生物や寄生虫などの生物的要因によるものと，各種の化学物質による人為的汚染によるものとがある．外因性食性病害は重大な社会問題となることがある．

誘起性食性病害は，食品を調理する加工処理や，体内の物理的・化学的条件によって有害物質が発生する場合である．例えば，加熱の物理的条件で酸化油脂ができたり，野菜に含まれる亜硝酸塩と二級アミンが胃酸の強酸性下で化学反応して発がん物質が生成されることがある．

表 8.4　食性病害の分類と原因物質[3)]

分　類	種　類		代表例
内因性	有毒成分		a.　アルカロイド，シアン配糖体，発がん物質 b.　キノコ毒
	生理作用成分		a.　抗ビタミン性物質，抗酵素性物質，抗甲状腺物質 b.　食品アレルゲン
外因性	生物的	微生物	a.　経口感染症：赤痢菌，コレラ菌 b.　細菌性食中毒：サルモネラ属菌，病原大腸菌 c.　ウイルス性食中毒：ノロウイルス，A 型肝炎ウイルス d.　マイコトキシン産生菌：アフラトキシン e.　マリントキシン産生微生物：フグ毒，貝毒
		寄生虫	回虫，条虫，アニサキス
	人為的		a.　有害化学物質：ズルチン b.　汚染物質：残留農薬，薬剤 c.　工場排出物：有機水銀，カドミウム d.　放射性降下物：セシウム 137 e.　容器等溶出物：スズ，鉛 f.　加工過誤：ヒ素，PCB 類
誘起性	物理的条件		加熱油脂
	化学的条件		ニトロソアミン

d.　食 と 社 会

近年，これまでとは異なる，食の社会問題が多発している．2000 年以降，特に問題となったものに，BSE の発生，残留農薬および無登録農薬事件，さまざまな食品の偽装事件，東日本大震災に伴う原発事故に基づく風評被害などがあげられる．食品流通が広域化するなど，食をめぐる環境の変化に伴って，新たな食の問題が発生している可能性がある．このような状況を踏まえて，科学技術の発展も利用しながら，食品の安全性を確保するための対策を講じることが必要である．

(1)　BSE 対策

BSE（bovine spongiform encephalopathy；牛海綿状脳症，狂牛病）は，1986 年にイギリスで発見されて以来，欧米で報告が続き，日本でも，2001 年に発生が確認された．感染したウシは，異常プリオンタンパク質が脳にたまり，脳がスポンジ状に変化して異常行動を起こし最終的には死に至る．ヒトが異常プリオンタンパク質を摂取すると，変異型クロイツフェルト・ヤコブ病にかかり，脳機能障害を起こし死亡する．そのため，ウシの異常プリオンタンパク質が蓄積する可能性のある脳や脊髄，回腸など特定危険部位を食品として利用することは，現在，各国で法律により禁止されている．厚生労働省は国内措置と国外措置を，最新の科学的知見に基づいて常に見直しを行っている．

(2)　遺伝子組換え食品

・利用形態と事例：　遺伝子組換え（genetically modified：GM）食品は，遺伝子組換え生物に由来する食品である．遺伝子組換え生物は，DNA を酵素などで切断，再結合して組換え DNA を作り，それを別の生物に移入して増殖（クローニング）させることによって新しい形質を付与することをめざしたものである．

GM 食品には，組換え生物そのものを食べるタイプと，遺伝子組換え微生物に特定の物質をつくらせ，それを分離して食品あるいは食品添加物（酵素）として食べるタイプの 2 つがある．前者は，おもに除草剤耐性，ウイルス抵抗性や害虫抵抗性といった農業生産に好都合な性質が付与されたものである．凝乳酵素のキモシンやデンプン分解酵素の α-アミラーゼの利用は，後者の例である．

近年，消費者のために健康増進・高栄養価を付加した特定遺伝子組換え農産物（高オレイン酸遺伝子組換えダイズ，高リシン遺伝子組換えトウモロコシ）が開発されている．今後，遺伝子組換え食品は技術の進歩とともに急増すると予想される．現在，除草剤耐性，害虫抵抗性，病気抵抗性などの遺伝子をいくつか同時に組み込んだ遺伝子組換え農産物や高光合成性能，低アレルギー性，コレステロール抑制，高血圧抑制等のイネの開発が研究されている．

・認可と製造・流通：　GM 食品は，アレルギー誘発性，有毒物質の産生，DNA 組換えに伴う派生的影響などについて，食品安全委員会の厳格な安全性審査に合格しない限り市場には出回らない．現在のところ，日本では商業栽培が行われている遺伝子組換え農産物はないが，2010 年時点で 29 か国が遺伝子組換え農産物を商業栽培している．世界の遺伝子組換え農産物の栽培面積は 1996 年に 170 万 ha であったのに対し，2016 年には約 1 億 9 千万 ha と増加した．

現実の農産物や加工食品の取引では分別生産流通管理を行っているものの，遺伝子組換え食品を完全に分別することは困難で，最大 5% 程度は混入する可能性がある．加工食品である醤油や油などの原料には，遺伝子組換え農産物が使われている可能性がある．しかし，醤油や油などの加工食品は加工工程で組換え DNA，タンパク質が除去・分解されるため，製品の段階で検出することはできず，現時点では表示の義務もない．

(3)　放射線照射食品

殺菌，殺虫，発芽や発根抑制などの目的で，放射線（γ 線や X 線）を食品に照射することがある．放射線照射で対象物質に放射能は誘導されないが，照射食品の安全性として，付着微生物に突然変異が起きないこと，発がん性や催奇形性が発現しないことを確認する必要がある．海外では，さまざまな植物性食品に放射線の照射が認められているが，日本では，発芽抑制（有毒物質ソラニン，チャコニンの生成防止）を目的としたジャガイモへの照射だけが認められている．

(4)　有機農産物

有機農産物は，化学肥料の代わりに有機肥料，すなわち堆厩肥を使って栽培した農作物をいう．JAS（Japanese Agricultural Standard）法（正式には「農林物資の規格化等に関する法律」，農林物資の品質改善や取引の公正化を目的とする）で検査認証制度が設定されている．

有機農産物および有機農産物加工品は，農薬や化学肥料を過去2年以上使用しない田畑で育てること（果物は収穫時点から過去3年以上），周辺から使用禁止資材が飛来，流入しないなど，詳細で明確な規定がある．収穫後の洗浄，貯蔵，運搬などの流通段階でも化学物質は使用できない．

有機JASの認定を受けるには，生産者はすべての栽培管理，作業の記録を残さなければならない．その記録のもとに，上記の条件をクリアしているかどうかを公正中立な登録認定機関が審査する．その結果，認定されたものでなければ「有機」と表示できない．

有機農産物とは別に，無農薬農作物，減農薬農作物，減化学肥料農作物，無化学肥料農産物などの紛らわしい表示があったが，2003年にすべて廃止され，特別栽培農作物に統一された．これは，各地域での慣行栽培（推奨される栽培方法）における化学農薬の使用回数や化学肥料（窒素肥料）の使用量が半分以下で栽培された農作物である．

(5)　残留農薬および無登録農薬

食品中に残留するすべての農薬，飼料添加物および動物用医薬品の残留基準が設定され，これを超えて残留する食品は販売が禁止されている．これが，ポジティブリスト制度である．この制度で残留基準が設定されていない無登録農薬も，ヒトの健康を損なうレベルを超えて食品中に残留している場合は，規制の対象となる．

(6)　食品の偽装事件

食品の偽装事件が頻発し，社会問題になっている．食品偽装の種類は，産地の偽装，原材料の偽装，消費期限（安全に食べられる期限）や賞味期限（品質が変わらない期限）の偽装，食用の適否（食用でないものを偽って食品として販売）の偽装など，さまざまなケースがある．偽装は健康被害を引き起こす重大な事件ともなりかねないので，看過できない．

(7)　東日本大震災による風評被害

2011年3月11日に発生した東日本大震災に伴って，東京電力福島第一原子力発電所の事故が起こった．それに起因する風評被害で，福島県やその周辺地域の農作物は売れず，取引価格は大暴落した．

風評被害とは，事故や災害などが大々的に報道され，本来安全とされる食品などが人々から危険視され，消費を控えることによって起こる経済的被害のことである．原子力発電所の被害は，水素爆発で飛散した放射性物質（おもにセシウム）が土壌に吸着したり，食品に移行して，人体に悪影響を及ぼす可能性が高いため問題となった．しかし，放射性物質飛散の影響がほとんどないと思われる地域の農産物，漁獲物にまで忌避は及び，そのダメージは広く長く関係者を苦しめることになった．

災害による風評被害は東日本大震災に限らず，深刻なことが多く，対策を強化・検討しなければならない．問題の解決には，消費者が安心できる理由と安全を担保する根拠を提示し，被災地産品の安全性を実証する必要がある．

d.　食のリスク

食品の安全性確保の手段として国際的に提唱されているのが，リスク分析（リスクアナリシス）である．日本でも2003年に専門委員からなる内閣府食品安全委員会（リスク評価を実施する機関）が発足し，行政システムとして新たにリスク分析が導入された．リスク分析は，国民が危害にさらされ，人の健康に影響を及ぼす可能性がある場合，可能な範囲で未然に防ぎリスクを最小限にするための手段である．リスク分析はリスク評価，リスク管理，リスクコミュニケーションの3つの要素からなる（図8.4）．

リスク評価は，科学的知見に基づいてリスクを客観的，中立公正に評価することである．その結果を踏まえて，国や自治体が適切な規則等を策定して実施することがリスク管理である．そして，リスク管理の内容等について，消費者，食品関連業者，行政など関係者相互が情報や意見交換を行うことが，リスクコミュニケーションである．3つの要素が互いに作用し合うことで，食の安全を脅かす危害因子を制御することが重要である．

私たちは，経済の発展に伴い，豊かな食生活を手に入れたが，生産や流通のあ

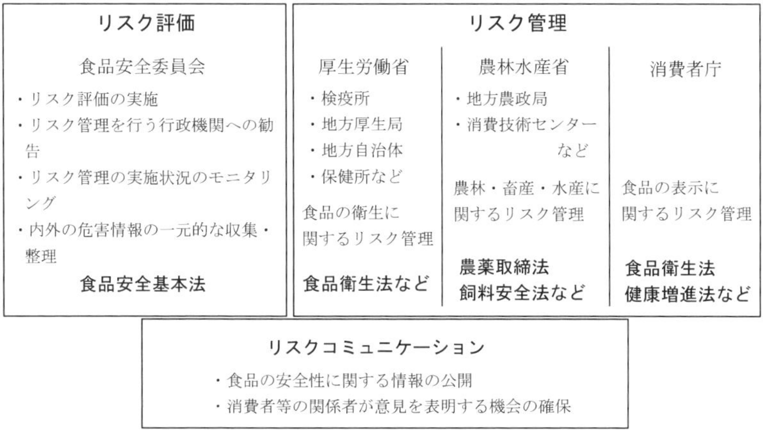

リスク評価

食品安全委員会
・リスク評価の実施
・リスク管理を行う行政機関への勧告
・リスク管理の実施状況のモニタリング
・内外の危害情報の一元的な収集・整理

食品安全基本法

リスク管理

厚生労働省	農林水産省	消費者庁
・検疫所 ・地方厚生局 ・地方自治体 ・保健所など	・地方農政局 ・消費技術センター など	
食品の衛生に関するリスク管理	農林・畜産・水産に関するリスク管理	食品の表示に関するリスク管理
食品衛生法など	**農薬取締法** **飼料安全法など**	**食品衛生法** **健康増進法など**

リスクコミュニケーション
・食品の安全性に関する情報の公開
・消費者等の関係者が意見を表明する機会の確保

図 8.4 食品の安全のリスク分析（厚生労働省医薬食品安全部，2017 を一部変更）

り方も変化し，複雑化している．そのため，食の安全に対しては常に対策の見直しが必要である．今後，消費者に不必要な不安を抱かせないためにも，食品の安全性をどのように評価するかが課題となる．〔谷口亜樹子〕

引用文献

1) 谷口亜樹子編著（2017）：食べ物と健康―食品学総論【演習問題付】，光生館．
2) 厚生労働省：平成 27 年人口動態統計月報年計（概数）の概況．http://www.mhlw.go.jp/toukei/saikin/hw/jinkou/geppo/nengai15/index.html
3) 菅家祐輔編著（2012）：簡明食品衛生学（第 2 版），光生館．

8-3 食生活と食育

a. 日本の食生活の変遷

(1) 食の洋風化

第二次世界大戦後，日本の庶民の食卓は大きく転換した．それまでの米や大豆などの穀物を中心とした食事から，肉類や乳製品といった動物性タンパク質と油脂類を多くとる食事へと移行した．このことを食の洋風化と呼ぶ．その背景には，日本人の栄養状態を改善することが目的としてあった．

(2) 食の外部化

高度経済成長期に入ると，女性の社会進出や核家族化の進行，また食品の加工

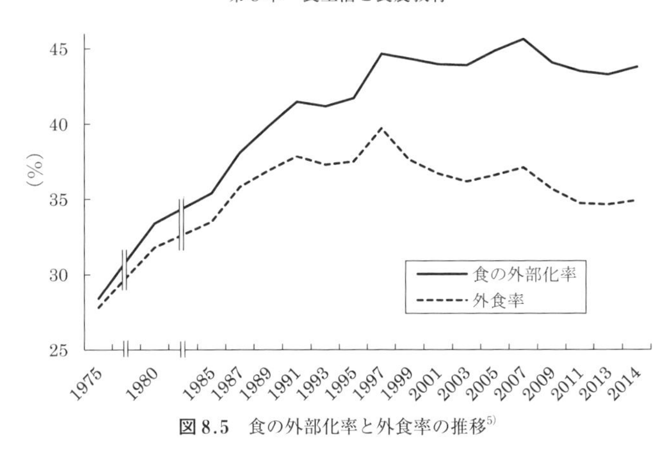

図 8.5 食の外部化率と外食率の推移[5)]

技術や流通技術の進歩によって，家庭内で食材を調理して食べる内食（うちしょく）のほかに，家庭外の飲食店等で食事をとる外食，さらには調理済みの食品を家庭内や職場等で食べる中食（なかしょく）が拡大した．外食と中食を合わせて，食の外部化とよぶ．

食料消費支出に占める外食費の割合（外食率）は1990年代以降徐々に減少傾向にあるが，食料消費支出に占める外食費と中食費の割合（外部化率）は調査開始の1975年以降，右肩上がりに増え続けており（図8.5），近年では外食よりも中食が拡大傾向にあることがみてとれる．その要因として，家庭調理の簡便化志向の高まりから，電子レンジ等の電気調理器具が普及したことがあげられる．今後日本では，女性の社会進出や単身世帯がますます増加し，惣菜や弁当，さらには独り暮らしの高齢者向けの配食サービスなどの中食需要が拡大するものと予想されている．

b. 食をめぐる問題の発生

食の欧米化や食の外部化が進行して食生活が豊かになった今日，私たちは，食べたいときに何でも食べられる飽食の時代を迎えている．しかしその一方で，食習慣の乱れや栄養バランスの偏り，食を大切にする心の欠如など，食をめぐるさまざまな問題もみられるようになってきた．

（1） 栄養と健康の問題

欧米の食事内容を採用することで日本人の栄養状態が改善されるのに伴い，日本の食卓では，主食である米とともに，野菜や果物といった植物性食品の消費が減少し，畜産物に代表される動物性タンパク質や脂質が増え続けている（2章図2.12参照）．その結果，多くの日本人が栄養バランスの偏りや，カロリーの過剰摂取の状況にある．厚生労働省が実施した国民健康栄養調査（2015）[1]によると，日本における肥満者（体格指数BMI＝体重／身長^2＞25）の割合は男性29.5%，女性19.2%，つまり，男性は3人に1人，女性は5人に1人が肥満という時代を迎えており，生活習慣病の引き金となっている．

(2)　食習慣の問題と食育

子どもの食習慣をみてみると，1980年代を境に核家族化や女性の社会進出に伴い，家族そろって夕食をとる頻度は年々減少しており，子ども1人だけで食事を摂る孤食が増えている．さらに孤食の増加は，食事中に周囲から注意を受けないため，自分の好きな物，同じ物ばかりを食べる「固食」にもつながりかねず，栄養バランスが偏る危険性がある．近年は，子どもの塾通いなどで多忙化していることも孤食の一因といわれている．

家族団らんによる食事は，コミュニケーションの場であるとともに，栄養バランスや食事のマナーなどを子どもに教える教育の場でもあった．しかし，社会情勢が多様化した現代では，家庭のみで食に関する正しい知識を育むことは難しく，食をめぐる問題の深刻化が危惧されている．

そのような状況において，食について考える習慣を身につけ，食物の生産方法，食品の安全性，食事と健康との関係，さらには食文化に及ぶまで，食に関するさまざまな知識を得るための取り組み，すなわち食育の必要性が指摘されるようになってきた．

c.　食育から食農デザインへ

(1)　食育基本法の施行

食育に関する施策を総合的・計画的に進めるため，2005年に食育基本法が施行された．食育基本法ではその前文において，食育を「生きる上での基本であって，知育，徳育及び体育の基礎となるべきもの」と位置づけるとともに，「様々な経験を通じて食に関する知識と食を選択する力を習得し，健全な食生活を実践することができる人間を育てること」としている．そして，その基本理念として，以下の7つがあげられている．

① 国民の心身の健康の増進と豊かな人間形成
② 食に関する感謝の念と理解
③ 食育推進運動の展開
④ 子どもの食育における保護者，教育関係者等の役割
⑤ 食に関する体験活動と食育推進活動の実践

⑥ 伝統的な食文化，環境と調和した生産等への配意及び農山漁村の活性化と食料自給率の向上への貢献

⑦ 食品の安全性の確保等における食育の役割

(2) 食と農の乖離

食育基本法が制定されて10年が経過し，食育という言葉は私たちの生活のなかにかなり浸透してきたといえよう．内閣府の実施した食育に関する意識調査(2014)[3] によると，食育の周知度に関しては，国民の76.6%が食育という言葉を周知しているという結果が示されている．しかし，その一方で食生活への関心度では，食品の安全性に関することや，生活習慣病予防や健康づくりのための食事バランスについては関心度が高いものの，生産者との交流や地域の食文化・伝統など生産現場に関する学びについては関心度が低いことが明らかとなっている（図8.6）．これは食育が広く一般に周知されるようになったものの，生活習慣病予防や日々の健康維持・増進に役立つ栄養バランスのよい食生活など，食の領域に関心がよせられ，食育基本法の基本理念の1つにも示されている食料自給率や生産現場など，食を支える農の領域についての関心は低いことを意味している．本来，食と農は一体的にとらえられるべき領域であるが，現状の食育では消費者の意識が食の領域に偏っており，その結果，食料生産の現場と消費の場面がかけ離れてしまう状況が生じている．これが食と農の乖離である．さらに，食と農の乖離によって消費者は，食べものに対する思い入れが希薄化し，食べものを単なるモノとしてとらえてしまい，結果として食品ロス（食べられるのに捨てられてしまう食品のこと）の発生要因の1つとなっている．

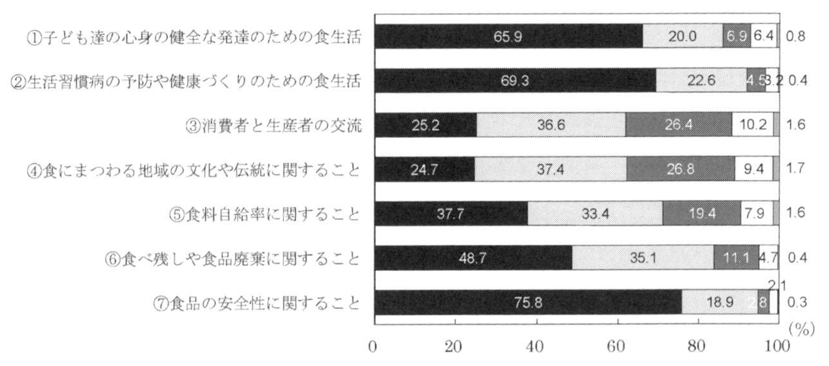

図8.6　食生活への関心度

(3)　食農デザインの視点

現在の日本における食と農の乖離を乗り越え，持続的消費としての食と持続的生産としての農とをどうマッチングさせるかという観点から，日本の食と農をどう組み立てるかという「食農デザイン」という考え方が提案されている[2]．また，年間約 642 万 t にのぼる食品ロス[4] が地球環境への大きな負荷を生じさせていることも考慮し，食料の生産から消費に至る「持続的な食の循環」を考える視点で食育を進めることが重要である．〔御手洗洋蔵〕

引用文献

1) 厚生労働省．国民健康栄養調査（2015） http://www.mhlw.go.jp/stf/houdou/0000142359.html［2017 年 7 月 28 日閲覧］
2) 森田茂紀（2016）：地球とつながる暮しのデザイン（小林　光・豊貞佳奈子編著），pp.133-139，木楽舎．
3) 内閣府．食育に関する意識調査（2014） http://warp.da.ndl.go.jp/info:ndljp/pid/9929094/www8.cao.go.jp/syokuiku/more/research/syokuiku.html［2017 年 8 月 29 日閲覧］
4) 農林水産省：第三次食育推進計画．http://www.maff.go.jp/j/syokuiku/plan/refer.html［2017 年 8 月 30 日閲覧］
5) 食の安全・安心財団附属機関外食産業総合調査研究センター：外食率と食の外部化率の推移．http://anan-zaidan.or.jp/data/index.html［2017 年 7 月 26 日閲覧］

第 9 章　耕地生態系の構造と機能

9-1　耕地生態系の特徴

作物生産を安定的に向上させていくためには，その方法を考え，編み出し，実践していかなければならない．その場合，最も重要なことは，作物とそれをとりまく生物，そして作物が生育する環境をシステムとして理解することである．

すなわち，耕地を生態系（エコシステム）としてとらえ，その耕地生態系の特徴を知ることが必要である．それは，耕地生態系がどのような要素から構成されており，それぞれの要素がどのように関係しているかを理解することである．

耕地生態系の構造を理解したり，機能を考察することは，一見，作物生産と関係ないようにみえる．しかし，じつはこのようなものの見方を身につけることが，自然と共存しながら持続的な農業を実践していく基盤となっている．

a.　生態系の構成要素と食物連鎖

(1)　生態系の構成要素

・　生態系の構成要素：　生態系とは，ある地域にすむすべての生物からなる生物的要素と，その生物をとりまく非生物的要素からなるシステムである．生態系の生物的要素は，大きく生産者・消費者・分解者の 3 つに分けられる．

生産者（一次生産者）は光合成能力をもった植物で，太陽エネルギーを固定して有機物を生産する．消費者は，植物を食べる植食性の動物，および動物を食べる捕食性の動物を指す．生きた植物，落ち葉や枯れ枝を食べる動物を一次消費者，一次消費者を食べる動物を二次消費者，以下，順を追って三次，四次消費者と呼ぶ．分解者は，死んだ生物や排泄物を分解して，有機化合物を生産者が利用できるように無機化合物に戻す役割を果たす細菌，菌，小型の土壌動物である．

・物質循環とエネルギーの流れ：　生態系では，これらの生物がかかわり合うことによって，炭素や窒素などの生物にとって重要な元素が生態系を循環することが多い．また，太陽から送られてくる光エネルギーは生産者によって化学エネルギーに変えられ，化学エネルギーは消費者や分解者の呼吸によって生活に使われていく．このように，生態系においてエネルギーは一方向に流れていく．

・非生物的要素：　生物をとりまく非生物的要素は，水，空気，温度，光，土壌などの物理化学的要素から構成されている．

(2)　食物連鎖・食物網

生態系を構成する生物は生産者・消費者・分解者に分類できるが，その相互関係を，食べる・食べられるという関係で，すなわち，被食者・捕食者関係として整理することもできる．生産者である植物が被食者で，それを摂取する一次消費者が捕食者で，また，一次消費者は二次消費者の被食者となる．

このような，食べる・食べられる関係は階層構造をなしてつながっており，食物連鎖と呼ばれている．ただし，食べる・食べられる関係は単純な階層構造ではなく，実際は非常に複雑で，網状に絡みあっているため，食物網と呼ばれることもあり，生態系の機能を考察するためのポイントである．

b.　生態系の多様性と分類

(1)　生態系の時間的・空間的多様性

・生態系の遷移とは？：　生態系における生物的要素や非生物的要素は，地域によって多様であり，また同一場所でも常に変動している．生態系の構造と機能が時間とともに変化していくことは，遷移として知られている．遷移は，ある生態系を構成する生物群集が，時間とともに次々に別の種からなる群集に入れかわり，最終的に安定した極相に向かって変化していくことである．

・遷移による植物相の推移：　遷移は，従来，植物群落について研究されてきた．日本で裸地が現れると，通常，まずコケ植物や地衣類，次いで草本類が芽生え，比較的短時間で草原となり，そのうちに低木が混ざり，次第にアカマツ，カラマツ，カンバ類のような高木の陽生植物（陽当たりのよい場所に好んで生育する植物）が生長し，やがてシイ・カシ類，ブナ，シラビソ，コメツガといった木本の陰生植物（光が少なくても生育できる植物）からなる極相に達する．

・遷移による生物相の推移：　生態系の生産者である植物群落が時間とともに変化していくにつれ，消費者の種数や構成も移り変わっていく．これは，遷移に伴って現れる草原や森林といった生息環境が，どのような消費者（昆虫やクモ類，両生類，鳥類，哺乳類など）に適しているかが異なるためである．遷移が進むと植物相（ある場所における植物の全種類の組合せ）のみならず，それに伴って動物相（ある場所における動物の全種類の組合せ）も変わっていく．すなわち，遷移は生物相（動物相と植物相を合わせたもの）が変化していく現象である．

・生態系の空間的多様性：　生態系の構成要素や食物連鎖には，空間的な多様性も認められる．生態系は，家の庭や公園の池のようにごく限られた範囲から，日本アルプスや瀬戸内海といった広い地域まで，物理的な広さに著しい変異がある．このような空間スケールの違いに対応して，生物的環境や食物連鎖も異なる．

(2)　生態系と人間のかかわり

生態系の構成要素と，その間に認められる食物連鎖は，人間がその生態系にどの程度，どのようにかかわっているかによっても異なる．人の手がまったく加わっていない原生林があると思えば，植林した森林，あるいは造成した住宅地など，人の手がどの程度加わっているかはさまざまである．

自然の森林を切り開くと，生産者であった樹木が消え，その樹木を食料としていた一次消費者が数を減らし，それに伴って二次消費者も減っていく．また，切り開かれた場所に新たにできた環境を好む，別の生産者や消費者がやってくる．そのため，新しい生態系が生まれ，新しい生物的環境の食物連鎖ができる．人のかかわりが影響を与えるということは，植生の自然度（後述）が生物的環境や食物連鎖に影響するということである．

(3)　生態系のタイプ

時間・空間や人のかかわりが異なることで，さまざまな生物的環境と食物連鎖が生まれ，多様な生態系が生み出される．したがって，一口に生態系といっても，その種類は無数にある．代表例としては，海洋生態系，湖沼生態系，砂漠生態系，草原生態系，森林生態系，都市生態系などがある．この多くの生態系のなかで，次に，本書で中心となる耕地生態系がどのような特徴をもっているかみてみよう．

c.　耕地生態系と自然生態系

(1)　自然度による評価

耕地生態系の特徴を考える場合，自然生態系と対比させることが多い．耕地生態系は，感覚的にも自然性が低い．実際，環境省（1973年当時環境庁）が植生に対する人間のかかわりの程度を10段階に評価した自然度（表9.1）では，自然林が9，自然草原が10であるのに対して，水田・畑の農地は2，樹園地は3と低い．すなわち，耕地生態系は自然性が低い生態系と評価されている．

(2)　生物多様性と生態系の安定性

・生態系の生物多様性：　耕地には普通，1種類の作物が栽培される．水田には

表 9.1　植生自然度区分基準（環境省自然環境局ウェブサイトより）

植生自然度	区分基準
10	高山ハイデ，風衝草原，自然草原等，自然植生のうち単層の植物社会を形成する地区
9	エゾマツ-トドマツ群集，ブナ群集等，自然植生のうち多層の植物社会を形成する地区
8	ブナ-ミズナラ再生林，シイ・カシ萌芽林等，代償植生であっても，特に自然植生に近い地区
7	クリ-ミズナラ群落，クヌギ-コナラ群落等，一般には二次林とよばれる代償植生地区
6	常緑針葉樹，落葉針葉樹，常緑広葉樹等の植林地
5	ササ群落，ススキ群落等の背丈の高い草原
4	シバ群落等の背丈の低い草原
3	果樹園，桑園，茶畑，苗圃等の樹園地
2	畑地，水田等の耕作地，緑の多い住宅街
1	市街地，造成地等の植生のほとんど存在しない地区

イネが生育し，トウモロコシ畑にはトウモロコシが広がり，ナシ園にはナシの木がある．もちろん，農地には作物以外に雑草も生えているため，厳密な意味では1種類の作物だけが生産者ではないが，雑草が占める面積やバイオマス量はごくわずかであり，作物が耕地生態系における圧倒的な優占種である．

このように，生産者としての作物が1種しかないため，一次消費者である昆虫（害虫）の種数も限られる．一次消費者を食べる捕食性昆虫や両生類の二次消費者も少なく，さらに高次の消費者もそれに伴って少ない．このように耕地生態系には，個体数が非常に多い1種の生産者と，種数が著しく限られた消費者しかおらず，生物多様性に乏しい生態系である．

・生態系の安定性：　生物多様性が乏しいことは，生態系の安定性が低いことにつながる．生態系の安定性が低いと，植物に病気が発生した場合も，短期間で蔓延してしまい，植物が枯れて生産者がいなくなってしまう．そうすると消費者もいなくなり，その結果，生態系が簡単に崩壊してしまう．自然生態系は，総じて高い生物多様性と安定性を維持しているため，極端な自然災害に見舞われることがなければ，このような生態系の崩壊は起こらない．

(3)　開放系と閉鎖系

・物質循環からみた生態系：　生態系は，物質循環からみることもできる．すなわち，植物（生産者）が昆虫など（一次消費者）に食べられ，捕食性の昆虫や動物（二次消費者）が一次消費者を食べ，微生物（分解者）が生産者や消費者の排泄物・死骸を分解して無機物にし，その無機物が植物の栄養となる．自然生態系では基本的に物質循環が完結しており，閉鎖系となっている．

一方，耕地生態系では，生産者である作物は農地に自然に生えてくるのではなく，耕地生態系の外から種子や苗の形で持ち込まれる．また，作物は収穫されて生態系外に持ち出されるため，植物が枯れて分解され，土に有機物が還元され，無機物に戻ることも少ない．したがって，作物が土から奪った養分を補うために，生態系の外から肥料を投入する．また，農地には灌水を行うことも多い．

ただでさえ少ない生物種しか存在しない耕地から，作物を守るために害虫（一次消費者）を意識的に排除する．そのため，耕地生態系の中では自然生態系のような豊かな食物連鎖がないか，鎖がとても短く，物質循環は十分に完結していない．自然生態系が閉じた系であるのに対して，耕地生態系は開放系といえる．

・生態系と栽培管理： 耕地生態系では，物質を投入するだけでなく，種まき・植付け，水やり，草取り，刈り取りなどの栽培管理で人の手を加え，作物群落の生育を制御しており，極相まで遷移が進まない．毎年，刈り取りをして，翌年，種まきをするという形で植生をリセットする．これは，二次遷移（裸地から始まる遷移ではなく，作物栽培のような場合）の初期段階では植物群落の生産量が非常に高いからであり，この過程を意識的に繰り返して作物生産を増やしている．

以上のように，耕地生態系は自然生態系と異なり，生産者が1種で生物多様性に乏しく，遷移が常にリセットされ，食物連鎖が貧弱で，物質に対して開いた系である．したがって，自然度が著しく低いが，これは人間が管理を行い，多くの収穫物を効率的に得ていることの裏返しである． 〔石川 忠・篠原弘亮〕

9-2 農業の多面的機能

a. 耕地生態系と農村生態系

耕地生態系は自然度が低く，自然生態系とは対照的な特性をもっている．ただし，複数の耕地生態系を含む地域としてとらえた場合には，個々の耕地生態系とは違った側面をみせることがある．

農村には，例えば水田があり，ダイズ畑があり，ブドウ園があり，多様な作物が栽培されている．水田には水が張られ，ダイズ畑とブドウ園は同じ耕地といっても土地利用は異なっている．つまり，農村には多種多様な耕地生態系が実在している．このさまざまな耕地生態系を包含する農村全体を1つの生態系としてとらえることができる．これが，農村生態系である．

b.　農業・農村の多面的機能

農村生態系には水田や畑などの作物生産の場があり，私たちはこれらの耕地生態系を利用して食料を生産している．これが農業本来の機能であるが，農業・農村は私たち人間に，食料のほかにも多くの恵みを与えてくれる．それが，農業・農村の「多面的機能」である．

すなわち，農業・農村は，洪水を防ぐ機能，土砂崩れを防ぐ機能，土の流出を防ぐ機能，川の流れを安定させる機能，地下水をつくる機能，暑さをやわらげる機能，生きもののすみかになる機能，農村の景観を保全する機能，文化を伝承する機能，癒しや安らぎをもたらす機能，体験学習と教育の機能，医療・介護・福祉の機能など，相互に関係した多くの機能をもっている（図 9.1）．

（1）　洪水を防ぐ機能

水田では普通，水を貯めてイネを栽培する．水を貯めるために畔を作り，水が漏れないように土を管理しているので，急に大量の雨が降っても，雨水を一時的に貯めることができる．これは洪水の発生を防止することに役立っている．

（2）　土砂崩れを防ぐ機能

斜面に作られた水田や畑は日頃から手入れをしていれば，小さな損傷があっても早目に発見して補修することができるため，土砂崩れを未然に防止することが

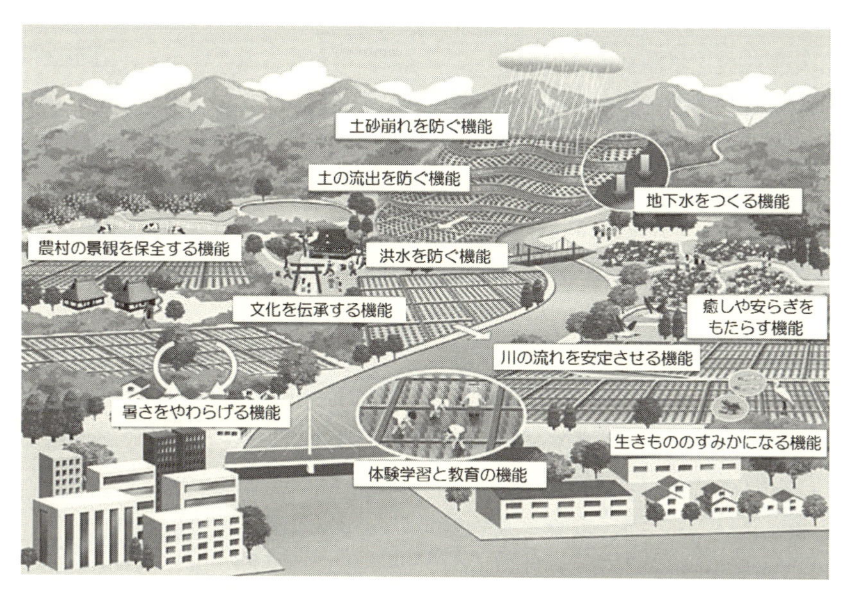

図 9.1　農業・農村の多面的機能（農林水産省ウェブサイトより）

できる．また，水田や畑を耕すことは，雨水をゆっくりと地下にしみこませることになり，地下水位が急上昇することを抑える働きにつながるため，地すべりの防止にも役立っている．

(3)　土の流出を防ぐ機能

水田や畑に作物があることは，土壌を雨や風から守り，土壌が流出することを防ぐ．水田に水がはってあることも，同じような役割を果たす．

(4)　川の流れを安定させる機能

水田に貯まった雨水は，一部は排水路から河川に流れ，一部はゆっくりと地下へ浸透し，やがて湧出して河川に入る．このような一定の時間を要する水の動きは，河川の水量を安定させる．耕された畑も，同じような機能を果たしている．

(5)　地下水をつくる機能

水田や畑に貯まった雨水の多くは，地下にゆっくりと浸透して地下水となり，良質な水として下流地域の生活用水などに活用される．

(6)　暑さをやわらげる機能

水田の水面からの蒸発や，作物の葉からの蒸散によって熱が奪われるため，周囲の空気が冷やされる．この冷涼な空気は，周辺市街地の気温上昇（ヒートアイランド現象）を和らげる効果がある．

(7)　生きもののすみかになる機能

水田や畑は，自然との調和を図りながら継続的に手入れをすると，豊かな生態系からなる二次的自然が形成され，多様な生物が生息するようになる（図9.2）．この環境を維持することで，多様な生物の保護にも大きな役割を果たす．

(8)　農村の景観を保全する機能

農村地域では農業が営まれることにより，水田や畑に育った作物と農家の家屋，その周辺の水辺や里山が一体となって美しい田園風景を形成する．これは，景観としての価値をもっている．

(9)　文化を伝承する機能

全国各地に残る伝統行事や祭りの多くは，五穀豊穣を祈願し，収穫を祝うものである．このように，各地の伝統文化には稲作をはじめとする農業に由来するものが多く，地域において受け継がれてきたものである．

(10)　癒しや安らぎをもたらす機能

農村の澄んだ空気，きれいな水，美しい緑，四季の変化などが，安心と安らぎを与え，心と体をリフレッシュさせるのに役立つ．

図 9.2　田畑に集まる生物の一例（農林水産省ウェブサイトより）

(11)　体験学習と教育の機能

農村で動植物や豊かな自然に触れたり，農作業を実体験することで，生命の大切さや食料の恵みに感謝する心が育まれる．

(12)　医療・介護・福祉の機能

緑豊かな農村で，土や自然に触れながら農作業を行うことは，高齢者や障害者の機能回復などに役立っている．

c.　生きもののすみかになる機能

以上のように，農業と農村は作物生産以外にも，多くの重要な役割を担っている．ここでは，本書第４部「生態系からみた農業」に密接に関係する，生きもののすみかになる機能についてみてみよう．

(1)　農村生態系と耕地生態系

農村生態系には，水田，畑，雑木林，植林，草地，用水路や排水路，湿地，ため池，川などの多様な生態系が存在している．そして，ある生態系と別の生態系とのつながりが，農村生態系において重要な意味をもっている場合が少なくない．

ため池を例にすると，そこにはガマ，ヨシ，ハスなどの抽水植物（比較的浅い水中に生え，根は水底の土壌中にあり，葉や茎が水面から出ている植物）や，ジュンサイ，ガガブタなどの浮葉植物（比較的浅い水中にあり，根は水底の土の中に生じ，葉は水面に浮んでいるような植物）といった水辺に特有の植物が生えている．それらの植物を餌とする植食性昆虫がいるし，池の中にはヌマエビやミジンコなどの甲殻類，マツモムシやガムシなどの昆虫類，さらには小魚もいて，アメンボやミギワバエが水面を滑り，それらを食べようとカエルが岸で待ち構え，さらにカエルを食べるためにヘビも寄ってくる．

このように，ため池はそれ自身で立派な生態系をつくりあげている．一方で，ため池は水田に水を安定して供給するための貯水の働きを担っており，水田と一体化した耕地生態系の一部ともいえる．また，ため池の両岸に畑があれば，ため池は，それぞれの畑という耕地生態系を区分する役割も担っていることになる．

(2) 農村生態系の生物多様性

いずれにしても，農村生態系を構成しているさまざまな生態系は，程度の差はあるものの，農業活動としての人間の働きかけを受けて維持されている二次的自然（人間活動によって創出され，人が手を加えることで管理・維持されてきた自然環境）といえる．二次的自然では，特有の多様で豊かな生物相が育まれている．これが，農村生態系の１つの特徴である．

多様な生態系としては，水田，畑，雑木林，草地，用水路，ため池などがあるが，これらがモザイク状・パッチ状に分布していることが，多様で豊かな生物相を形成するためにきわめて重要である．農村の水田は限られた場所に密集している場合より，地域内に散らばって存在している方が，環境の多様性が高い．水田と水田をつなぐ水路が発達したり，水田に使用しない湿地が残ったりすると，さまざまな環境が生まれる．さらに，水田や水路のような水域と畑や草原のような陸域が混在する場所では，生態系相互のかかわり合いが複雑になるからである．

(3) 生態系の攪乱と多様性

農村生態系への人間のかかわりには，水田や畑における農業生産活動，二次林の管理・利用，農業用水路・ため池の造成や維持管理などがある．実際のかかわり方や程度はさまざまであるが，このかかわりを，まとめて攪乱という．生態系における攪乱というのは，既存の生態系やその一部を破壊するような外的要因ということになる．

生態系における攪乱には，火山の噴火，洪水，帰化種の侵入，植物の病気や害虫の発生などさまざまなものがあり，適度な攪乱は，種の多様性を上げることに寄与している．農村における人間の活動も，ほどよい攪乱の１つである．

〔石川 忠・篠原弘亮〕

◆コラム 11 都市生態系の生物多様性

都市生態系といわれると，ビルや住宅が多くて緑が少なく，ネズミやゴキブリはいるけど他の生き物があまりいないといったイメージを思い浮かべがちである．しかし，都市には大きな緑地がいくつも残されている．東京であれば，皇居や明治神宮がその代表である．このような都市緑地には植物，動物，昆虫をはじめ，意外にも多くの生物が生息している．

もっと小さな都市緑地，例えば大学のキャンパスではどうだろうか．20分も歩けば東京の渋谷駅に着く広さ25 haほどの大学キャンパスで，どんなカメムシ類が生息しているか調べた．その結果，①皇居の1/5ほどの面積しかないが，ほぼ同数の約120種のカメムシ類が見つかった，②カメムシの種の組合せが，キャンパスに近い明治神宮より，遠くの皇居と似ていた，③都市緑地は，各々ある程度似ているものの，それぞれの緑地に独自の種の構成が認められた．

つまり，大学キャンパスのような小さな都市緑地でも多くの生物種が生息できる一方で，都市緑地だからといって同じ生物相はなく，一つひとつ

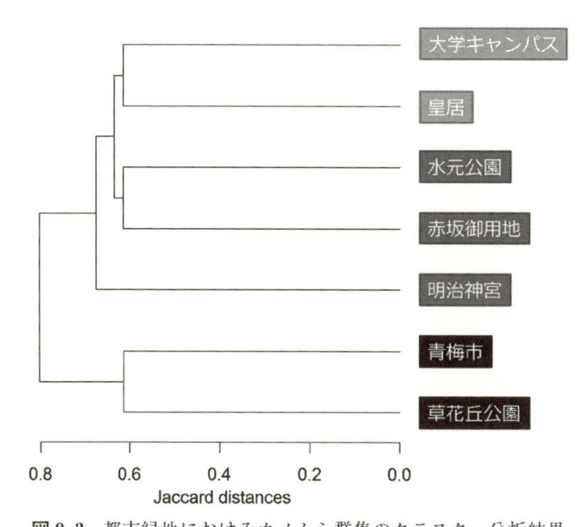

図 9.3 都市緑地におけるカメムシ群集のクラスター分析結果

種の構成がどれほど似ているかを図示したもの．緑地を結ぶ線が短いほど種構成が似ており，長いほど異なっていることを示す．

が独特の生態系を築いていたのである．これは，都市緑地内の環境の多様さに関係している草地，雑木林，小川，池，畑など，さまざまな生態系が組み合わさることで，面積の大小に関係なく，生物多様性を豊かにできる．都市緑地は多かれ少なかれ人の手が加わっているため，どのような管理をするかが生物多様性を豊かにするか，貧しくするかを決めている．

〔石川　忠〕

第10章　農業と生物多様性

10-1　耕地における有害生物

a.　耕地生態系の有害生物

(1)　耕地生態系の有害生物

耕地生態系は，多くの点で自然生態系と異なる（9-1節参照）．耕地生態系の生産者は作物で，ほとんどの面積を占めている．雑草もあるが，管理された耕地であれば取り除かれるため，耕地における植物種（しゅ）の多様性は著しく低い．

耕地生態系では，作物を食べる昆虫やダニなどの害虫と，作物を食い荒らす害鳥と害獣が一次消費者である．また，植物病原体の菌類・細菌・ウイルスは，生産者に寄生する消費者である．

耕地生態系では生産者である作物を守り，その作物生産を安定的に向上させるために，有害生物（生産者である雑草，一次消費者である害虫，害鳥・害獣，病原体）を排除する管理を行う．

生態系の生物的構成要素は，生産者，消費者，分解者に分類するが，耕地生態系では，作物，雑草，害虫，害鳥・害獣，病原体，益虫，ただの虫（害虫でも益虫でもない虫）などの分類カテゴリーの方が農業上，役に立つ．

(2)　耕地生態系の生物多様性

耕地生態系では作物が最も重要であるため，作物と有害生物に注意が向きがちであるが，耕地には益虫やただの虫も必ず存在する．益虫やただの虫も含めて耕地生態系は成り立っており，他の生態系とは異なる生態系をかたちづくっている．

耕地生態系は開放系であるため，そこに生息する生物の多くが，自然生態系を含む周辺の生態系からやってくる．したがって，生物多様性の観点を加えることは，耕地生態系を深く理解することにつながる．ただし，あくまでも耕地生態系の機能は作物生産にあるので，益虫やただの虫の重要性を知るためにも，まずは有害生物の多様性を理解する必要がある．

b.　雑草の多様性

（1）　雑草の定義

雑草の定義には，いくつかある．ここでは，①野草とは異なり，人間が攪乱した場所に生育できるが，②作物とは異なり，栽培しなくても（人間による積極的な保護をしなくても）生育でき，結果として，③作物生産などの人間活動を妨害する植物を雑草とする．

（2）　雑草の多様性

山地や原野など，人間の影響が及ばない場所に自生する山野草は，日本に4,000種ほどあるといわれる．一方で，耕地に生える雑草は，450～500種である．ただし，これらすべての種が，どの耕地にも生えているわけではない．寒地には寒さに強い，暖地には暑さを好む雑草が生育し，水田には水辺や水中に適応した，畑には陸地を好む雑草が生える．

気候・気象や土地利用によって生育する雑草の植物相が異なるため，実際の農地の雑草は500種よりずっと少ない．農業被害が大きい雑草としては，水田ではアゼナ，コナギ，イヌビエ，イヌホタルイなど，畑地・果樹園ではメヒシバ，スズメノテッポウ，エノコログサ，ヨモギなど，100種ほどがある．

c.　害虫の多様性

（1）　害虫の定義と分類

害虫とは，人間や作物・家畜に直接・間接的に被害を与える線虫，ナメクジ，ダニ，ダンゴムシ，昆虫などである．害虫は加害する対象によって，衛生害虫，家畜害虫，貯穀害虫などに分類され，作物を加害する害虫は農業害虫に分類される．農業害虫は，被害を与える対象によってさらに，稲作害虫，畑作害虫，果樹害虫，森林害虫に区分されることも多い．また，農業害虫と作物の病原体とを合わせて，病害虫と呼ぶ．

（2）　害虫の多様性

日本には，作物と林木を合わせると，約1,400種の農業害虫がいる．日本に分布する植食性の昆虫はおよそ1万種といわれているので十数%であり，害虫の種の多様性はそれほど高くはない．

害虫も雑草と同様に，種によって生育できる環境が異なるため，気候帯や土地利用によって生息する種が異なる．さらに重要なのは，作物の種類によって被害を与える害虫の種類も異なることである．ヒメトビウンカ，ニカメイチュウ，イネミズゾウムシは，イネを筆頭にイネ科の作物しか摂食しないし，ブドウネアブラムシ，ブドウトリバ，ブドウサビダニは，ブドウ（ブドウ科）のみに寄生する．こういった近縁な植物しか摂食しない食性を狭食性という．

反対に，広い範囲の科に属する植物を摂食し，加害するものを広食性害虫とよぶ．代表的なものとして，ミナミネグサレセンチュウ，タバココナジラミ，ミカンキイロアザミウマ，オオタバコガ，ナミハダニなどは，イネ科（イネ，トウモロコシなど），マメ科（ダイズ，インゲンマメなど），ナス科（トマト，ピーマンなど），アブラナ科（キャベツ，ハクサイなど），ヒガンバナ科（ネギ，ニンニクなど），キク科（シュンギク，ゴボウなど），セリ科（ニンジン，セロリなど）などを広く加害する．

作物ごとに，どういう害虫が被害を与えるかはおおむねわかっている．それをみると，特定の耕地生態系において作物に大きな被害をもたらす重要害虫の種の多様性は，自然生態系と比べて低い．

d.　害鳥・害獣の多様性

(1)　害鳥の多様性

現在日本でみられる鳥類は600種を超える．このうち，作物を加害した報告があるのは35種である．特に被害が大きいのは，ハシブトガラスやハシボソガラスなどのカラス類である．次いで，ヒヨドリ，キジバトやドバトといったハト類，マガモやカルガモなどのカモ類，スズメ，ムクドリがあげられる．このように，重要な害鳥は十数種である．

(2)　害獣の多様性

作物を加害する哺乳類は37種で，害鳥とほぼ同じある．雑草や害虫，病原体の種数と比べると，圧倒的に少ない．ただし，日本に分布する哺乳類が122種であることから，害獣の割合は高い．大きな被害をもたらす害獣は，ニホンイノシシ，ニホンジカ，ニホンザルである．そのほかに，タヌキ，アライグマ，ハクビシン，アナグマなどがあげられる．

e.　病原体の多様性

(1)　病原体の分類と数

植物病原体には，菌類，細菌，ウイルスのほか，線虫，藻類，ファイトプラズマ，ウイロイドなどがあり，さまざまな分類群に属している．作物の主要な病原体である菌類，細菌，ウイルスの三者の種数を合計すると約5,200種である．このうち，菌類は4,600種を超えており，三者合計のおよそ90%を占めている．

(2) 病原体の多様性

約5,200種の病原体が引き起こす植物病害は約9,000種類にのぼる．これは，1種の病原体が，複数の植物にそれぞれ病害を引き起こすことを意味している．なお，病害には，病原体によって引き起こされる植物の病気以外に，栄養分の過不足などによる生理障害も含まれるが，ここでは含めない．

病原体も，種によって感染して発病させることができる植物の範囲（宿主範囲）が異なる．宿主範囲の広い多犯性の病原体もある．例えば，キュウリモザイクウイルスは166種の植物に，ハクサイの軟腐病などを引き起こす細菌である *Pectobacterium carotovorum* は77種の植物に，菌類でイチゴの灰色カビ病などを引き起こす *Botrytis cinerea* やダイズ白絹病などを引き起こす *Sclerotium rolfsii* は200種以上の植物に病害を引き起こす．

生態系における微生物は分解者としての役割が重要視されているが，耕地生態系においては，作物の病害の原因となる微生物も少なくない．しかし，自然生態系と比べれば，耕地生態系における病原体となる菌類，細菌，ウイルスなどの種数はずっと少ない．

f. 有害生物の多様性を知る意義

耕地生態系において，有害生物と呼ばれる一次消費者と作物以外の生産者の種数は，自然生態系のそれらと比べると圧倒的に少ない．しかし，耕地生態系は細々と存在しているわけではない．種数が少ない代わりに，1種の個体数が爆発的に増加することもあるし，生息する種の組み合わせが劇的に変わる場合もある．したがって，耕地生態系はダイナミックに変化を続ける生態系ともいえる．

ダイナミックに変動する耕地生態系において，安定した作物生産を持続させるためには，耕地の管理が問題となる．適切な管理をするためにも，耕地生態系にどのような生物が生息し，そのうちどれが有害生物であるか，また有害生物の種数や個体数の変化を知ることが重要である．すなわち，有害生物の多様性を正確に把握することが，適切な耕地の管理を行う第一歩といえる．

〔石川　忠・篠原弘亮〕

◆コラム12 生物多様性を守る法令

地球上の生物は数千万種といわれているが，作物として栽培されているものは非常に限られている．これらの作物は，品種改良のために，作物ではない野生植物を利用することも珍しくない．すべての生物は，利用されているかいないかに関係なく，どれも遺伝資源として貴重である．いずれの生物も，それぞれの国が保全しており，その国に遺伝資源を活用する権利がある．そのため，各国の貴重な生物を含む遺伝資源，その生息場所である環境を守るために国際条約や各国独自の法令が定められている．前者には，ワシントン条約や生物多様性条約，カルタヘナ議定書，京都議定書，名古屋議定書などがある．日本国内では，生物多様性基本法，遺伝資源の取得の機会及びその利用から生ずる利益の公正かつ衡平な配分に関する指針（ABS 指針）などがある．生物多様性条約と名古屋議定書の締結，発効に伴い，2017 年 8 月 20 日に ABS 指針が施行された．違反すると，最悪の場合は持ち出した国で逮捕されたり，持ち出した生物を利用している論文が認められないこともある．その他，国内に持ち込んだ微生物や昆虫が病害虫として農業に甚大な被害をもたらすことを防ぎ，国内の自然生態系を外来生物から守るために，持ち込みを規制する植物防疫法や外来生物法も定められている．　〔篠原弘亮〕

10-2　有害生物の防除と管理

a.　化学農薬と化学防除

(1)　化学農薬と化学防除

人々はこれまで，作物に大きな被害を与える病害虫や雑草などの有害生物を耕地から取り除き，農業生産を増やすことに努力してきた．その過程で生み出された大きな成果の 1 つが化学農薬である．化学農薬は効果的に有害生物を駆除したり，発生を抑えることができるため，今や農業に不可欠なものである．化学農薬によって有害生物を防除することを化学的防除と呼ぶ．化学農薬が開発され，化学的防除法が普及したことは，人々に多大の恩恵をもたらした．しかし，化学農薬の施用が繰り返されることにより，有害生物や環境に大きな問題が発生してきた．

(2)　農薬とは？

農薬とは，作物の有害生物の防除に用いられる薬剤，および作物の生理機能の増進または抑制に用いられる薬剤をいう．また，有害生物を防除するための天敵も農薬とみなす．具体的には，殺虫剤・殺菌剤・除草剤・植物成長調整剤・誘引剤・天敵・微生物剤などがある．これらの農薬が，化学的に合成され，あるいは天然産の原料を化学的に加工して作られた場合を化学農薬，微生物や昆虫などを生きた状態で製品化した場合は生物農薬と呼んでいる．

b. 化学農薬と有害生物

化学農薬に起因する有害生物の重要問題は，薬剤抵抗性とリサージェンス（誘導多発生）であり，害虫（昆虫やダニ）で多くの事例が報告されている．

(1) 薬剤抵抗性

薬剤抵抗性とは，特定の害虫に同じ化学農薬を繰り返し使用すると，その化学農薬に対して抵抗性をもつようになり，農薬が効かなくなる現象である．害虫（1種）の集団に化学農薬を散布すると，ごく少数の個体が生き残ることがある．生き延びた個体は，死んだ個体より皮膚が強く薬剤が浸透しなかったり，薬剤が浸透しても解毒力が強い特性をもっているからである．

これは，同じ種であっても個体ごとで，あるいは集団ごとで異なる性質をもつことに起因する．それらの生き延びた個体が，次の世代を産めば，親と同じ性質をもつ子孫が増える確率が高くなる．化学農薬を散布する前の害虫集団と同じくらいの個体数の集団が次世代で形成されれば，化学農薬が効かない個体の割合が高くなるため，その化学農薬の効果は低くなる．これが繰り返されて，化学農薬がまったく効かない害虫が優占するようになる．

(2) リサージェンス（誘導多発生）

ある害虫を防除するために化学農薬を散布したにもかかわらず，散布前より害虫の個体数が多くなる場合がある．これは，リサージェンスという現象である．このような現象が起こる原因にはいくつかあるが，1つは化学農薬によって害虫だけでなく，その害虫の天敵も減少してしまい，天敵による防除効果が認められなくなるからである．また，化学農薬が害虫に生理的・物理的な影響を与えた結果，生き残った害虫の産卵数が増加したり，死亡率が低下する場合もある．さらに，害虫が薬剤抵抗性を獲得することも，リサージェンスの原因となる．

化学農薬を散布することで，それまでほとんど害虫として認められていなかった種が重要害虫になってしまう現象もリサージェンスと呼ぶ．害虫による被害が，化学農薬を使用していなかったときより悪化するということは，1つ目の現象と同じである．原因も，天敵の減少という点では共通している．ただ，害虫ではない種の天敵である点が異なっている．すなわち，使用した化学農薬が，それまで重要な害虫として認識されていなかった種の天敵に作用してしまうと，天敵がいなくなったために，それまでたいした被害を与えていなかった昆虫が増えて，重要害虫になってしまうということである．以上のように，リサージェンスという現象には2つあり，それには多くの要因がかかわっている．それらの要因が複数重なり合って起きる場合もあることがわかっている．

c.　化学農薬と環境問題

化学農薬や化学的防除法の普及に伴って生じたもう1つの問題は，人間の健康に関するものである．およそ半世紀前に製造，使用されていた化学農薬は，対象とする害虫だけを攻撃するものではなく，その他の広範な生物種にも影響を与えるものであった．そのため，化学農薬を散布するときに吸い込んだり，肌にかけてしまうとか，化学農薬が残留している作物を食べてしまうと，健康被害が起こる可能性があった．また，散布された化学農薬が飛ばされたり，水に溶けて流れると，耕地生態系から外に出て，周辺環境に悪影響を与えることもあった．

このような事例をきっかけにして，食の安全性や環境保全の必要性について関心が高まり，現在では人畜や環境に深刻な害を与えるDDT（ジクロロジフェニルトリクロロエタン dichloro-diphenyl-trichloroethane）やBHC（ベンゼンヘキサクロリド benzene hexachloride）といった有機塩素系殺虫剤（塩素を含む有機化合物の成分が害虫の神経伝達作用を阻害して殺虫する殺虫剤の総称）の使用は，法律で禁止されている．農薬の使用に関する日本の法律は，世界で最も厳しい基準に基づいて定められている．研究開発の進展に伴い，目標とする害虫にのみ作用する化学農薬や，人畜や環境に対して毒性がない，あるいは低い化学農薬が多く開発されている．したがって，化学農薬は，定められた用法や用量を守って使えば，食の安全や環境を脅かすことはないといってよい．

d.　物理的・生物的・耕種的防除法

化学的防除法は有効であるが，用法や用量を誤って使用したときに人畜や環境への悪影響が出てしまう．また，繰り返し使用すると，薬剤抵抗性やリサージェンスを引き起こす可能性もある．したがって，有害生物を防除するには，化学的防除法だけに頼らず，他の防除法も取り入れる必要がある．それには，物理的防除法，生物的防除法，耕種的防除法がある．

(1)　物理的防除法

物理的防除法には2つある．1つは，病原菌や害虫が生存するのに不適切な条件を作って防除する方法で，太陽熱・熱水・蒸気などの加熱による土壌消毒が代表例である．もう1つは，機械や器具を利用して病気や害虫を制御する方法である．昆虫が夜間に光に集まったり，特定の色に誘引されたりする習性を利用した誘殺はその例である．そのほか，作物に防虫ネットなどをかける被覆資材の利用，障壁を作物の周囲に設置する障壁資材の利用，雑草の生育を阻害する雑草抑制シートの利用などがある．

(2)　生物的防除法

生物的防除は，病原菌や害虫の天敵となる微生物や昆虫・ダニ類，あるいはフェロモン（動物の体内でつくられ，体外に放出されて，同種の他の個体の行動や発育に影響を与える物質）等を用いて防除する方法である．利用する天敵は，元々，耕地生態系に生息している場合もあれば，ほかから導入する場合もある．生物農薬として登録されている薬剤を使用することもある．そのほか，マリーゴールドが線虫を寄せ付けない忌避効果の利用や，アイガモ・カブトエビによる水田の雑草防除も生物的防除に含まれる．

(3)　耕種的防除法

耕種的防除には，抵抗性品種や抵抗性台木の利用，輪作・間作・混作の導入，土壌改良，栽植密度・整枝・肥培管理などさまざまなものがある．これらの手段を適切に用いて条件を整え，病虫害の発生を抑制したり，被害軽減を図る．作物や栽培環境が元来もっている病害虫の発生を抑制する効果をうまく活用する技術であるため，作物や環境の安全性を確保するのに適している．

e.　総合的病害虫・雑草管理

耕地生態系から病害虫・雑草がいなくなることは，作物の栽培にとって歓迎すべきことである．しかし，病害虫・雑草をゼロにすることは，現実的に不可能である．ゼロに近づけるとしても，化学農薬が必要となり費用がかかり，安全とはいっても，化学農薬の過度の使用は，耕地生態系内外の生物や環境に悪影響を与えることが懸念される．そこで考案されたのが，総合的病害虫・雑草管理（integrated pest management：IPM）である．総合的病害虫管理あるいは総合的有害生物管理と訳すこともある．

IPMは，化学的・物理的・生物的・耕種的防除法を，環境の安全性や作業能率，必要経費などの面から合理的に組み合わせて，作物を病害虫や雑草から守る総合的な手段のことである（図10.1）．すなわち，利用できるすべての防除技術を，経済性を考慮しながら慎重に検討し，有害生物を抑えるための最適な手段を

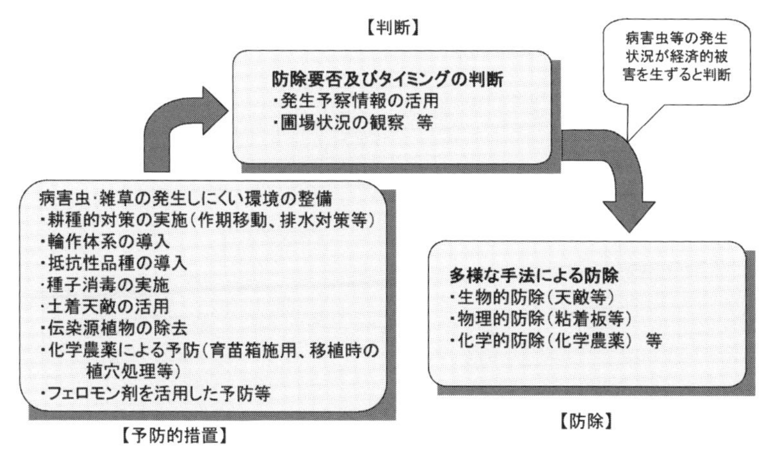

図 10.1　IPM の体系（農林水産省ウェブサイトより）

総合的に考え実行する防除方法である．また，人の健康と環境への影響を軽減もしくは最小限に抑えることや，生態系が元々もっている有害生物を抑える力を可能な限り活用することも，IPM の内容に含まれている．本章では以下，雑草は除いて害虫のみを対象とする．

f.　IPM の実施基準

（1）　経済的被害許容水準

IPM は単独の技術ではなく，複数の防除法を経済性を考慮しつつ合理的に組み合わせた技術体系である．経済性に関連して，経済的被害許容水準（economic injury level：EIL）という重要なキーワードがある．これは，防除費用が見合うだけの経済的損害をもたらす最低限の病害虫密度である．有害生物を防除するには，化学農薬などの防除資材に費用がかかる．一方，防除しないと有害生物の影響で作物の収量や品質が低下して経済的被害が生じる．この防除費と被害額とが同一となる有害生物の密度が経済的被害許容水準である（図 10.2，10.3）.

（2）　要防除水準

実際には，有害生物の密度が経済的被害許容水準に達してから防除を実施しても，その間に害虫の密度が水準を超えてしまうため手遅れになる．有害生物の密度が経済的被害許容水準に達する前の段階で，防除が手遅れにならない有害生物の最低密度が要防除水準（control thread：CT）である（図 10.2，10.3).

害虫の種類によって性質が異なり，そのときの気象条件によって害虫の増加程度が変化するため，経済的被害許容水準や要防除水準の設定は難しい．しかし，

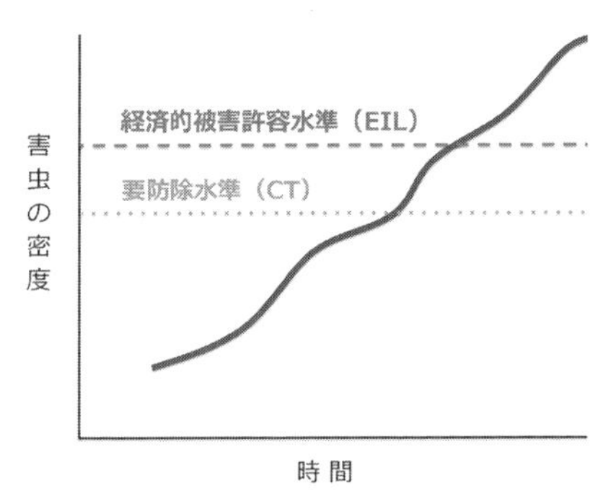

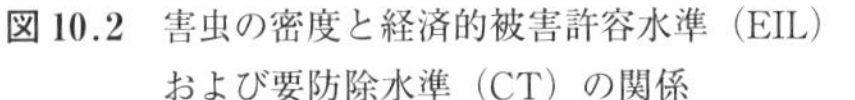

図 10.2　害虫の密度と経済的被害許容水準（EIL）および要防除水準（CT）の関係

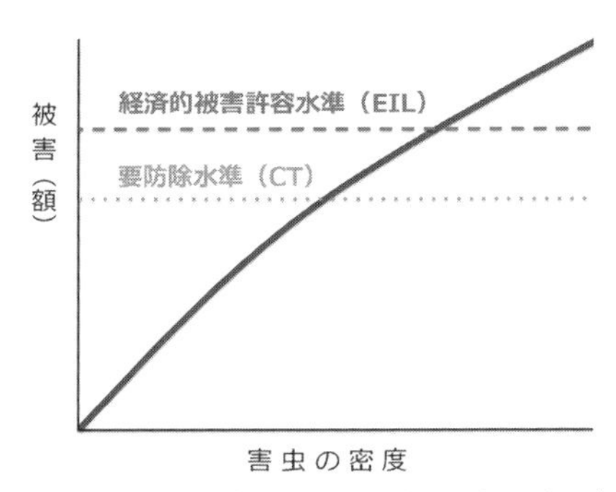

図 10.3　被害（額）と経済的被害許容水準（EIL）および要防除水準（CT）の関係

有害生物が食害する作物やその部位，活動する時間帯，成長に要する時間といった発生生態を明らかにするとともに，これらをもとにした発生予察（過去のデータや実際の観察などをもとに病害虫の発生を予測すること）をすることによって，経済的被害許容水準や要防除水準が決められる．

こうして，作物を安定生産し，生産者にとって経済的被害がなく，消費者に農産物を安定供給するための的確な防除が実施されている．種々の有害生物と作物に対して経済的被害許容水準が検討され，要防除水準が設定されている．例えば神奈川県では，イネの害虫であるトビイロウンカを8月中旬か9月中旬に調査して，1株あたり2～3個体の成虫を見つけた場合が，要防除水準となっている．

g.　IPM と生物多様性

IPM を実践して環境への負荷が従来の防除法を採用した場合より少なくなると，耕地生態系内における生物相は豊かになることが期待される．すなわち，IPM が耕地生態系の生物多様性によい影響を与えることになる．耕地やその周辺の植生の多様性を高めることによって土着天敵を保護したり，増強したりする技術開発が盛んに進められてきた．植生の多様性を高めた場所が，天敵のすみかとなったり，天敵の餌となる害虫が耕地にいない間の天敵の餌（害虫ではない昆虫など）を育むことになるからである．これは，生物多様性を活かした IPM の可能性ということができる．

〔石川　忠・篠原弘亮〕

10-3　総合的生物多様性管理

a.　生物多様性とは

(1)　生物多様性の意味

生物多様性（biodiversity）という言葉ができて30年ほどが経つ．この言葉を聞いたことがある人は増えてきたが，その意味を正確に理解している人はまだ少ない．多くの種類の生物がいることというイメージがあるが，それだけでは不十分である．地球に生命が誕生したのが，約38億年前である．その後の進化の過程で，数え切れないほどの生物種が生まれた．それらの種は一つひとつに個性があり，さらにそれらの種は互いに直接的・間接的にさまざまな関係を築き上げてきた．このような生物の個性とつながりに，生物多様性の根本的な意味がある．

(2)　生物多様性の3つのレベル

生物の多様性は，3つのレベルからなる．すなわち，森林，草原，河川，湿地，海洋などのさまざまな生態系が存在するという生態系の多様性，細菌などの微生物から動植物まで多くの生物が存在するという種の多様性，そして，同一種でも異なった遺伝子をもつことによって体の形や色が異なったり，好む食べ物やすみかが異なる個体が存在するという遺伝的多様性の3つである（図10.4）．これら生態系の多様性，種の多様性，遺伝的多様性を合わせて生物多様性と呼んでいる．

(3)　耕地生態系と生物多様性

生物多様性というと，人里離れた深山や熱帯雨林のジャングルを想像しがちで，

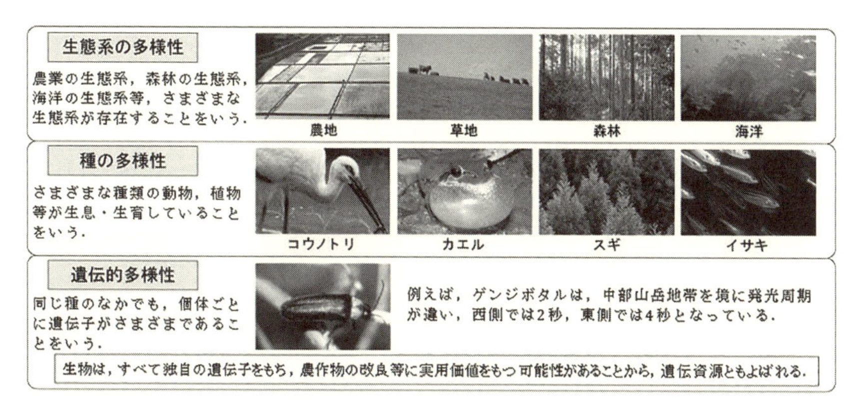

図10.4　生物多様性の3つのレベル（農林水産省ウェブサイトより）

人間が生活している空間では生物多様性をイメージしにくいかもしれない．しかし，これは誤った認識であり，実際には人間活動が盛んな里地や里山で生物多様性が最も豊かであるという研究結果がある．つまり，自然生態系だけではなく，耕地生態系でも生物多様性は意味をもっている．耕地生態系で栽培される作物も元来，多種多様な野生の植物から選ばれ，育種されたものである．したがって，生物多様性があるからこそ農業があり，生物多様性は私たちにとってとても身近なものである．

b.　農業と生物多様性

(1)　化学防除と生物多様性

耕地生態系の例として水田の生物多様性を考えてみると，水田には多くの生物が生息している．しかし，害虫の効果的・決定的な防除手段がなかった第二次世界大戦前，水田には現在より多くの生物種がみられた．例えば，今はもうみられないが，サンカメイガというイネの大害虫がいた．また，養魚場の害虫であった水生昆虫のタガメも水田をすみかとしていた．それが，戦後，化学農薬が普及すると，これらの害虫の大発生を抑えることに成功した．しかし，害虫防除が進んだ結果，個体数が激減した種があり，実際，種の絶滅も起こっている．

(2)　環境変化と生物多様性

イネの害虫に，ミナミアオカメムシをはじめとする斑点米カメムシ類がいる．この害虫がイネの穂を吸汁すると，斑点米ができて商品価値が著しく下がってしまう．以前はそれほど問題でなかったが，1970年代以降の減反政策によって休耕田が増え，そこが斑点米カメムシ類の格好の繁殖の場となった．

また，1960年代に植林が進み，スギやヒノキの人工林が急激に広がった．ツヤアオカメムシなどの果樹カメムシ類は，それまでほとんど問題になっていなかったが，スギやヒノキの球果を利用して個体数が増えた．植林地や休耕田が増えたことも含め，耕地とその周辺の環境変化は，新しい害虫を生み出したが，同時に，害虫ではない生物のすみかを奪った．

(3)　環境の多様性と生物多様性

赤とんぼと呼ばれるトンボ類は水田に産卵し，幼虫のヤゴも水田で育つが，成虫になると近くの雑木林に移動して性成熟し交尾を待つ．このように，ある地域に赤とんぼが生息するためには，水田の他に雑木林が必要である．水生昆虫のミズカマキリも，水がある間は水田を生活場所とする．しかし，収穫が近くなって水田に水がなくなると，越冬のために近場のため池などに移動する．水面を自由に滑るアメンボ類も水田でよく見かけ，水とは切っても切れない昆虫のように思われているが，秋になると陸に上がり，林の落ち葉の下などで冬を越す．このように，水田にすむ生物は水田だけあればよいのではなく，その近くに雑木林やため池，さらには水路，畦，湿地，河川などさまざまな環境が存在しないと生きていけない．

(4)　食物網と生物多様性

水田やその周辺には，コモリグモ類という糸の巣を作らない，徘徊性のクモの仲間がたくさんいる．コモリグモ類は，イネの重要害虫であるヨコバイ類をよく捕食するが，ヨコバイ類だけを食べていると発育障害となる．正常に成長するには，水田に多く発生するユスリカ類という，害虫でも益虫でもない虫を食べる必要がある．したがって，水田にユスリカ類がいなければコモリグモ類がすめず，その結果，コモリグモ類を天敵としているヨコバイ類が増えてしまう．

(5)　農業にとっての生物多様性

農業の目的は作物を生産することである．しかし，耕地はただ単に作物生産の場であるだけでなく，多くの生物がさまざまなかかわり合いをもつ場でもある．農業の営みはときには耕地にいる生物を絶滅危惧種に追い込んだり，新たな害虫種を生み出したりする．耕地自体が生物の重要な生息地になったり，耕地に生息する生物が多様なおかげで害虫を抑えることもある．

耕地は陸地においてかなりの広さを占めている．耕地とその周辺環境の生物多様性を豊かにすることができれば，耕地生態系から多種多様な作物が得られるだけでなく，病害虫をある程度自然に抑えたり，美しい景観を保つなどの自然の恵みを受けられる．逆に，耕地とその周辺環境の生物多様性をおざなりにすれば，それらの恩恵が受けられなくなるどころか，農業の食料生産という目的自体を果たすことも難しくなっていくだろう．

c.　総合的生物多様性管理

(1)　環境保全と農業

農業と生物多様性は強く結びついている．以前は，害虫種は絶滅しても問題なかったが，環境保全や自然保護が重視される現在は，いたずらに種を絶滅させたり，絶滅危惧種を増やすことは避けるべきとされ，法律も整備されている．また，耕地生態系だけではなく，その周辺の環境のことも考えなければ，新たな害虫が発生したり，種多様性が乏しくなることもわかっている．生物多様性を念頭に置きながら，今後の耕地生態系や農村生態系のあり方を考える必要がある．

(2) 総合的生物多様性管理

このような背景を踏まえて，環境保全や自然保護を考慮した総合的生物多様性管理（integrated biodiversity management：IBM）という考え方が生まれた．これは，有害生物の管理と生物多様性の保全の両立をめざしたもので，IPMと生態系保全・自然保護とを融合させた考え方である．すなわち，IPMでは有害生物，特に害虫を対象として，その個体数を減らす管理を行う．これに対してIBMでは害虫を減らすことはめざすが，そうかといって絶滅危惧種や希少野生生物にしてしまうと生物多様性のバランスが崩れ，耕地生態系の機能が損なわれる可能性が高いので，それを避ける（図10.5）．すなわち，耕地にいる虫が重要害虫にも絶滅危惧種にもならずに存在している状態に管理することが，IBMの目的といえる．

d. これからの農業

環境に大きな負荷をかけないで，自然と共生することをめざす農業を環境保全型農業と呼ぶ．それを実現していくための1つの手段として，IBMの実践がある．従来からの多くのエネルギーを投入して生産量を増やす農法，大量の農薬を使って害虫をなくしていく農業から，IPMへ，そしてIBMへという方向をめざす必要がある．そのためには，生産者だけでなく，流通加工から消費者を含む社会全

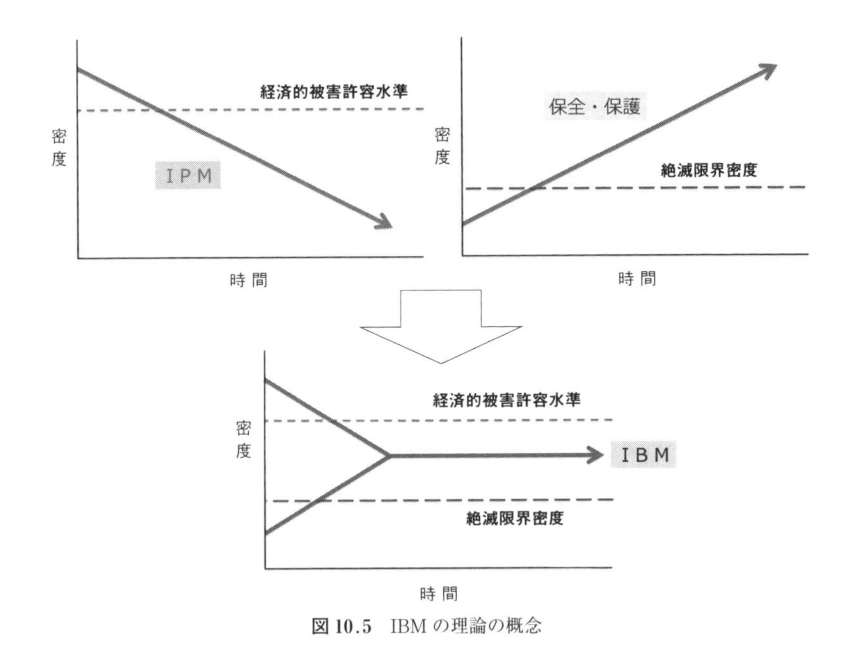

図10.5 IBMの理論の概念

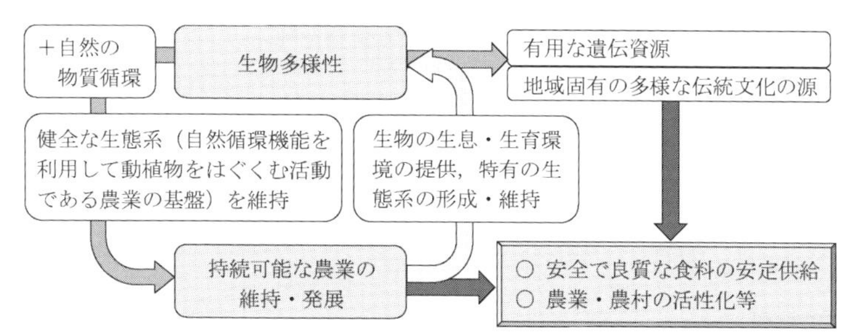

図 10.6　生物多様性と食料・農業・農村の関係（農林水産省ウェブサイトより）

体の意識や考えを転換していかなければならない（図 10.6）.

生物多様性に関する国や政府の取り組みは全世界的に近年盛んに行われている．例えば，政府間組織である「生物多様性及び生態系サービスに関する政府間科学-政策プラットホーム（Intergovernmental science-policy Platform on Biodiversity and Ecosystem Services：IPBES)」は，科学的評価・能力養成・知見生成・政策立案支援の 4 つの機能を活動の柱として，生物多様性の現状や変化について，世界中の研究成果をもとに政策提言を行っている．また，環境省と国連大学高等研究所が推進する「SATOYAMA イニシアティブ」は，土地と生物資源を最適に利用・管理することによって人間と自然環境の持続可能な関係を再構築すること，すなわち，自然共生社会の実現を目標に活動している．

これらの組織や取り組みは，生物多様性についてはもとより，身近な自然に関する社会の意識や考えに影響を与えている．実際の活動には，農業や耕地生態系に関するものも含まれている．これからは IBM そのものや，IBM と同じような考え方で耕地生態系をとらえて農業を行ったり，耕地とその周辺環境の生物多様性を豊かにする実践的な取り組みが増えていくだろう．　〔石川　忠・篠原弘亮〕

第11章　遺伝資源の開発と利用

11-1　植物遺伝資源の保全と管理

a.　植物遺伝資源の重要性

(1)　作物・品種の作出と伝統品種

人類は，約1万年前に農業を始めて以来，数多くの植物種のなかから有用な形質をもつ個体の選抜を続け，現在ある作物をつくりあげてきた．これらの作物は，民族間の交流や移動とともに，起源地から世界各地へ伝播していく過程で，日長，気温，降水量，水利条件，土壌条件，地形など，各地のさまざまな自然条件に適応してきた．また，各民族の異なる食文化や食習慣を背景として，調理・加工法や嗜好に合った品質を備えたタイプが選抜され，多様な品種が分化した．

このような自然選択と人為選抜の所産である各地に残る伝統品種には，収量や品質に関する特性はもとより，耐病性・耐虫性や環境ストレス耐性などに関する有用遺伝子が蓄積されている．近年，地球温暖化が進むことで，干ばつや高温障害，新たな病害虫の拡大などの問題が発生し，農業の安定生産に影響を与えている．このような問題への重要な対応として新たな品種育成を進めることがあり，そのために多様な遺伝形質をもつ植物遺伝資源が必要となる．

(2)　遺伝的侵食と遺伝的多様性

1992年6月，ブラジルのリオデジャネイロで開催された地球サミットにおいて，生物の多様性を保全し，生物資源を持続的に利用することを目的とした生物多様性条約（Convention Biological Diversity：CBD）が署名され，1993年に国際条約として発効した．CBDでは，「植物遺伝資源は，将来の食料の必要を満たすために欠かすことのできない資源である」と定義している．また，「生物資源は，持続可能な利益を生み出す大きな可能性をもった資産である．最近のバイオテクノロジーの進歩は，植物，動物および微生物に含まれる遺伝素材を農業，健康および福祉の向上ならびに環境保全の目的で利用する可能性を高めている.」として,遺伝資源の重要性を強調している.

一方で,新しい作物や品種の開発に不可欠な遺伝資源が,近代改良品種や近代農業技術の普及,地域開発や人口圧力による耕地の拡大,過放牧,土地の劣化などが原因で,地球上から急速に失われている.これを,遺伝的侵食という.そのため,現存する遺伝資源の多様性,すなわち遺伝的多様性を保全・維持することが,将来の食料安全保障にとってきわめて重要になってくる.

b.　植物遺伝資源の保全・管理

遺伝資源を将来にわたり保存する組織や施設は,ジーンバンク（遺伝子銀行）と呼ばれる.世界各地のジーンバンクで,遺伝資源の探索収集,分類同定,増殖,特性評価,保存,情報管理,配布や情報公開が行われている（図 11.1）.

（1）　探索と収集

作物の品種改良や未利用植物・低利用植物を新規に開発するためには,遺伝資源が不可欠となる.遺伝資源の消失を防ぎ,有効に利用するために,遺伝資源を探索・収集して保存する取り組みが,世界中で実施されている.植物遺伝資源の探索では,改良品種,伝統的な地方品種,栽培植物の近縁野生種,未利用・低利用植物種などを対象とする.植物種が遺伝的に多様であり,地方品種の豊富な地域を調査し,遺伝資源のサンプルを収集する.

遺伝資源の探索のおもな目的は,採集した個体のもつ有用な遺伝資源を品種改良に利用することである.その場合,国外だけでなく,自国に生育する植物も収集の対象となり,いずれの場合も,種内の変異を広げるためにできるだけ多様な

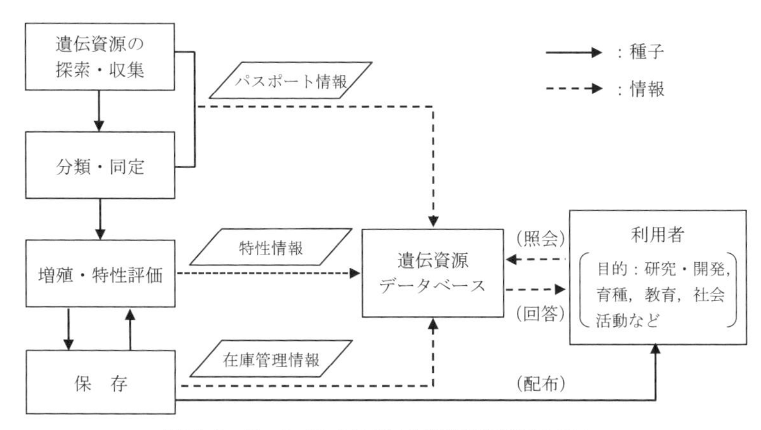

図 11.1　ジーンバンクにおける植物遺伝資源のフロー

個体を収集する．探索収集の際には，収集番号，収集年月日，収集した種名，品種名（現地名），収集者名，収集地の概況（地名，緯度，経度，高度，土壌や地形などの環境条件），収集品（種子，栄養体，標本）などの来歴情報を記録する．この情報は，パスポート情報とよばれる．

⑵　特性評価

収集保存した遺伝資源を新品種の育成に積極的に利用していくためには，これらの遺伝資源がもっている生産性，耐病性，耐虫性，環境ストレス耐性，品質や成分などの特性評価情報が必要となる．特性評価にあたっては，世界共通の基準で特性を調査することに意義がある．この特性調査マニュアルは，国際生物多様性センター等の国際農業研究機関がディスクリプターとして公開している．

⑶　保　存

・遺伝資源の保存方法：　ジーンバンクにおける遺伝資源の保存には，種子などの生殖質を施設内で保存する方法と，植物体を圃場で保存する方法がある．施設内保存には，低温低湿保存，超低温保存，試験管内保存がある．

低温低湿貯蔵庫で保存される種子には，ベースコレクションとアクティブコレクションの2種類があり，それぞれ長期保存と中期保存に相当する．ベースコレクションの種子は，半永久的に維持するために保存される．各地のジーンバンクの性能により異なるが，ベースコレクションの種子は，−10±3℃で15±3%の相対湿度条件下で保存する．アクティブコレクションは，育種や試験研究用に配布することを目的とし，5～10℃で15±3%の相対湿度条件下で保存する．

種子以外で繁殖する植物の塊茎，塊根，穂木は，圃場保存，試験管内保存，超低温保存する．サツマイモ，ジャガイモなどのイモ類，果樹，イチゴ，チャ，クワなどの栄養繁殖性の植物は種子繁殖が困難であるため，立木の状態で圃場保存される．また一部の栄養繁殖性の遺伝資源では，茎頂分裂組織を培養し，試験管内保存することが実用化されている．−196℃の液体窒素中で，半永久的に保存する超低温保存法は，生物細胞や組織をアルギン酸ゲルに包埋し（ビーズ化），ガラス状態で貯蔵するビーズガラス化法の研究が進み，日本ではジャガイモ，イチゴ，ユリやヤマノイモの保存に利用されている．

・世界のジーンバンク：　世界のジーンバンクとしては，各国に国営のナショナル・ジーンバンク，公的機関，民間事業者，大学がもつほか，国際農業研究協議グループ（Consultative Group on International Agricultural Research：CGIAR）にもある．大小合わせて1,750のジーンバンクがあり，そこに合計740

ナショナル・ジーンバンクの保存点数	
米　国	50万点
中　国	39万点
インド	34万点
ロシア	32万点
日　本	25万点
ドイツ	15万点
ブラジル	11万点
カナダ	10万点
等	

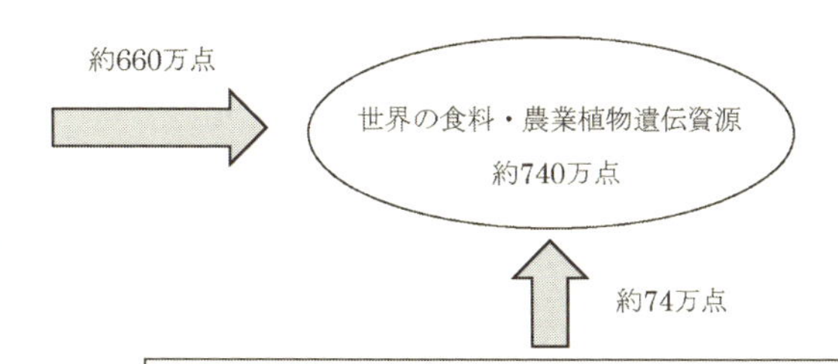

国際農業研究センターの保存総数

国際稲研究所	10.9万点	イネ
国際熱帯農業研究センター	6.4万点	キャッサバ，マメ類等
国際トウモロコシ・コムギ改良センター	17.3万点	コムギ，トウモロコシ
国際馬鈴薯センター	1.5万点	イモ類
国際乾燥地農業研究センター	13.3万点	オオムギ，コムギ，マメ類
国際半乾燥熱帯作物研究所	11.9万点	ソルガム，キマメ等
国際熱帯農業研究所	2.8万点	ササゲ，ダイズ
アフリカ稲センター	2.2万点	イネ
等		

農研機構遺伝資源センターの中期保存庫

図 11.2　世界における食料・農業植物遺伝資源の保存（ジーンバンク）

万点の遺伝資源が保存されている（図 11.2）.

そのなかで，各国のナショナル・ジーンバンクが合計 660 万点の遺伝資源を保有している．10 万点を超える遺伝資源を保有するナショナル・ジーンバンクは 8 か国．最も保存点数が多いのはアメリカで，50 万点を超える．次に中国が 39 万点，インドが 34 万点，ロシアが 32 万点，日本が 25 万点，さらにドイツが 15 万点，ブラジルおよびカナダが 10 万点である．

CGIAR に属する 11 の研究センターと世界野菜センターのジーンバンクでは，3,446 種の植物種 74 万点の遺伝資源を保存している．その中で国際トウモロコシ・コムギ改良センター（CIMMYT），国際乾燥地農業研究センター（ICARDA），国際半乾燥熱帯作物研究所（ICRISAT）および国際稲研究所（IRRI）では，それぞれ 10 万点以上の遺伝資源を保存している．

2008 年，ノルウェー領のスヴァールバル群島内に，スヴァールバル世界種子貯蔵庫が設立された．この種子貯蔵庫は地下の永久凍土層に設置されており，そこでは －20 ～ －30℃という極低温となるため，種子の貯蔵には理想的な条件である．世界各地に散在するジーンバンクで不慮の事故が起こった場合に備えてバックアップ機能を果たすことが期待されている．そのため，地球最後の日のための貯蔵庫と呼ばれている．この施設には約450万点の遺伝資源の収容能力があり，現在，約93万点の遺伝資源が保存されている．

(4) 情報管理

遺伝資源の利用を促進するためには，遺伝資源のパスポート情報，特性評価データをデータベース化し，必要とされる情報を検索できるシステムを開発し，情報を公開することがきわめて重要である．日本のナショナル・ジーンバンクである国立研究開発法人 農業・食品産業技術総合研究機構 遺伝資源センターは，パスポート情報，特性評価データに加え，配布経歴，発芽率，残存種子量などの在庫管理データを作成し，遺伝資源データベースとして公開している．

c. 植物遺伝資源へのアクセス

生物多様性条約は，海外の遺伝資源を学術研究や商用品あるいは育種素材として利用する場合，資源国と公正かつ衡平に利益配分することを求めている．2014年に発効した名古屋議定書は，遺伝資源の取得の機会およびその利用から生ずる利益の公正かつ衡平な配分（Access and Benefit Sharing：ABS）に関する拘束力のある条約で，日本は2017年8月20日に締約国となった．そのため，今後，海外の遺伝資源を利用しようとする場合は，遺伝資源を提供する国から，次の2つの約束が求められることになる．

① 遺伝資源の利用にかかわる提供国政府等との事前同意（Prior Informed Consent：PIC） 私たちが海外の遺伝資源にアクセスする場合，資源国内に設置されたフォーカルポイント（連絡先）となっている機関に相談し，遺伝資源の調査や取得に関して，事前に同意を得なければならない．資源国によっては，先住民および地域社会の承認も必要とし，遺伝資源だけでなく，それに付随する伝統的知識も対象となる．

② 資源提供者等との相互に合意する条件（Mutually Agreed Terms：MAT） 海外での遺伝資源取得にあたっては，当事者間で交渉し相互に合意する条件で契約を交わすことが求められている．すなわち，遺伝資源から生じる利益の公正かつ衡平な配分に関する条件である．利益配分には，遺伝資源利用から得られる金銭的なものと非金銭的なものがある．金銭的利益は遺伝資源の商業用研究開発による利益，非金銭的な利益は遺伝資源の折半や研究成果の発表などである．

一方で，名古屋議定書とは別に，一部の農業用植物遺伝資源に限っては，食料・農業植物遺伝資源条約（International Treaty on Plant Genetic Resources for Food and Agriculture：ITPGRFA）が適用される．この条約では，ITPGR

のクロップリストにあげられたイネなど35種の食用作物と81種の飼料作物については，多国間の制度（MLS：Multilateral System）のもとで，共通の標準材料移転契約（Standard Material Transfer Agreement：SMTA）により，遺伝資源の取得を促進させ，遺伝資源の保全と持続可能な利用や，その利用から生じる利益の衡平かつ公正な配分を行うことで，持続的農業と食料安全保障を図ることを目的としている．

遺伝資源は，世界的に進む気候変動による干ばつ，高温障害，塩害などに強い新品種の開発に必要不可欠である．今こそ人類の将来にとってかけがえのない遺伝資源を世界共通財産として再認識し，原産国の利益配分に十分に配慮しつつ，国際協力による遺伝資源保全と利用を推進することが，将来にわたる持続的な食料生産を可能とする．〔入江憲治〕

11-2　動物遺伝資源の開発

a.　家畜の育種開発

(1)　家畜の範囲と分類

家畜は，人々のくらしに欠かすことができない動物である．一般に家畜というと，ウシやブタ，ニワトリのような食料生産にかかる農用動物を思い浮かべる．しかし，家畜を「生殖がヒトの管理のもとにある動物」[1)]と定義すると，イヌやネコなどのペット（伴侶動物）や，実験動物のマウス，さらには飼育されたコイや養蜂に使われるミツバチも含まれる．

野生動物を捕食していた人類が，しだいに生殖を管理するようになり，都合のよい形質をもつものを選抜，育成することで家畜が成立した（図11.3）．すなわち，現在飼育されている家畜は，いずれも何千年もかけて育成，改良されてきたものであり，貴重な遺伝資源である．

(2)　家畜の近代的育種

家畜の近代的な育種は，農業革命や産業革命が起こった18世紀に，西ヨーロッパで始まった．改良された優良な系統は種畜（繁殖や育種改良のために飼育される家畜）として各地に導入され，さらに改良されて現在の品種に至っている．近年では遺伝子の情報を用いて形質の選抜が行われており，品種改良の速度は一段と速くなっている．

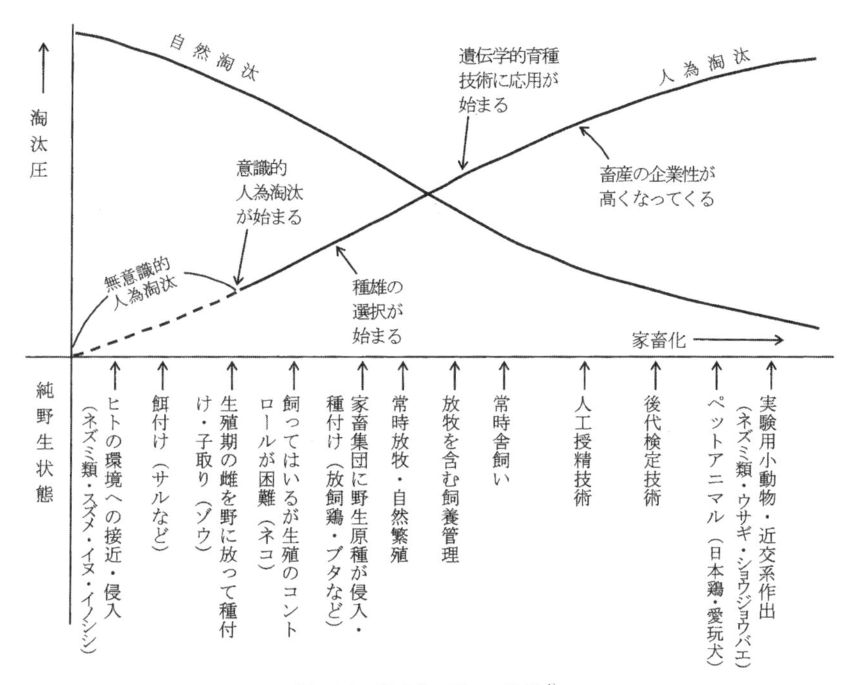

図 11.3　家畜化の種々の段階[1)]

(3)　遺伝学的手法の利用

20世紀に入り遺伝法則が広く認識されると，家畜の育種は遺伝学に基づいて発展した．統計的手法を取り入れた育種学が成立し，経済的な有用形質にかかわる遺伝子の効果（育種価）を予測することが可能になった．家畜の成長や繁殖，品質等の有用な遺伝形質は，通常複数の遺伝子によって調節され，個体間で連続的に変異する量的形質である．量的形質に個々の遺伝子が与える影響を解析する量的遺伝学が発展し，家畜育種の発展を支えた．これらの手法は，主要な農用家畜のみならず，ミツバチ，魚類，植物の育種にも応用されている．

(4)　分子育種技術の開発

20世紀後半からは，肉質や体格などの特定の遺伝形質に対応したDNA配列をDNAマーカーとして，優良な系統を選抜するマーカーアシスト選抜による改良が行われている．その際，数多くのDNAマーカーを用いると正確な選抜が可能になる．2000年代に入ると，DNAの全塩基配列であるゲノムに散在する塩基多型（SNP）を網羅的に解析する技術が開発され，膨大な数のマーカーが利用可能になってきた．最新の技術であるゲノムワイド関連解析（GWAS）を用いることで，有用形質にかかわる原因遺伝子同定も可能になっている．

このような分子レベルでの育種技術により，選抜期間の短縮が可能となる．近代的な育種法では，例えば肉用牛の種雄牛では優良個体として認められるまでに6～7年かかった．しかし，ゲノム情報を用いることで，数年かかる能力検定や後代検定を行う必要がなくなり，性成熟に達すればすぐに優良個体として供用できる．

(5) ゲノム編集技術の開発

近年，ゲノム編集と呼ばれる技術が急速に発展している．DNA の特定部位が特異的に切断されることは，細胞にとってはきわめて有害である．そのため，切断部位はすぐに修復されるが，そのときに一定の確率のエラーが起こる．そのエラーによって変異を起こすのが，ゲノム編集の原理である．この技術はまだ発展段階にあり，本来切断すべき遺伝子ではなく，似た遺伝子を間違って切断する危険性もある．また，人では生命倫理の問題，動植物においては消費者の理解などを得ることも大きな課題である．

ゲノム編集技術のメリットは，交配によって偶然に起こる突然変異を待たなくてよい点である．すなわち，人為的な遺伝子組み換えではなく，自然状態で起こる自然突然変異の感覚で品種改良ができるうえに，偶然を待つのではなく，狙った変異を効率的に誘導できるため，新品種の開発に必要な時間を短縮できる．開発途中であるが，ある病気を発病しない耐病性を付加した改良や，筋肉の量を増加させるような経済形質の向上，アレルギー原因物質の少ない鶏卵の開発などの研究も行われ，成果が得られ始めている．これらが実現できれば新たな遺伝資源の開発につながる．さらに家畜の病気による経済的損失を縮小したり，食物アレルギーフリーの卵や加工品を製造したりすることができる．

b. 在来家畜の活用と保全

(1) 在来家畜は遺伝資源

近代的育種の影響を受けなかった，あるいは受けることが少なかった家畜が在来家畜（品種）である．在来家畜は野生動物から家畜化され，家畜品種へ向かう途中にある家畜である．そのため，この家畜は在来家畜である，と明確に言い切ることは非常に難しい．おもな飼養目的は畑を耕すための役用として，また乳，肉，卵を得るための食用としてさまざまな国で飼養されている．

在来家畜は数千年にわたって世界各地で飼われてきた．そのため，異常気象や感染病の流行は，何回も経験している．そのような環境を生き抜いてきた（自然選抜・淘汰された）在来家畜には，遺伝的に強い個体が残っているはずで，貴重な遺伝資源と考えるべきである．また，在来家畜は，儀礼用として，あるいは闘鶏などの趣味で飼われていることもあり，役用や食用のみならず人間の文化や生活にも密接に関与している．

(2)　消えゆく在来家畜

在来家畜の利用方法には，在来家畜そのものを使うこともあれば，近縁種と交配させることもある．例えば，ブータンではウシに近縁であるガヤールを，在来牛と計画的に交配させることが多い．この交配で生まれた子は，雑種強勢により親世代より能力が高く，在来牛よりも乳量が多く，体格もよいので役用として有用である（図11.4）．ただし，この交配で生まれる雄には繁殖能力がない．その他では，ヤクとウシの雑種も利用されている．

近代的な育種が行われるようになり，それぞれの家畜種で品種改良が進められた結果，肉，乳，卵の生産性が高い品種が作られ，世界中に広まった．それに伴い，在来家畜の多くが次々と希少化し，絶滅の途をたどっている．農業の機械化の進行も要因の1つである．希少化した品種は1995～2000年の5年間で，哺乳類では23%から35%，鳥類では51%から63%に増加した[2]．これは在来家畜の数字ではないが，在来家畜においても同様の現象が起こっているだろう．

（体格はよいが気性が荒い）

（体格は貧弱で気性がおとなしい）

（体格がよくおとなしい）

図11.4　ウシの近縁種と在来牛の交雑の例

元来，在来家畜はその地域固有の文化を背景として，その地域に適応した野生動物を家畜化し，あるいは近い地域から導入したり，人間の好みに改良したり，長い時間をかけて作出されたものである．今後，新しい品種を作出する際にも，在来家畜に蓄積された遺伝的多様性は非常に重要なものとなる．したがって，在来家畜が絶滅するということは，貴重な遺伝資源を失い二度と手に入れることができなくなるので，絶対に避けなければならない．〔高橋幸水〕

引用文献

1）野澤　謙（1975）：日本畜産学会報，**46**：549-557.
2）峰澤　満（2001）：動物遺伝育種学事典（動物遺伝育種学事典編集委員会編），pp.136-137，朝倉書店.

11-3　植物遺伝資源の開発

a.　在来品種の多様性と資源開発

（1）　在来品種の多様性

作物の在来品種とは，地域の農家が自家採種を何世代も繰り返して栽培することで，一定の特徴をもつようになった品種のことである．したがって，在来品種は各地の気候や土壌に適応しており，同じ品種でも地域ごと，さらには農家ごとに形質にばらつきがあり，遺伝的な多様性が保たれている．このような多様性は，遺伝資源として重要な価値をもつ．

在来品種は統一の基準で評価，登録されないため，具体的な数を把握することは難しいが，日本最大のジーンバンクである農業生物資源ジーンバンクには在来品種として（品種内の系統も含めて），イネで約2,000種類，野菜類で約690種類，マメ類で約2,400種類の種子が登録，管理されている（2017年9月現在）．

日本が生産量・流通量で世界一のダイコンでは，1,000年以上前に日本に伝来してから各地で改良が進み，江戸時代の産物調査では各藩で平均12種類ほどの品種群があった．しかし現在，市場に流通するダイコンの95％以上は青首総太（あおくびそうぶとり）系品種であり，在来品種の多様性は著しく低下した．それでも，100種類を超える地方独特の地ダイコンが残っている．このなかには，根の直径が30 cm以上になる桜島大根や，長さ2 mに達する守口大根のように，根の形や大きさをはじめ，色や味，含有成分（水分や糖，デンプン，ビタミン類，辛味成分，アミノ酸含量

図11.5　ダイコンの多様な地域在来品種

など），栽培様式などに多様な変異がみられる（図11.5）．

(2)　在来品種と資源開発

在来品種は20世紀まで世界各地で育成，改良され，多様な系統に分化してきた．1900年代に遺伝学の基盤が整うと，近代育種学に基づく品種開発が急速に進展した．これを促したのは，異なる特性をもつ品種や系統間の交雑によって新しい変異を創出し，そのなかから優良な個体を選抜・固定して優良品種を作出する交雑育種の発展である．この基本材料となったのが，在来品種であった．

20世紀，第二次世界大戦後の人口増加による食料危機を救った緑の革命は，在来品種を基盤とする品種開発によって実現した．戦禍の大きかった熱帯アジア諸国では食料不足が深刻となり，化学肥料の多投によりイネやコムギの増産を図ったが著しい倒伏を招き，逆に減収してしまった．そこで，多肥でも倒伏しない草丈の低い半矮性品種が求められ，イネでは台湾の在来品種‘低脚烏尖’の半矮性遺伝子を，交雑によってフィリピンの優良品種‘Peta’へ導入して超多収品種IR8が開発された．

また，コムギの半矮性品種の育成には，日本の‘農林10号’という草丈が低い品種が用いられたが，これはアメリカが敗戦後に日本の農業遺伝資源を収集した際に持ち帰ったものである．‘農林10号’を素材としてアメリカおよびメキシコで育成された半矮性品種は驚異的な収量をあげ，飢餓に苦しむ熱帯アジアを中心に普及し，1,000万人の命が救われた．‘農林10号’の半矮性形質は，関東地方の在来品種‘白達磨’に由来する．‘白達磨’は早生・短稈・多収性であり，これは残存肥料分が多い冬の水田あと地で栽培され，田植え前に収穫するという日本の伝統的なイネ，コムギの二毛作の体系のなかで獲得された形質である．このように，各地の気候や風土のもとで育まれてきた多様な在来品種が遺伝資源として開発され，近代農業の発展を支えたのである．

b.　野生資源の探索と開発

(1)　野生植物資源の探索

ヨーロッパ諸国がアフリカ・アジア・アメリカ大陸への大規模航海を行った17世紀頃から，プラントハンターと呼ばれる植物資源採集者によって世界各地で野生植物の探索が行われた．特にイギリスとオランダが中心で，イギリスでは王立キュー植物園などの公的研究機関を拠点に，大規模な植物採集が展開された．自国にない有用植物の獲得は，国家の経済にとってきわめて重要であった．

日本には約7,500種の野生植物（コケ・シダ・裸子植物・被子植物）が分布しその4割が固有種である．19世紀中頃まで鎖国状態にあった日本の植物を求め，植物採集者が渡来した．1820年代，長崎の出島へ入港できたオランダ商人に混ざって，ケンペル，ツンベルク，シーボルトらが医師として日本に滞在し，多数の植物を採集，記録した．日本の植物分類学の基礎は彼らによって築かれた．

また，江戸時代末期の1853年，日本開国のためアメリカのペリー提督が黒船艦隊を率いて日本に来航したが，植物採集も目的にあったことはあまり知られていない．数名のプラントハンターが同行して各地で植物採集を行い，数多くの標本をアメリカに持ち帰った．1854～1855年に，さらに大規模な遠征隊を編成して再び来航し，沖縄から北海道，小笠原諸島まで日本全国で野生植物の採集を行った．将来，野生植物が重要な資源となることを見据えていたのである．

野生植物の収集と保存の活動は，現在まで引き継がれている．イギリスの王立キュー植物園には，全世界の高等植物の1割もの種が保存されている．2000年には“ミレニアムシードバンク”プロジェクトが開始され，世界中から収集した植物の種子を超低温貯蔵庫で保存している．人間による開発や気候変動によって絶滅の危機にある植物の種子を保存し，未来に伝えることが目的である．種子の最適な発芽条件を調査するなど，将来の再繁殖を見据えた情報を蓄積している．

(2)　野生種と資源開発

20世紀の近代育種において，野生種は育種素材として大きな貢献を果たしている．例えば，野菜のなかで栽培面積と生産量がいずれも現在世界一のトマトは，南アメリカのペルーやエクアドル周辺に自生している，小さくて硬い野生トマトに起源する．1500年代にトマトは初めてヨーロッパへ持ち込まれて本格的な品種改良が始まった．20世紀前半には耐病性育種が急速に進んだが，これを可能にしたのは野生種と栽培種との種間交雑であった．

トマトの主要な病気の1つである萎凋病に対する抵抗性を導入することに成功して育成された‘フロリダMH1’という品種は，現在日本で最も普及している品種‘桃太郎’の開発につながった．トマトの野生種には病虫害抵抗性を示す系統が数多く，現在でも抵抗性育種には野生種から素材を探すことが重要である．

野生種を利用した新品種の開発には多くの例があるが，バラの花弁の色もその一つである．かつて，栽培バラには黄色い花を持つ品種は存在しなかったが，黄色い色素を生産する野生種と栽培バラを交配して育種することで，約100年前に黄色いバラが誕生している．

近年のバイオテクノロジーの発達により，交雑が困難な種を用いた育種も可能である．例えば，胚培養法を用いると，交雑が難しい種間の雑種形成が可能となる．遺伝子組換え技術でまったく異なる種の遺伝子を目的の植物に導入し，新しい機能を付与することもできる．従来の交雑育種法では育種素材は交配可能な近縁種や品種に限られ，新たな機能の開発に限界があった．しかし，種を超えた遺伝子の導入が可能になることで，野生種がもつ各種ストレス耐性の獲得など，これまでにない実用的な機能を備えた植物を開発できる可能性が高まった．

c. 遺伝的多様性

(1) 野生種の遺伝的多様性

生物の種は，交配可能な個体のまとまりであるが，いくつかの階層に分けることができる．まず，野生種において，地理的に隔たれ遺伝的に分化した系統は亜種，局所的に分化した系統は変種と呼ばれる（図11.6a）．種あるいは亜種，変種は遺伝的交流が頻繁に生じる複数の集団によって構成される．さらに，集団はいくつかの群落・群集からなり，群落・群集は個体の集合である．

個体は遺伝情報であるゲノム（DNAの全塩基配列）をもっているが，同じ種内でも個体間には遺伝的変異（DNA塩基配列の差異）が存在する．野生の種は，数多くの個体によって構成されており，DNA塩基配列の突然変異や交配時の組み換えによって常に新しい遺伝的変異が創出されることで，種内には全体として遺伝的多様性が保たれている．このような遺伝的多様性により，変化する野外の環境のなかでも有利な個体が生き残っていくことができる．遺伝的多様性を資源として保全し，育種目標に合わせて有用な遺伝子を利用していくことが，今後の資源開発において重要である（コラム参照）．

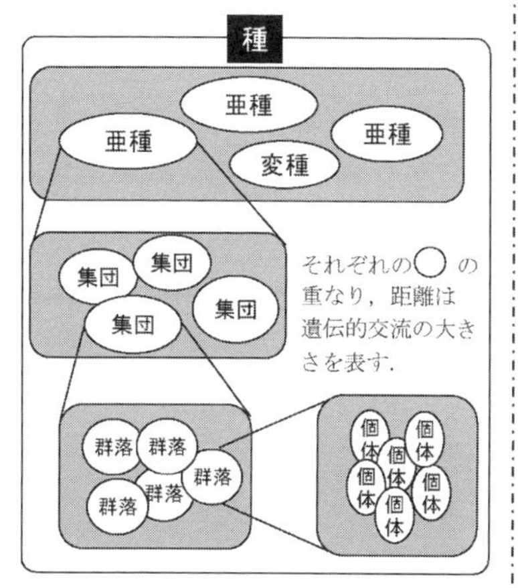

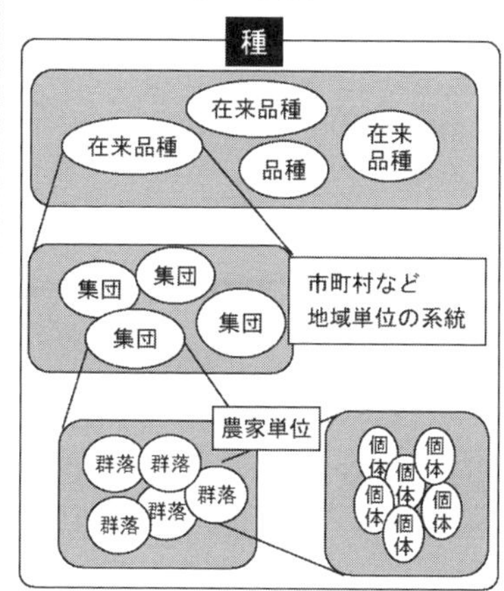

図 11.6　遺伝的多様性の階層構造
(a)　野生植物種，(b)　栽培植物（在来品種）.

(2)　農作物の遺伝的多様性

同様の多様性は，農作物のなかにもみられる（図 11.6b）．農作物の種内には地域的に分化した在来品種があり，それらは市町村などの細かい地域単位の系統に分かれ，さらに農家ごとの系統に分かれる．野生種に比べると栽培植物の個体数は少ないが，有用な形質が選択的に保全されている．個々の農家が自家採種により気候条件や土地条件に適応した系統を選抜，維持し，また，農家間や地域間で種子の交換や交配を行うことによって遺伝的多様性が形成される．

しかし，近現代の農業では，行政や民間企業による育種開発，品種管理，種苗生産が普及した結果，生産・流通する品種がほぼ画一化してしまっている．また，一代雑種の品種（F_1 品種）が広く利用されている．F_1 品種は異なる品種や系統の純系の親個体を交配させて作出されるが，一代目の雑種は遺伝的に同質であるため形質がよくそろっている．しかし，F_1 品種内で交配させると次の世代では形質に大きなばらつきが生じてしまうため，自家採種をすることは困難となる．

品種の画一化によって農作物の遺伝的多様性は急速に失われている．多様性を保全するためにはジーンバンクによる種子の保存が重要であるが，それだけでは十分ではない．遺伝的多様性は集団として保たれるため，多くの農家が継続栽培することで，遺伝的変異を創出し維持することが重要である．　〔三井裕樹〕

◆コラム13　ダイコンの春化

日本列島の海岸に自生するハマダイコンは，栽培ダイコンの野生種である．本種は一定期間，10℃以下の低温にさらされると，花芽が分化して開花する．これは春化と呼ばれ，冬の寒さを経て春に開花するための性質であるが，異なる気候環境に生育する集団間では，低温への応答性に違いがみられる．東北～北海道の集団は，2か月以上低温にさらされてようやく花芽をつけるが，本州の関東以西に生育する集団は，2～3週間の低温で開花する．一方，九州の南部から沖縄の集団は，低温を受けなくても花が咲いてしまう（図11.7）．一年中温暖な沖縄では，いつ花を咲かせても受粉，結実できるので，春化を失う方向に進化したのに対して，寒さの厳しい地域では，冬に少し暖かい日が続いても開花しないように，進化したと想像される．

図11.7　ハマダイコンの開花特性の地域変異
左：沖縄産，右：北海道産．共通圃場で2か月間栽培した個体．

ダイコンのような根菜類では，花が咲くと根が痩せていってしまうので，多少の寒さでは開花しづらい品種が求められる．そこで開花に必要な低温期間が長い‘時なし’などの品種が開発され，ダイコンの周年供給が可能になった．これらはハマダイコンと栽培品種との交雑に起源するものであり，寒冷な地域の集団の遺伝子が導入されたものである．一方，熱帯アジアには果実を食用にする品種‘サヤダイコン’があり，これは低温なしで開花する南方の野生系統に近いものである．

第 12 章　生物機能の開発と利用

12-1　生物機能開発とバイオエコノミー

a.　生物機能開発とは？

(1)　生物機能開発とバイオテクノロジー

バイオテクノロジーという用語は，バイオロジー（生物学）とテクノロジー（技術）を合成したもので，生物のもつすぐれた機能性を高度に利用し，人類の生活に役立たせる技術のことである．したがって，バイオテクノロジーは，広くとらえると生物機能開発と同じであり，ここでは同意語として取り扱う．

生物機能開発という場合は，昔からよく知られる発酵や品種改良から，細胞や遺伝子を操作する技術まできわめて広い分野を意味しており，これらの技術を使用してさまざまな製品が生産されている．カビや細菌，酵母を利用して味噌や醤油，納豆，酒，チーズ等をつくる発酵・醸造技術や，抗生物質・アミノ酸等をつくる歴史の古い技術を，オールドバイオテクノロジーと呼ぶこともある．

1970 年代になると細胞融合技術，遺伝子組換え技術が開発され，新しい技術が広範な生物産業に影響することが予想され，バイオテクノロジーという用語が急速に広まった．これらをまとめてニューバイオテクノロジーと呼ぶことがある．ただし，近年は，両者を区別することが非常に難しい．

(2)　生物機能開発の広がり

生物のもつ遺伝子・細胞・組織・器官・個体としての機能性や生物が分泌する素材などの機能性が近年，次々と明らかにされている．これを開発すれば，さまざまな新規製品が誕生し，その経済効果は膨大なものになる．

図 12.1 は，現在日本の企業が進めている生物機能開発を，①農林水産業・食料分野，②健康・医療分野，③モノづくり・環境・エネルギー分野の 3 つの分野で整理したものである．生物素材が本来もっている機能性を活用した食品，化粧品

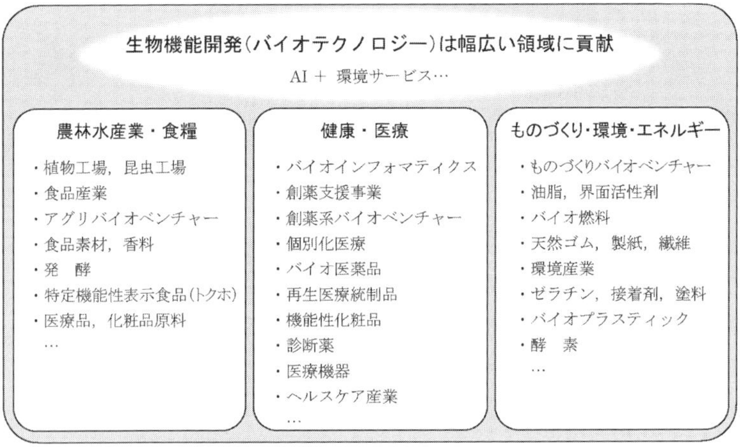

生物機能開発（バイオテクノロジー）は幅広い領域に貢献

AI＋ 環境サービス…

農林水産業・食糧

- 植物工場，昆虫工場
- 食品産業
- アグリバイオベンチャー
- 食品素材，香料
- 発　酵
- 特定機能性表示食品（トクホ）
- 医療品，化粧品原料

…

健康・医療

- バイオインフォマティクス
- 創薬支援事業
- 創薬系バイオベンチャー
- 個別化医療
- バイオ医薬品
- 再生医療統制品
- 機能性化粧品
- 診断薬
- 医療機器
- ヘルスケア産業

…

ものづくり・環境・エネルギー

- ものづくりバイオベンチャー
- 油脂，界面活性剤
- バイオ燃料
- 天然ゴム，製紙，繊維
- 環境産業
- ゼラチン，接着剤，塗料
- バイオプラスティック
- 酵　素

…

図 12.1　現在日本の企業が進めている生物機能開発の3分野

をはじめ，これまで農学分野で扱われてこなかった医学製品，工業製品にまで，自然の機能性を利用する動きがみられている．

b.　カイコや桑を利用した生物機能開発

(1)　家畜としてのカイコ

動物の中で研究の進んでいる代表種に，産業利用するカイコがある．今から5000～6000年前に中国の黄河や長江流域で，野生のカイコを家畜化したのが始まりといわれる．農家での養蚕（ようさん）は，紀元前1000年くらいから行われていたらしい．紀元前200年くらい前になると，シルクロードを通じて交易ルートが広がり，中近東やローマまで広まった．日本に養蚕技術が渡ってきたのも，この頃といわれている．

カイコは高度に家畜化されており，幼虫は動き回らず，成虫もほとんど飛ぶことはできない．また，十分に管理ができる家畜昆虫で，自然環境に影響を与えることもない．現在日本では，農家で飼育されているカイコのほか，遺伝資源として保存されているものを含めると約600品種が知られている．

日本の生糸（きいと）生産量をみると，1920～1940年は世界で圧倒的に多く，養蚕は外貨を獲得するための非常に重要な手段であった．すなわち，多い年には外貨の半分近くを絹が稼いでおり，日本の近代化の基盤を作った．

(2)　遺伝子組換えカイコ

日本を中心に分子・細胞レベルでカイコの研究が進み，2000年には日本でカイコの遺伝子組換え技術が開発された．シルクを生産する絹糸腺細胞に，シルクの代わりに目的のタンパク質を作らせる遺伝子を導入することに成功した．現在までに，500 系統以上の遺伝子組換えカイコが開発されており，クラゲの蛍光タンパク質（green fluorescent protein：GFP）が導入された蛍光を発する絹糸，ヒト型コラーゲンを含む絹糸，クモ糸の遺伝子を含む高強度の絹糸なども生成されている．2017 年秋からは，生物多様性の確保を図るために遺伝子組換え生物等を用いる際の規制措置を定めたカルタヘナ法の 1 種使用（隔離されていない開放系での使用）が認められ，一般農家でも遺伝子組換えカイコが飼育されている．

(3)　シルクの機能性を利用した商品開発

カイコが生成するシルクはタンパク質からなり，人体によくなじんで無害であるため，昔から手術用縫合糸素材として利用されていた．シルクの 75％を占めるフィブロインタンパク質に，皮膚がんを起こす紫外線の遮蔽性，菌の増殖を抑える制菌性，捕食者が食べても消化しにくい難消化性，臭いや脂などを吸収するなどの機能性があることが近年，明らかにされた．

医学分野との共同研究も進められ，傷を治す機能，シワを浅くする効果，フィブロインタンパク質を人間が食べることで，摂りすぎた中性脂肪やコレステロールを低下させることも臨床検査で確認された．フィブロインは，水溶液，ゲル，パフ等さまざまな形状に加工できるため，こうした機能特性をもとに防腐剤を含まない，アレルギーの起きにくい敏感肌用化粧品，中性脂肪やコレステロール等を低下させるサプリメント等の商品が開発されている（図 12.2）．これらの製品の原料のシルクは，タンパク質として利用するため，糸にできなかった切り繭（まゆ）や規格外繭などを利用しており，屑繭，くず糸がなくなるという大きなメリットもある．

(4)　カイコの昆虫工場

植物工場はよく知られているが，「昆虫工場」はほとんど知られていない．着物

図 12.2　シルクを利用した化粧品（左：株式会社ハリウッド提供，右：株式会社アーダン提供）

生産で有名な新潟県十日町市は，2016年，カイコを完全無菌培養することに世界で初めて工業的に成功した．世界一の研究蓄積と養蚕管理システムを基盤に，飼育管理を機械化し，無菌状態，人工飼料下で完全管理するというものである．人工飼料で飼育するため，桑の生産時期に合わせることなく，1年間を通していつでも飼育できるという大きなメリットがある．孵化した幼虫は人工飼料を3回与えるだけで，25日後には一斉にシルクを吐き出す．飼育室に人が入ることもなく常に無菌状態が保たれ，菌による病気も発生しない．しかも，できた繭も無菌であるだけでなく，最高ランクの均一な糸のみが作られる．

現在，日本の絹原料のほとんどがブラジルから輸入されているが，これがすべて国内産のものに生まれ代わりそうである．数年後には新潟県の工場だけで，年間100 tの絹糸が生産可能と推測されている．他の地域でも同様な昆虫工場が建設される予定で，日本の絹の自給率は現在1%以下であるが，近い将来，100%を超えて，外国にも輸出できることになる．加えて，ここで得られた切り繭やくず糸などのシルクは，水溶性タンパク質に戻し，高級化粧品やサプリメントなどに加工，販売するという機能性商品開発も計画されている．無菌であるため，蛹からの医薬品開発，糞の新しい利用法などもすでに検討されている．

(5)　食用桑の開発

カイコの餌である桑は無農薬で育てる．これは，農薬が付着している桑葉をカイコが食べると，絹糸腺細胞に異常が生じ糸を吐かないからである．それでも，桑葉には害虫はほとんどつかない．これは，桑葉中にデオキシノジリマイシンという血糖値上昇を抑制する物質が含まれているからである．ではカイコはなぜ，その桑葉を餌にできるのだろうか？　それは，デオキシノジリマイシンを分解する消化酵素をもっているからで，きわめて稀な現象である．この特性を現代人の糖尿病予防に活用する商品が開発されている．糖尿病予備軍は近い将来，3人に1人といわれている．桑には1,000品種以上が知られているが，そのなかには人が食べてもおいしい品種もある．また，加工方法を工夫することで，おいしく，血糖値スパイクを抑える健康食品や和菓子などが販売されている（図12.3）．桑葉はカルシウ

図12.3　桑葉を利用した和菓子（株式会社たねや提供）

ム，鉄が豊富なため，血糖値対策以外にも，女性や子供が利用価値がある．

c.　バイオエコノミーの動き

地球上には，再生可能資源としての生物や，その生物に由来する素材がたくさん存在する．したがって，生物やその生産物を新しい視点からみることで，新しい産業をつくることは無限の可能性をもっている．実際，養蚕業を機能性という視点から見直した結果，新しい複数の産業が生まれている．

フィンランド政府（2011）は「バイオベースの製品，栄養，エネルギー，サービスの生産のために，再生可能な自然資源を持続可能な方法で用いる経済活動」として，化石燃料経済の次に来る経済の波であるバイオエコノミー戦略を利用して，枯渇する地下資源からの脱却を提案している（図 12.4）．日本からも 2003 年に，千年持続学という同様な提案が行われている（巻末参考文献参照）．

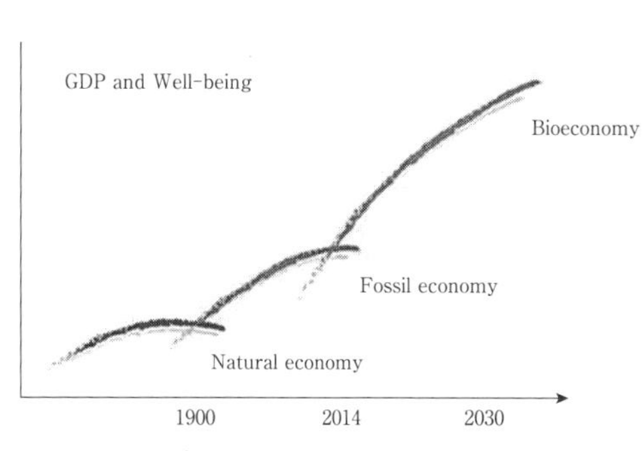

図 12.4　地下資源を基盤とした 20 世紀型社会からバイオエコノミーへの転換（フィンランド政府（2011）*Sustainable Growth from Bioeconomy* より）

再生可能資源を有効に使うことにより，地球環境問題にも配慮しながら，産業を振興し経済を活性化しようというバイオエコノミーは，近年国際的に注目されており，ドイツ，アメリカ，イギリス，EU は独自のバイオエコノミーに関する戦略を発表し，重点的な取り組みを開始している．中国も，医薬やエネルギー分野に重点を置いた戦略的取り組みを始めている．バイオエコノミーの中核となる 1 つの分野が生物を利用した物質生産で，付加価値の高い医薬品等が出口になっていた．近年は，生物の力を利用して食品や化粧品などさまざまなものを製造することで，化石エネルギーの利用を減らし，環境への負荷を抑えることが期待されている．日本でも，早急に戦略を構築する必要がある．

〔長島孝行〕

12-2　動物生命科学とヒトの生殖医療

地球上に最初の生物が誕生して以来，現在に至るまで，命のリレーが繰り返されてきた．いずれの生物のいずれの個体も，卵子と精子が結合してできた受精卵から一生が始まり，体を構成するすべての細胞が受精卵に由来し，一部は次世代にかかわる生殖細胞となる．このような命のリレーのメカニズムは人類の大きな関心事であり，研究が進んで謎が紐解かれるのに伴って，そこから得られた知識は技術となり，人類の福祉に利用されている．

a.　動物の生殖技術の発達

(1)　人工授精

畜産業では，温順で良質な牛乳や肉を効率よく生産する動物をつくることが重要であり，そのような動物を得るために生殖技術が用いられている．例えば，最初の生殖技術として開発された人工授精（図12.5上段：artificial insemination）は，1960年代から本格的に用いられ始めた．これは，優良な雄を選抜し，精液を凍結保存して，広く雌の受精に利用する技術のことである．この技術によって，優秀な遺伝資質をもった子を効率的に生産することができるようになった．

(2)　受精卵（胚）移植

また，1980年代から普及し始めたのが受精卵（胚）移植（図12.5中段：

人工授精（artificial insemination：AI）

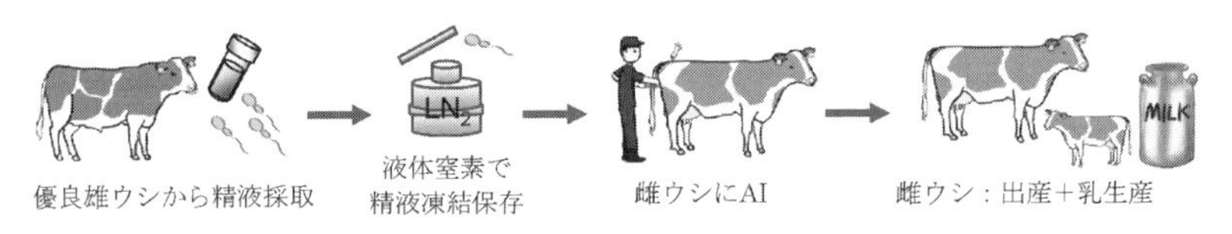

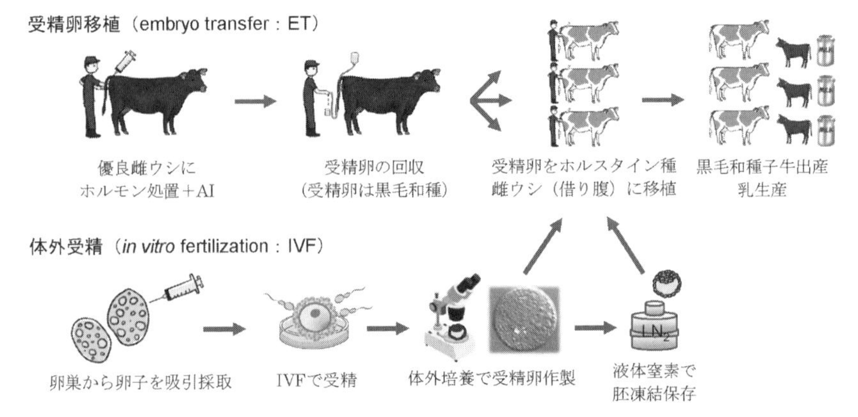

図12.5　活用されているさまざまな繁殖・生殖補助技術

embryo transfer）であり，ホルモン処理によって過剰排卵させた雌から胚を回収し，新鮮胚を直接または凍結保存した後，他の雌に移植する手技である．

そのほか，卵巣から取り出した卵子を体外受精させ（図 12.5 下段：*in vitro* fertilization：IVF），体外培養で発育させた受精卵（胚）を移植する手技があり，日本では毎年，数万頭のウシが生まれている．

(3)　ES 細胞と iPS 細胞

以上の生殖技術を基盤として，1997 年にクローン羊を作り出した核移植や，精子を直接卵子内に注入する顕微授精が確立された．また，マウスなどの実験動物を用いた研究成果から，胚性幹細胞（embryonic stem cell：ES 細胞）や，人工多能性幹細胞（induced pluripotent stem cell：iPS 細胞）の作製や応用へと発展を遂げている．人工授精から iPS 細胞作製に至るこれらの技術は，動物の増殖や育種にとどまらず，野生動物の保護や保存，そしてヒトの医療に広く使用されることが期待される．

b.　ヒトの妊孕性の低下

(1)　ヒトの生殖医療技術

現在，生殖技術の利用が進んでいる例として，ウシのほかにヒトがある．日本では，体外受精や顕微授精などの生殖技術を用いたヒトへの治療は，2014 年度時点で 40 万件行われており，年間約 4 万 7 千人を超える子どもが誕生している．2014 年における総出生数は約 100 万 3 千人なので，21 人に 1 人は体外受精などの生殖医療で生まれた子どもということになる．

国内初の体外受精児が 1983 年に誕生して以来，体外受精で生まれる子どもの数は年々増加し続け，現在までの累計は 40 万人を突破している．この急速な増加の背景には，生殖技術の進歩だけでなく，生殖医療を受ける必要があるカップルが増加したことがある．

(2)　妊孕性の低下

現在，日本では 30 歳を過ぎてから結婚・出産する女性が増えてきている（図 12.6）．子どもを授かる能力である妊孕性には個人差があるものの，35 〜 40 歳までの間に急激に低下する．この妊孕性の低下は，現在，社会問題となっている少子化にさらに拍車をかけており，社会全体の弱体化につながる．そのため，加齢に伴う妊孕性の低下の原因を究明し，対策を打つことが喫緊の課題である．

高齢になると妊孕性が低くなる原因については，これまで多くの研究が行われている．アメリカの統計では，女性が自分の卵子で妊娠できる確率は年齢ととも

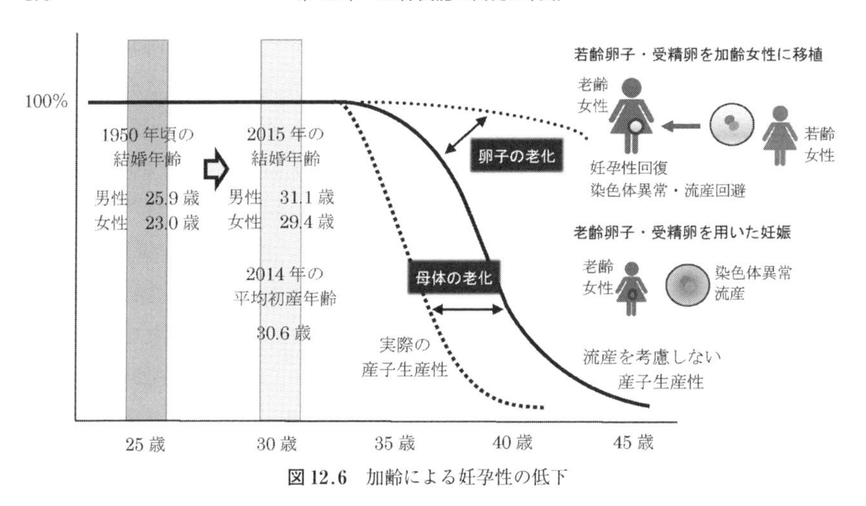

図12.6　加齢による妊孕性の低下

に低下するが，若い女性から提供された卵子に由来する受精卵で妊娠する場合，受胎性は低下しない．このことは，妊孕性が低下するおもな原因が卵子にあることを示している（図12.6：卵子の老化）．

そのほか，加齢に伴って母体では，卵巣内に残存する卵子数が減少し，未熟な卵子から成熟卵子への発育が著しく減退したり，ホルモンなどの内分泌的な変化が起こる．さらに，妊娠の成立に重要な卵巣（黄体）機能が低下したり，加齢に伴って卵管や子宮において慢性的で微弱な炎症が起き，妊娠するための微小環境を整えることが難しくなり，妊孕性が低下することもわかっている（図12.6：母体の老化）．

(3)　加齢卵子の質低下

加齢に伴って卵子の質は低下する．加齢卵子では異常受精や染色体異常の発生率が増加し，このような受精卵（胚）は着床できたとしても，途中で流産することが多い（図12.6）．加齢に伴って卵質が低下する背景には，卵の発育を支える周辺細胞（顆粒層細胞）の減退，卵子に含まれるミトコンドリアの減少やゲノムの変異，卵子を取り巻く卵胞液に含有される発育阻害因子の増加などが関係している．生殖医療分野では，このような加齢に伴う妊孕性の低下に対して，以下のようなさまざまな取り組みが行われている（図12.7）．

c.　ヒトの生殖医療技術の発展

(1)　卵子の凍結保存

卵子の老化は30代後半から加速するので，産みたいときに産める技術として卵

(1) 若齢期に卵子を採取・凍結保存し，将来的にIVF・ET技術を利用する

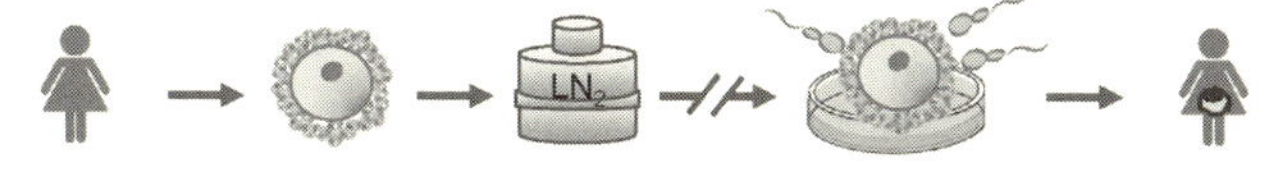

(2) 卵子の核移植で“若返る”

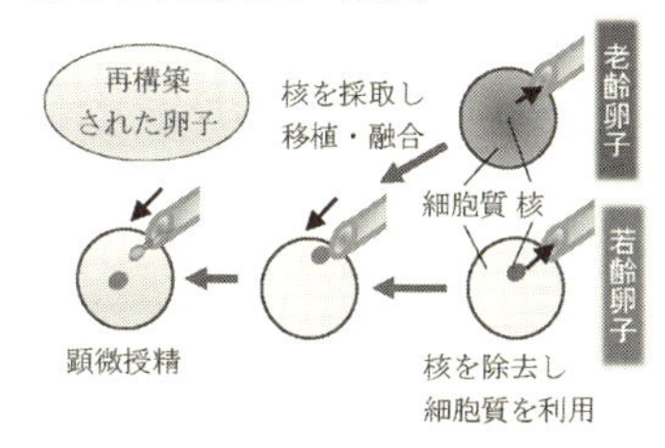

(3) ミトコンドリアの自己移植で“若返る”

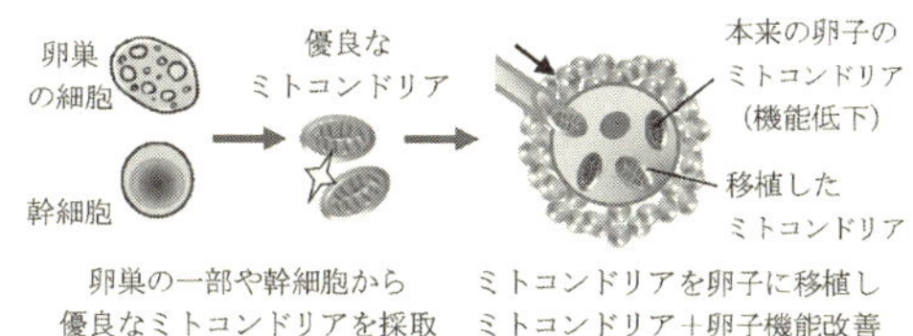

(4) 培養環境の改善で効率を上げる

(5) 優良卵子や受精卵（胚）をマーカーで“選び出す”

図 12.7　加齢による妊孕性の低下を打破するさまざまな取り組み

子凍結が注目されている．これまでは，不妊治療中の既婚女性や，がん治療などで健康な卵子を維持できない女性にのみ認められていたが，近年は健康な未婚女性の卵子凍結保存も認められている．

卵子の凍結保存は，まず排卵誘発剤などを利用して排卵された卵子を採取し，−196℃の超低温の液体窒素で保存する．その後，患者が妊娠を希望する時期に合わせて卵子を解凍して体外受精を行い，本人の子宮内に受精卵（胚）を移植する．2017 年時点で，卵子の採取は 40 歳未満まで，受精卵の移植は 45 歳未満までというルールが規定されている（日本生殖医学会）．

(2)　卵子間核移植法

ミトコンドリアはエネルギーの産生にかかわる重要な細胞小器官であり，ミトコンドリア DNA に異常があると，脳・筋肉・心臓などに重篤な病気が生じることがある．リー脳症などのミトコンドリア病は，母親の卵細胞質内のミトコンドリア DNA にある変異が子どもに遺伝することで発病する．そのため，ミトコンドリアを含む卵細胞質を健康なものに置換することで，次世代におけるミトコン

ドリア病の発病を防ぐことができる.

また, 加齢に伴い, 卵子内のミトコンドリア変異が増加し, ミトコンドリアの数や機能が低下する. そのため, ミトコンドリアを活性化したり, 異常なミトコンドリアを除去することで, 卵子の質を向上させる技術が注目されている.

ミトコンドリアの置換方法としては, 卵子間核移植 (maternal spindle transfer) がある. これは, 若くて健康な女性から卵子の提供を受け, 除核したドナー卵子に依頼者である老齢女性の卵子核を移植する技術である. この技術を利用するには, 患者の卵子核を吸引して取り除き, ドナー卵子に挿入するという繊細な手技が必要とされる.

この技術を用いた場合, 卵子および精子核はカップル由来, ミトコンドリアDNAはドナー卵子由来であり, 第三者のDNAが子どもに引き継がれることになる. そのため, 生まれた子どもは3人の親 (DNA情報) をもつと表現され倫理的問題を含んでいる. また, この技術過程では患者の核DNAに付着した極少量のミトコンドリアDNAがドナー卵子内に混入することは避け難く, 異常なミトコンドリアDNAが混入・増殖する可能性もある.

(3)　自家ミトコンドリア移植法

環境因子・ストレス・老化などが原因でミトコンドリア機能が障害されると, 受精卵や胚の正常な発育が阻害され, 妊孕性低下の大きな要因となる. そこで, これを改善するための技術が開発, 実施され始めている. すなわち, 患者自身の卵巣組織などの細胞からミトコンドリアを抽出し, 顕微授精時に精子とともに加齢個体の卵子にミトコンドリアを移植してその機能を補填する技術である. この自家ミトコンドリア移植法を用いることで卵子・胚の質的向上が見込まれるだけではなく, 第三者のミトコンドリアを使用する卵子間核移植の倫理的問題も回避できるというメリットがある.

(4)　卵子・胚の培養環境

体外で卵子発育・IVF・胚発育を進めるためには, 生体内にできる限り類似した環境を構築して培養することが重要である. そのため, ①培養基質の硬さや成分を調節する, ②卵子や受精卵 (胚) の老化の原因である“活性酸素種”の過剰な増加を防ぐ, ③卵子を取り囲む細胞や液状成分との相互作用を理解するなど, さまざまな基礎的研究が行われている. この成果を利用し, 効率的な卵子・受精卵の培養環境を作り出すことが可能になる.

(5)　優良卵子・受精卵の選抜

IVF などの生殖補助医療の結果を高めるためには，「いかに質の良い卵子・受精卵（胚）を育てることができるか」が非常に重要なポイントになる．さらに，正常な卵子・受精卵（胚）を異常なものから選別するため，できる限り低侵襲で再現性が高い手法を開発することが求められている．これらの技術を活用し，より正確に着床能を反映する複数の指標を組み合わせながら，厳密に卵子・受精卵（胚）の優先順位をつけることが望ましい．

d.　動物生命科学からヒトの生殖医療へ

近年，エピジェネティクスに関する研究が脚光を浴びている．エピジェネティック制御とは，遺伝子の塩基配列によらない遺伝子発現の制御（DNA のメチル化やヒストンの修飾を介して遺伝子の発現や表現型が変わる仕組み）のことである．エピジェネティックに関する研究が進んだ結果，低質な卵子のゲノムには特異な遺伝子発現制御機構があることが明らかにされつつある．

例えば，肥満や飢餓状態の母体に由来する卵子は質が低く，驚くべきことにその卵子に由来する子だけでなく，さらにその次世代の健康状態にまで影響が及ぶことが，マウスの実験で示唆されている．さらに，妊娠時や哺育時のストレスや内分泌的異常も，次世代の繁殖能力や特定の病気への疾病率に影響することが示唆されている．したがって，ヒトを含めた動物において，卵子形成・妊娠・哺育といった命のリレーのプロセスが，その世代や次世代のリスク管理に重要である．

このように，家畜の増殖や育種のために利用されてきた動物の生殖学は，現在，ヒトの生殖補助医療分野に応用され，豊かな社会を作ることに貢献するようになってきた．農学部の生命科学分野では，古くより家畜の卵子を対象に研究が行われており，研究で得られた知識や技術はヒトや動物の生殖分野に直接・間接的に活用されている．実際，動物生殖学を学んだ学生は胚操作や卵子培養といった知識や技術を身につけているため，生殖医療分野で胚培養士として多くが活躍している．

〔岩田尚孝・白砂孔明〕

12-3　バイオミミクリー

a.　バイオミミクリーとは？

(1)　生物の知恵に学ぶ

私たちになじみが深い新幹線のドアは，非常に軽い．じつは新幹線のドアの断

図 12.8 ヤモリの足
ヤモリは足の裏の細かい毛によって空気を押しのけて，さまざまな基盤に接着する．

面は，蜂の巣のような薄い膜状六角形の規則的な構造からできている．このような構造は，ハニカム（蜂の巣）構造と呼ばれている．この構造は少ない材料で強度を増すことができるため，ロケットのボディーにも応用されている．

ヤモリは，天井を簡単に歩ける．これは，足に粘着物質があるわけではない．足裏に200万本ものミクロンレベルの枝分かれした細い毛があり，これが空気を押しのけることで生まれるファンデルワールス力（分子間力）により，50gもあるヤモリを支える接着力を生んでいる(図12.8)．このメカニズムを靴底や手袋に用いれば，ヤモリのように壁の側面などを簡単に登ることも可能となる．

長い年月を経て進化してきた生物のすぐれた機能や構造を模倣し，技術開発やものづくりをすることをバイオミミクリー（生物模倣）という．工学，医療，交通システムなどの広範囲で応用されている．

(2) バイオミメティクスとバイオミミクリー

バイオミミクリー（biomimicry）という言葉は，サイエンスライターであるジャニン・ベニュスが1997年に書いた本“*Biomimicry*：*Innovation Inspired by Nature*”で初めて用いられた．似た用語に，バイオミメティクス（biomimetics）がある．オットー・シュミトが，神経システムにおける信号処理を模倣して入力信号からノイズを除去し，短形波に変換する電気回路シュミット・トリガーを発明したことで有名である．バイオミミクリーとバイオミメティクスは，ほぼ同じ意味で使われている．ただ，自然の形，プロセス，そして生態系から学び，模倣することを明記し，幅広い観点から多様なデザインを作り出すことをめざしている点で，ここではバイオミミクリーを用いることにする．

b. バイオミミクリーの研究開発史

(1) ナイロンとマジックテープ

生物模倣の歴史は意外に古く，1935年に発明されたナイロンはその代表である．これは絹糸の断面形状と細さを模倣したことでよく知られている．もう1つ，古いものに，1948年にできたマジックテープがある．愛犬を連れて猟に出かけ，自分の服や犬の毛にたくさんの野生ゴボウの実がついていたことに気づいた人物が，それを顕微鏡で観察したのが始まりである．その実には多数のかぎがあり，それが繊維や毛に絡みついていることをヒントに，脱着が自在なファスナーが発明された．日本では，着脱が自在な魔法のテープという意味のマジックテープという商品名で，1960 年に生産・販売が開始された．

(2)　化学分野のバイオミミクリー

1970 年代になり，バイオミミクリー研究は，酵素や生体膜を分子レベルで模倣しようとする化学分野での展開が世界的な潮流となった．これは，X 線構造解析で酵素の反応部位の化学構造が明らかになり，生体反応を分子論的に解明できるようになったからである．また，1980 年代からは，人工光合成の研究が盛んになった．これは，光エネルギーを電気エネルギーに変換する太陽電池の 1 種である色素増感太陽電池の基礎を明らかにした．そして，高分子ゲルによる刺激形態変化の研究は，人工筋肉の発明につながっている．

(3)　工学分野のバイオミミクリー

機械工学や流体力学の分野でも，生物模倣研究が進んでいる．昆虫の飛翔や魚の泳ぎを模倣したロボット，コウモリが自ら発した超音波を聞き取って餌や障害物の位置を把握する能力（反響定位）を模倣したソナーやレーダーなどが開発されている．日本では，カワセミのくちばしを模倣した新幹線の先端の形が有名である．これは，トンネル突入時の流体抵抗を減らすのに役立っている．

c.　バイオミミクリーの製品例

21 世紀に入ると，材料系を軸にバイオミミクリー技術を応用した多くの製品が登場してきた．代表的なものとして，サメ肌を真似て流体抵抗を減らした水着，ハスの葉の微細構造を真似て超撥水性をもたせた繊維，青く輝くモルフォチョウの鱗粉構造をまねて色素を使わないでカラフルな模様を出す化学繊維，夜飛ぶガの眼の表面構造をまねた無反射のフィルム，ネコのざらざらした舌の構造で塵をまとめてしまう掃除機など，多彩な製品があふれている．

(1)　カの針

カ（蚊）に刺されても，すぐに気づく人は少ない．カの針は，人が刺されたときに痛みを感じないように細く，先端部分は凸凹構造になっており，痛点に当たらないようになっている．このカの針の構造を応用した，痛くない注射針がすでに開発されている．最近では，カの針と同じように，左右の針が交互に動く注射針までできている．

(2)　カタツムリの殻

カタツムリの殻の表面は，常にきれいになっている．殻の表面を電子顕微鏡で観察すると，全域に規則的な凸凹がある．殻表面の微細な溝に，水が溜まって薄い膜が常につくられているため，ベトベトした油などもつきにくい．カタツムリの殻に油性マジックでイタズラ書きをして水をかけると，汚れはすぐに浮いてくる．これが，カタツムリの殻が常にきれいな秘密のメカニズムである．この構造を利用したバイオミミクリー製品として，洗面台，浴槽，タイルなどが作られている．水や雨で汚れが落ちるため，洗剤の使用がかなり減らせる．

(3)　タマムシの色

タマムシは色素をもたないのに，美しい虹色に輝くことで有名である．タマムシの表皮の表層にはナノサイズの層状構造が何層もあり，その層の厚さによって緑色，紫色などが発色している（図12.9）．このように，構造によって現れる色を構造色と呼んでいる．CDや油膜，シャボン玉の表面などに見られる虹色も同

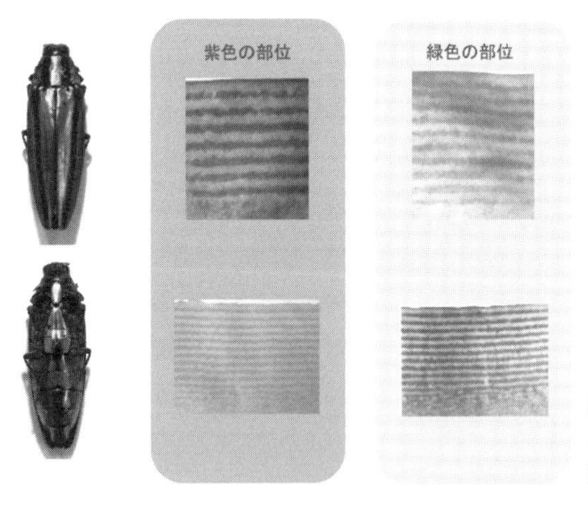

図12.9　タマムシの色
タマムシの緑色，紫色を出す表皮クチクラ電子顕微鏡写真．

図12.10　タマムシの発色構造を応用したスプーン

じ原理である．ステンレスやチタンなどの表面膜厚はナノレベルで調整することができるので，これら金属に色をつけることが可能である．このように，石油系の塗料を使わないで発色させている製品は，錆びることも，変色することもない（図 12.10）．これまでのバイオミミクリー製品において石油由来素材が利用されることが多いなかで，タマムシ発色を利用した製品はリサイクルが可能で，大きなメリットがある．

d.　バイオミミクリーと持続可能性

産業革命以来，人類が築き上げてきた技術体系は，化石エネルギーや原子力エネルギーを利用して高温高圧条件で，鉄，アルミ，シリコン，希少元素などの原料から製品や価値を生み出してきた．一方，生物は，太陽光や化学エネルギーを用いて軽元素を原料とし，常温常圧で分子集合，自己組織化によってものをつくりあげている．このようなエネルギー消費の少ない生産技術体系こそが，低環境負荷で持続可能なものづくりへのヒントを与えてくれる．

20 世紀後半に技術開発が急激に進み，その技術が生んだ大量の商品を私たちは買い求めてきた．それらは，便利さや快適さ，そして新しいモノを所有することの優越感や満足感を与えてくれたかもしれない．しかし，その結果があちこちに放置され，行き場のない大量のごみの山となり，自然破壊につながっている．米国の第一線で半導体の研究を行ってきた志村史夫は，以下のように述べている．

「私の研究は確かに物質文明を進歩させているかも知れないが，決して人間を幸せにしていないのではないかと考えるようになったのです．人間がハイテクに振り回される世の中を作っている．そんな思いから，このままではいけないと訴えてきた．そこで出会ったのが，先人たちの智慧であり，生物や自然の智慧でした」

バイオミミクリー研究は，これまで工学部を中心に行われてきたが，生物や自然を扱っている分野でこそ推進すべき領域である．本来一体であるべき農学，生物学，化学，物理学，数学，材料科学，医学，工学，情報学，環境学，社会学，経済学などを再び結び付けて，総合的に取り込む融合が必要である．生物機能開発と同様，作ってよし，買ってよし，社会もよし，という経済・社会・環境を考慮した製品を作って行くことが，持続性につながる．

〔長島孝行〕

第13章　生　活　農　学

13-1　緑の環境と生きがいの創造

農学は，人間と動植物とのかかわりを取り扱う学問である．生き物の世話をし，手入れをすることは，動物なら飼育や飼養，植物では栽培ともいうが，人間の生来的な行動という意味から，生き物を育てると表現すべきであろう．生き物を育てることは，緑の環境や生きがいとどのように関連しているのであろうか．

a.　植物を育てることの意味

(1)　植物を育てる目的と意義

“No plant, No life.”とか，“We cannot live without plants.”という言葉があるように，従属栄養生物である人間は，植物の存在なしには生きられない．そして，植物の存在するのが緑の環境である．緑の環境とは，木々の生い茂る森林だけではない．炎天下に青々と元気にイネが生育している水田，果実がたわわに実る果樹園，野菜がすくすくと育っている畑，樹木や花にあふれる校庭やその花壇，野菜と花が所狭しと植えられた家庭の庭や市民農園，多彩な容器に植物があふれるベランダや室内，いずれも植物に彩られた緑の環境である．

これらの植物を育てる目的は，さまざまである．例えば，野菜を作って食べたい人もいるだろうし，花で庭やベランダをきれいにしたい人もいるだろう．田舎には，都会に住む子どもや孫たちに米，野菜，果物を送ってあげようという高齢者もいよう．草木染めや植物工芸の材料を得たい人もいるかもしれない．いずれの場合も，育てる活動は，植物と対話しながら，植物の求めるものを察知して，それに応じた手入れをすることである（図13.1）．

(2)　植物を育てるやりがい

植物を育てることは，マニュアルどおりには運ばない．水や肥料をやったり病害虫対策をとるには，植物の生育状態を観察し，天候をみながら，判断して進め

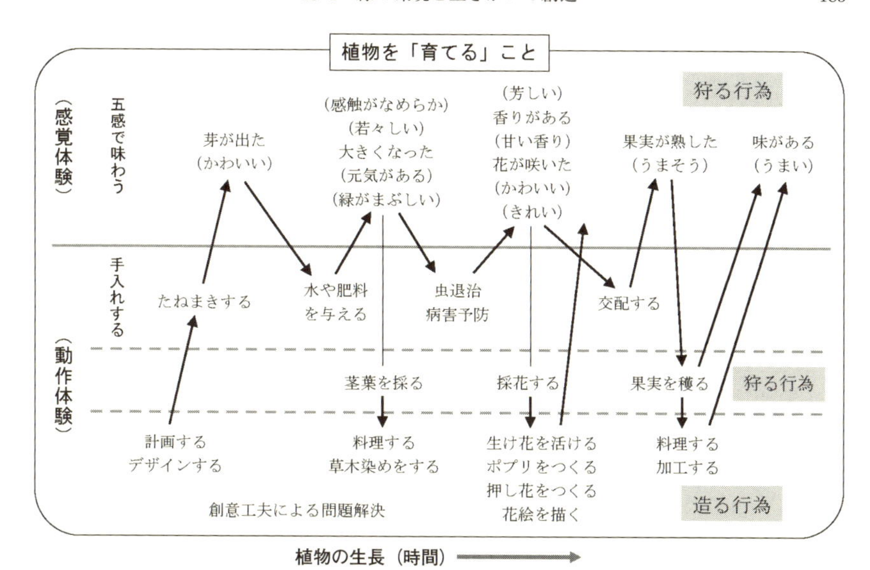

図 13.1　植物を育てることとは（松尾，2005 を一部改変）

なければならない．作物や栽培に関する知識と，生育状態，そして今後予想される状況などをすべて勘案したうえで，どうするかを考えて，対応する必要がある．すなわち，植物を育てることは，子育て本能に基づいた生き物の世話をする行動であるが，意識的に考えて行動することを伴う創造的な活動なのである．世話をする人間が創造的でなければ，植物は育てられない．

植物がうまく育ち，花が咲き実がなると，私たちは達成の喜びと満足感を味わうことができる．この過程で，植物それ自身や手入れに関する知識は増え，技術は向上し，うまく生育すれば育てる自信ができる．よりよい生産物をより多く作り，これまで栽培したことのない植物あるいは珍しい植物を試してみようという意欲と期待がわいてくるのが（図 13.2），植物を育てるうえでのやりがいである．その繰り返しによって，創造性はよりいっそう磨かれ，発達して行く．この過程のなかでみられる知識の増加，技術の向上，感性の醸成と練磨，自信や自己評価の向上，意欲と期待の高まりなどは，育てる人の個人的な成長を意味する．これは，その人の創造的活動能力の向上ともいえる．

b.　生きがい―社会的意義をもった働きがい

(1)　植物を育てることの意味

育てた野菜を家族で味わい，おいしいといわれれば，もっとたくさん，おいし

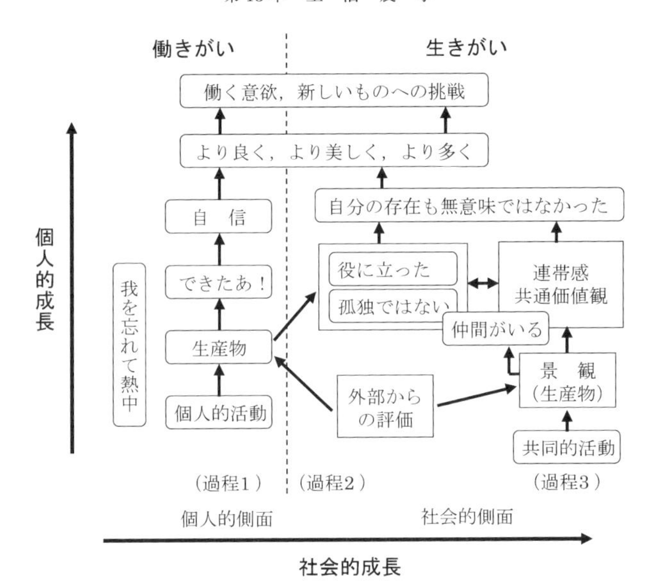

図 13.2 生きものを育てることを通して人間は成長する（松尾，2005 を一部改変）

いものをつくろう，まだ食べたことのないものをつくってみようと思う．庭の花を通りがかりの人に褒められれば，苗や種をあげましょう，と親しくなる．ともに育てる作業をしている仲間とは共通の話題が生まれ，連帯感や共通の価値観を生むこともある．このような体験は，仲間がいて孤独ではないこと，自分の行為が社会的に意味をもち，自分がこの世に存在している意味があることを育てる人に意識させ，自覚させる（図 13.2 参照）．この体験によって，みんなに喜んでもらえるように，もっとよいものを，もっとたくさん育ててみよう，みんなが見たこともないようなものを育てて喜んでもらおう，という意欲と期待が生まれる．

(2) 植物を育てる社会的意義

個人活動としての育てることの働きがいと似ているが，社会的意義をもった働きがいである点が，個人的活動の働きがいとは根本的に違う．これが育てることにみられる生きがいである．その生きがいは，家族，隣人，知り合い，地域社会における仲間などと，育てている人が意識する人の範囲が広くなるほど，より大きいものとなる．これは，植物を育てる人の社会的成長を示すものといえる（図 13.2）．

東日本大震災以降，しばしば見聞きするようになった「あなたの喜びがわたしの喜びです．」という言葉は，そのような社会性をもった働きがい，すなわち生き

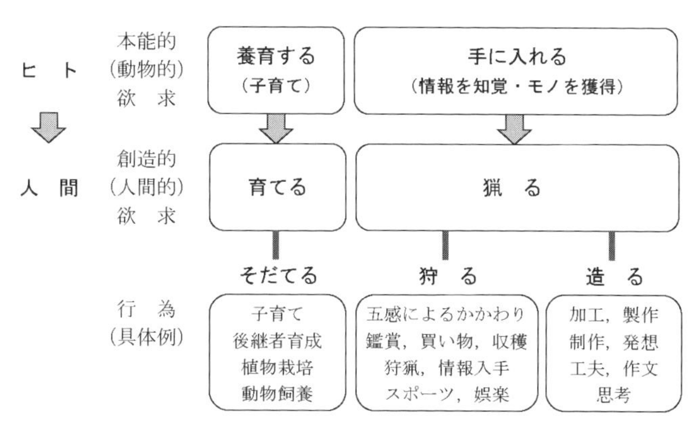

図 13.3　行動にみるヒトから人間への進化（松尾，2005 を改変）

がいを示している．このような他者の喜びを自らの喜びにできるのは，子どもという他者にかかわる喜びを味わうこと（無償の愛とも呼ばれている）なしには，種属維持がはかれなかった人類の歴史的所産といえる．つまり，その起源は子どもの世話をする本能的（動物的）欲求にあり，それが進化した創造的（人間的）な育てる欲求を充足したときに味わう喜びである．

c.　植物を育てることの喜び

植物を育てることには，2 つの要素が含まれる（図 13.1，13.3 参照）．1 つは，観る，触る，嗅ぐ，聴く，味わうなど五感による知覚によって情報を手にいれることや，生産物を収穫して自分のものにすることである．これは，人間が自分の生存のために行う個体維持のための本能的欲求に基づく活動である．もう 1 つは，手にいれた材料を別の用途や目的に変えてゆく活動である．例えば，生け花，花輪・リースづくり，料理，植物を使う遊び，植物を題材とした文学作品の制作などである．

いずれも，人間が意識的に植物を取り扱うことと，達成の喜びを伴う創造的な活動であるところに，2 つの要素の共通点がある．ちなみに，花見，収穫，果物狩りだけでなく，料理，植物を使った工芸なども創造的な活動である．しかし，これらは，対象とする植物を観察しながら，生育状態に応じて手入れをすることとは異なる．つまり，この 2 つの要素が，植物が生長するという時間の流れのなかでつながった全体が，植物を育てるということになる（図 13.1）．

私たちが，必要なものを手に入れて個体維持をしながら，子どもの世話をして種属維持を続けてきたことを考えると，植物を育てることは，人間の本能を触発し，人間として成長することを可能にする創造的な活動といえる．そのため，私たちの生活を充実したものにしてくれるのである．

d. 農耕・園耕の現代的意味

「農業をやれば忙しい．いつも天気とか作物の生長に気を配らねばならず，一から十まで自分の感覚で判断し，自分の手足を動かさねばならない．日常的に起こるあらゆる問題と，自分自身で向かい合わなければならない．常に充実した人生である．赤ん坊を育てるのと同じだ.」と木村尚三郎氏（東京大学名誉教授）はいう．端的にいえば，農業は創造的な活動であり，私たちが充実した人生を送ることに役立つということである．欧米でガーデニングが盛んな理由として，それが「現代に残された唯一の創造的活動であるからだ.」という話を聞いたことがある．このような意見は，現代の私たちの生活が，育てることから縁遠くなってしまったことの裏返しである．育てるということは，生き物を通してしか体験したり，学んだりすることができない．このことは，農の基盤となる生き物を育てることの重要性を示している．緑の環境は，生き物を育てるという創造的活動の結果，生み出されるものである．植物を世話することは，育てることと，得ることの2つの要求を満たしながら，個人的な働きがい，社会的な生きがいを生みだし，人間らしく充実して生きていることを実感させ，個人的にも社会的にも成長させてくれる活動である． 〔松尾英輔〕

13-2 暮らしと植物

a. 園芸活動と食

園芸には多様な形があるが，市民農園では収穫したものを食べる活動が中心となっている．自分で栽培したものを自分で収穫して食べるという活動は親しみと刺激があり，実施後の満足度が高い[9]．本節では，暮らしのなかの園芸活動について，収穫したものを食べる園芸活動に焦点を当てる．

(1) 幼児期の食育と園芸活動

厚生労働省は，2004年に「楽しく食べる子どもに—保育所における食育に関する指針—」を策定した．このなかで，朝食の欠食などの食習慣の乱れや思春期やせにみられるような心と体の健康問題が生じている現状を分析している．その結果を踏まえて，乳幼児期から正しい食事のとり方や，望ましい食習慣の定着，および食を通じた人間性の形成・家族関係づくりによる心身の健全育成を図ることをめざしている．そのために，発達段階に応じた食に関する取り組みを進める必要があるとしている．

京都府南部の保育所における食育の状況を調査したところ，植物の栽培に取り組んでいる園が96％もあった[4]．保育の現場では，多くの園が園芸活動に取り組んでいる．保育所の保育指針の内容は，健康，人間関係，環境，言葉，表現の5領域に分かれているが，園芸は5領域のすべての保育指針に関して効果が認められている．1年間のみとか，1～3か月に1回程度と頻度が少なくても，園芸体験の効果はきわめて顕著である[12]．一方，幼稚園や保育所における園芸活動では，専門家の関与は十分ではない．幼稚園教諭への聞き取りによれば，栽培活動は手探り状態であり，アドバイスを受ける専門家と，準備・実施・後片付けのための協力者の確保が必要である[2]．以上のように，幼児期における園芸活動は食育の一環として実施され，その教育および保育効果は高いが，現場における園芸に関する専門家の関与と専門的知識の習得が今後の課題といえる．

(2) 成人期の食習慣と園芸活動

生活満足度尺度を用いて園芸愛好家と非園芸愛好家とを比較したところ，愛好

表 13.1 園芸愛好家と非園芸愛好家の摂食頻度の比較

種　類	n	平均点*	標準偏差	有意確率（p）
果物と野菜の合計				
園芸愛好家	167	32.75	8.766	0.0030
非園芸愛好家	210	29.95	9.163	
トマト				
園芸愛好家	166	2.25	0.897	0.0060
非園芸愛好家	201	1.95	0.841	
多量のハーブ				
園芸愛好家	163	1.52	0.834	0.0320
非園芸愛好家	197	1.36	0.682	
果　物				
園芸愛好家	163	2.85	0.904	0.0240
非園芸愛好家	204	2.62	0.947	
卵				
園芸愛好家	164	1.86	0.790	0.0030
非園芸愛好家	198	2.15	0.865	
塩味のスナック				
園芸愛好家	164	2.02	0.893	0.0170
非園芸愛好家	197	2.26	0.984	

*：5か月間の月あたりの摂食頻度を7段階で評価．

者の方が有意に満足度が高かった[11]．50歳以上の成人の食生活習慣に関する調査では，園芸愛好家は非愛好家より頻繁にトマト，ハーブ，果物を食べており，反対に卵や塩味のスナックはあまり食べていない[3]（表13.1）．以上のように，園芸活動は生活の質（quality of life：QOL）にかかわる食生活や生活満足度にも関係があることが実証されている．したがって，園芸活動と生活の質にかかわる問題は，農学における重要な一領域である．

b. 園芸活動と有毒植物

毎年のように，園芸活動を実践する場で有毒植物を原因とする健康被害が起こっている．園芸活動を行う現場において，園芸に関する専門家の関与と専門的知識の習得が課題である．暮らしのなかの多様な園芸活動において，食を伴う活動は重要である．本節では，食中毒を引き起こす可能性がある有毒植物（poisonous plant）について，園芸植物に焦点を当てて解説する．

(1) 有毒植物による健康被害

厚生労働省監修（平成元年～10年は厚生省監修）の全国食中毒事件録（平成元年～22年版）に基づいた自然毒による食中毒の調査によると，園芸植物であるスイセン，ジャガイモ，イヌサフランによる食中毒事例の発生件数が後半の11年間で増加傾向にある[8]．その原因として，流通する園芸植物の種類が多くなったことから，通信販売等で簡単に入手できるようになり，購入者が十分な情報を得ないままに栽培したり，観賞したりできるようになったことがある[7]．

厚生労働省がまとめた食中毒発生事例（2000～2009年）によると，有毒植物による食中毒患者数はジャガイモが最も多い．これは，小・中学校で集団食中毒として発生することが多く，現場の教育担当者に有毒植物の知識が不足していることが指摘されている[1]．園芸について学習する社会人学習者においても，状況は同じである[10]．死亡事例もある有毒植物に関する知識は少なく，有毒植物による健康被害も経験している．

(2) 有毒植物に関する情報

人間の健康に害を与える植物には，①食べると食中毒を起こす植物，②触れると皮膚炎を起こす植物，③花粉症の原因となる植物などがある．花粉症を除けば，問題となる植物についてよく知り，うっかり食べたり触ったりしないように注意すれば，被害を防ぐことができる[5]．そのためには，正確な情報に誰でも簡単にアクセスできる必要がある．

イギリスで，園芸貿易協会（The Horticultural Trade Association）が王立園

芸協会（Royal Horticultural Society）と協力し，潜在的な有害植物として117分類群を選定し，注意事項別にwebで公開している．日本では，厚生労働省が自然毒のリスクプロファイルとして，有毒植物に関する正確な公的情報をwebで公開し，高等植物としては24分類群を示している（2017年8月現在）．日本における有毒植物の情報提供は必ずしも十分ではないので，意識的に学ぶ必要がある．

(3) 代表的な有毒園芸植物

厚生労働省の食中毒統計（2005～2016年）から植物性自然毒による食中毒発生事例を抽出して，原因植物を園芸植物，非園芸植物，不明の3区分したところ，園芸植物は全体の68%を占めていた[6]．発生件数，摂食者数，患者数，死者数を基に，上位の有毒食中毒原因植物の有毒部位と症状を表13.2に示した．健康被害を引き起こす園芸植物は身近にもあり，暮らしのなかで園芸活動を適切に行うには，有毒植物に関する情報を理解しておく必要がある．

最も発生件数が多いのはスイセンで，葉をニラと，球根をタマネギと間違えて食べて食中毒を起こした報告がある．いずれも，食用植物と有毒植物の区別ができないことに基づくもので，前者は食用のニラの周辺でスイセンを栽培して収穫するときに混ざった事例である．最も患者数が多いのは，1件あたりの患者数が約20人のジャガイモである．集団食中毒が多いことが特徴で，学校などの集団による園芸活動でよく起こる．土寄せを行わず，ジャガイモに日光が当たることで

表13.2 「食中毒統計」(2005～2016年）における園芸植物のよる上位食中毒原因植物の有毒部位と症状

原因植物	発生件数	摂食者数	患者数	死亡者数	有毒部位	症　状
スイセン	41	240	173	1	全草，特に球根	誤食による吐き気，嘔吐，下痢
ベニバナインゲン	29	54	50	0	種　子	テレビ番組で「炒って粉末状にして食べる」という誤った調理法により食べたことによる，嘔吐，下痢，腹痛
ジャガイモ	24	1147	489	0	芽周辺部，光が当たり緑色になった表皮周辺	有毒部位の誤食による腹痛，嘔吐，下痢，脱力感，めまい
チョウセンアサガオ類*	19	56	54	0	全　株	誤食による眼のかすみ，瞳孔拡散，嘔吐，けいれん，呼吸困難，幻覚，汁液が目に入ると失明のおそれ
イヌサフラン	13	26	22	0	全　草	誤食による嘔吐，下痢，皮膚の知覚減退，呼吸困難，重症の場合は死亡

*：エンジェルズトランペットを含む．

緑色となった表皮周辺に，有毒成分であるソラニンなどのポテトグリコアルカロイドが蓄積され，これを食べてしまうことが原因のことが多い．

これらの事例からわかるように，健康被害を起こす植物に関する正しい知識を得ること，食用植物と有毒植物を正確に区別できること，食用植物の周辺で有毒植物を栽培しないこと，正しい栽培・利用について知ることが必要であり，農学分野からの発信が必要である．　〔土橋　豊〕

◆コラム14　横井時敬と園芸文化

横井時敬（よこいときよし）（1860 ～ 1927）は作物栽培学や農業経済学が専門で，東京帝国大学教授・東京農業大学初代学長（在任 1911 ～ 1927）として，日本の農学研究・農業教育を牽引した．横井自身は園芸研究を行わなかったが，園芸の効用に関して高い見識をもっていた．大正時代発行された雑誌『家庭之園藝』に「園藝の美」と題する一文を寄せ以下のように述べている[13)]．

「世に楽しみの種類多しといえども，園藝における楽しみは，最も高尚にして男子も女子も子供に至るまでも楽しみ，人の品性にも好影響を及ぼすものである．これに相い等しき高尚の楽しみはあるべきもこれに過ぐる楽しみはあるべかざるものである．園藝美の及ぼす所は決して一小事ではない．」(抜粋)

暮らしのなかの園芸が果たす役割の研究が農学の一分野であることは，古く大正時代に，すでに横井が指摘している．

引用文献

1)　笠原義正（2010）：食衛誌，**51**：311-318.
2)　古郡曜子・小田進一（2013）：北海道文教大学研究紀要，**37**：31-137.
3)　McFarland, A., *et al.*（2013）：*HortTechnology*, **23**：843-848.
4)　坂本裕子ほか（2009）：京都文教短期大学研究紀要，**48**：21-29.
5)　指田　豊・中山秀夫（2012）：身近にある毒やかぶれる成分をもつ植物の見分け方　植物による食中毒と皮膚のかぶれ，p.6，少年写真新聞社.
6)　田村夏希・土橋　豊（2017）：人植関係学誌別冊，**17**：36-37.
7)　登田美桜ほか（2014）：食衛誌，**55**：55-63.
8)　登田美桜ほか（2012）：食衛誌，**53**：105-120.

9) 土橋 豊 (2012)：日本園芸療法学会誌, **4**：27-32.
10) 土橋 豊・原 千明 (2016)：人間・植物関係学会雑誌, **15** (2)：11-18.
11) Waliczek, T.M., *et al.* (2005)：*HortScience*, **40**：1360-1365.
12) 山本俊光ほか (2006)：人植関係学誌, **5** (2)：13-18.
13) 横井時敬 (1913)：家庭之園藝, **2**：1-3.

13-3 暮らしと動物

a. 人間・動物関係の歴史

(1) 狩猟の歴史

縄文時代以前の先史時代には，日本列島の各地で採集・狩猟・漁労に基づく生活が営まれていた．多くの貝塚からは，動物の遺体が大量に発掘されている．本州および九州の縄文時代人にとって，シカとイノシシが主要な狩猟対象であった．遺跡から出土する動物の骨をみると，その他は，ムササビやウサギの小型獣が多いが，地域差もみられる．一方，島の遺跡からは，多くの鳥類や海獣の遺体が出土している．弥生時代になると，九州・四国・本州では水稲栽培が開始された．それに伴う自足的な狩猟も行われたし，害獣を駆除するための狩猟も行われていた．古墳時代以降になると，この自足的・害獣駆除を目的とした狩猟に加えて，各地で狩猟を生業とする集団が台頭した．アイヌ民族やマタギによる狩猟は，その例である．明治時代になるまで北海道では稲作が行われず，アイヌ民族は近代に至るまで狩猟を続けた．

(2) 漁労の歴史

旧石器時代には陸上の野生動物がおもな食料源であった．それが，縄文時代になると，気候の温暖化に伴う海面の上昇（縄文海進）により，列島と大陸が分断され，大型動物が減少して狩猟が衰退した．狩猟の衰退を補うため，植物食や魚介類などの新たな食料資源を積極的に利用し始めた．そのため，釣漁，網漁，刺突漁などの縄文漁業の基本的な技術が開発され，普及していったと考えられる．縄文海進に伴って形成された多くの内湾海岸で多くの貝塚が発見されていることから，貝を食料とする習慣も広がっていたことがわかる．

縄文晩期には，大規模貝塚と縄文型内湾漁労が終焉を迎え，外洋沿岸の岩礁にすむアワビ・サザエや，外洋性回遊魚のカツオ・サメ，外海沿岸性のマダイなどの漁労へと移っていった．そして，漁労に特化した技術集団が発展した．また，弥生時代になると，淡水域での漁労という新しい展開がみられるようになる．古墳時代から奈良・平安時代にかけて，兼業としての小規模な内湾漁労が復活する．一方，外洋沿岸地域では弥生時代に引き続き，外洋漁労が活発であった．

中世には，多くの新しい漁法が開発され，内湾の水深5mより深い場所にすむ魚介類を捕る技術が発達した．近世の村落では，古墳時代に始まる零細な半農半漁的な形態が継続されるとともに，関東では江戸の発展により，東京湾でとれる魚介類に対する需要が飛躍的に高まった．近世後半には水深の深い場所での漁労も盛んになり，広域流通の発達により，現在とほとんど変わらない魚介類を食べるようになっていた．

(3)　肉食の歴史

日本では，仏教や穢(けが)れの思想の影響で，殺生や肉食をタブーとする習慣が長く続いた．しかし，これは表向きのことで，野生動物の狩猟をしたり，家畜を飼育して肉も食べていた．旧石器時代には大型哺乳類などの狩猟が中心であったが，縄文時代になると狩猟・採集・漁労が主たる生業となり，野生の動植物の収奪が行われた．とりわけ肉資源を得ることが，縄文人にとって大きな目標となった．食べていたのは，おもにシカとイノシシの肉である．縄文時代の後半，水産資源の利用が活発になっても，イルカやオットセイなどの海棲哺乳類が回遊する沿岸では，海の肉としてそれらを利用した．弥生時代には，東アジアから渡来したブタの飼育が本格化し，同時にウシ，ウマ，ニワトリなども伝わった．ウシとウマは労役作業に使われ，死んだ場合に食用にしたと考えられる．

7世紀後半に仏教の普及を背景に，天武の殺生禁断令が発令された．1年のうちの農繁期の半年間漁労に従事することと，ウシ，ウマ，イヌ，サル，ニワトリを食べることを禁じたものである．その後，同様の禁止令が繰り返し発令されたが，いずれも野生の鳥類やシカ，イノシシなどを食べることは禁止していない．

中世・近世になると，仏教思想が浸透し肉食禁忌が強まったが，一方で肉食が少なからず行われていた．地域によっては，野良イヌなどを食べていた．また鎌倉時代には，野生動物の狩猟のほか，食肉生産や皮革生産，骨細工などを専門的に行う集団が形成された．日本の肉食の歴史で特徴的なのは，ブタ飼育に代表される畜産が途中で欠落していったことである．古代以降，動物肉の供給は陸あるいは海の野生動物と，労役などを目的に飼育されていた家畜の肉となっていった．1872年に肉食禁忌が解かれ，明治政府が政策的に牛肉を中心とした肉食を導入し，日本の肉の食文化は本格化した．

(4) 愛玩動物

人間と動物との関係では，食肉や労役を目的としない愛玩・観賞用を目的とする場合もある．人と特に関係の深い愛玩動物は，世界的にイヌとネコである．日本人は，古代よりイヌと共同生活をしていた．古代のイヌは狩猟のパートナー，侵入者に対する番犬としての役割を担っていた．ネコは，奈良時代以降，中国から持ち込まれた．そして，江戸時代後期，庶民の間で愛玩用として飼われ始め，明治時代にはネズミ駆除用として珍重されるようになった．その後，1950年代の高度経済成長期から，イヌやネコをペットとして飼育することが一般的となった．近年，イヌやネコは，精神的役割を担う伴侶動物（コンパニオンアニマル）としての役割も果たしている．特にイヌは，盲導犬を始めとする社会的貢献を担う社会活動犬の活躍も多くなってきた．また，最近ではウサギなどの小動物，観賞魚，小鳥，カメなど，ペットの多様化が進んでいる．

b. 人間・動物関係の現在

(1) 農村の暮らしと動物

農業を担う産業動物は，日本ではウシ，ウマ，ブタ，ニワトリなどで，役用動物あるいは食料供給動物として人間の暮らしに貢献してきた．一方，イヌやネコなどの家庭動物が，愛玩・実用家畜として人間の暮らしを潤してきた．周辺に展開する豊かな自然のなかで，鳥類や小動物のほか，魚類など多種多様な野生動物が人の暮らしとかかわっている．産業動物は，畜産物の生産によって得られる所得や，食料，衣料等の自給生活品の供給によって，生産的効果，すなわち経済的価値をもたらし，生活の質の向上に寄与してきた．ウシやウマは，かつて作業動物として飼われ，荷物や人の運搬・牽引，農耕作業用として活躍した．シルクやハチミツを供給するカイコ，ミツバチも重要な産業動物である．

自然環境の豊かな農村地域では，多種多様な野生動物が生息している．その種類は，哺乳類，鳥類のほか，爬虫類，両生類，魚類，昆虫類に及ぶ．農村との関係では，里山タイプ，奥山タイプのほか，人の住居周辺をすみかとしているものに分けられ，漁村では海水の動物も関係してくる．これら野生動物は，人の生活に生態環境的効果（価値）をもたらす．野生動物によってもたらされる人への癒し効果，景観の保持など，豊かな自然の担い手（生物多様性）として周辺環境へのプラス効果は大きい．一方で，農業にとっての有害鳥獣の駆除は，自然生態系の維持・保全とは相入れない問題となっている．

イヌやネコなどの家庭動物は，農村においても人の生活に潤いを与え，また作業用やネズミ駆除など有用な存在である．家庭動物による心身の癒しや生活の潤い効果は，重要な生活的効果（価値）を有している．

(2)　都市の暮らしと動物

自然環境の乏しい都市や近郊の住宅地では，イヌやネコなどの家庭動物が，人の暮らしに大きくかかわっている．野生動物は，農村部に比較して種類や生息数は少ないが，人間の住居の近くの公園，緑地，河川などにすみついている．都市部では，ウシやブタなどの産業動物が滅多にみられないことから，これらの家庭動物と野生動物が，生活の質の向上と生活の潤いに重要な働きをしている．

都市近郊の一戸建て住宅の多い地域では，室内や住宅の敷地内でイヌやネコを飼うことが多い．都市の住民にとって，家庭動物のもつ生活的効果（価値）は大きい．特に，子供の情操教育や高齢化社会でのプラス効果は大きい．もちろん，家庭動物は愛玩用だけでなく，番犬やネズミ退治の役割も残されている．しかし，都市部での動物の飼育は，隣近所との間にトラブルが発生することも多い．

都市の中心部近くでは，集合住宅や高層住宅で小型犬やネコの飼育が増えてきている．また，小動物，小鳥，観賞魚などが飼育されている場合も多い．とくにネコは，集合住宅でも飼育でき，分離不安があまりなく，世話が比較的容易で2～3日留守にしても問題なく飼えることから，独身者に好まれている．

都市近郊に生息する野生動物は，哺乳類ではネズミ類が多く，そのほか近年イノシシ，シカ，サル，タヌキなどが，住宅密集地に出没するようになった．また，アライグマやハクビシン，淡水魚のブラックバスなど外来種もよくみられ，生態系への影響が危惧されている．鳥類では，カラス，ヒヨドリ，ムクドリなどがよくみられる．これらの野生鳥獣は，人の生活環境に深く入り込むことにより，人の生活にとって有害な鳥獣となっていることも多い．〔大石孝雄〕

第14章　福　祉　農　学

福祉というと貧困や病気，障害からの救済を思い浮かべる．しかし，現在では，もっと広く「すべての市民の生活の質が向上し，健康的で幸せな生活を目指す」こととされる．このような考え方の変化は，英語で考えるとわかりやすい．以前は，福祉を“welfare”とした．fare は，賃金などのお金を意味する．すなわち，福祉はお金などのモノを施す意味があった．しかし，問題が起こり対処として施すのではなく，よい状況を維持する・悪い状況にならないようにするという意味で，最近は福祉の英語として well-being を使うことが多い．

工学で生産性や品質を向上させることが重要であるのと同じように，農学では生活の質を向上させることが必要不可欠であると，社会的に認識されるようになってきた．例えば，都市に人が集中することに伴って緑が減少し，そこに住む人のストレスが高まる．また，IT の発達によって時間や距離・空間がバーチャル化して，虚構の世界を現実と誤認する可能性が増えた．いのちあるものが育つためには，時間が必要であるという根本的な考えが欠落し，いのちは，何回もリセットできると考える子どもが増加したことも，同じ現象であろう．

このような課題を解決して快適な生活を作るために，福祉農学では，生活環境に緑を取り入れてストレスを軽減させることや，植物や動物の世話をすることで育てる時間や待つ時間を再認識することを研究している．また，人と動植物の関係を生活に生かすこと，またこれらを通して他者との関係性を円滑にすること，新たな生きがいを見出すこと，なども研究や実践の課題である．

本章では，少子高齢社会に突入した日本において，私たちの生活を幸せで豊かにするための多面的な広がりをもつようになった農学，特に福祉農学が担う役割について解説する．衣・食・住に関わる目に見えるモノから，目に見えないモノ，たとえば，快適性・生きがい・充実感・真の健康・生活の質とは何かについて，植物，動物，そして人が住まう都市という3つのキーワードに着目してみていくことにする.

14-1 園芸福祉と園芸療法

園芸を福祉的に活用することは,「園芸福祉」あるいは「園芸療法」と呼ばれている.両者の違いがわからない,という人が多い.しかし,誰が対象か,自分の趣味の範疇なのか,他者への治療なのかという視点で整理するとわかりやすい.ここでは,両者の歴史や概念に焦点をおいて違いを解説する.なお,園芸とは囲われた空間で花や植物を育てる行為や技術,農耕とは農園や田畑で果樹や作物を育てることととらえる.

a. 園芸福祉と園芸療法の目的

(1) 生活の質の向上

最近,生活の質(quality of life:QOL)という言葉をよく耳にする.これは,1964年にアメリカのジョンソン大統領が演説のなかで述べたのが最初である.世界保健機関(WHO)は,QOLを「個人が生活する文化や価値観のなかで,目標や期待,基準または関心に関連した自分自身の人生の状況に対する認識」と定義している.個人の主観的・心理的・意識的な生活の評価と考えれば理解しやすい.QOLの根本は,健やかに生きるということにある.健やか,すなわち健康とは,単に病気ではない状態を意味するのではなく,身体的,精神的,社会的,霊的(スピリチュアル)の4分野において問題がない状況のことである.したがって,仮に病気であっても,精神的・社会的・霊的に良好な状況であれば,QOLは良好ということになる.

(2) 健康寿命と生きがい

日本人の平均寿命は男性80.98歳,女性87.14歳,健康寿命は男性70.42歳,女性73.62歳である(厚生労働省2016年).健康寿命とは,病気やケガがなく,介護を必要としない健康な期間のことをいう.2002年に健康増進法が制定されて以降は,平均寿命と健康寿命の差をできるだけ短くする取り組みが全国各地で広まっている.

健康づくりには食事と運動が欠かせないが,それと同じくらい,人とのつながりが重要なことはあまり知られていない.1979年にハーバード大学のバークマン博士とサイム博士が行った有名なアラメダ研究によると,社会的に孤立している集団は,他者とのつながりの強い集団と比較して,男性は2.3倍,女性は2.8倍も死亡率が高く，人間関係が良好な人ほど生きがい感が強い．すなわち，他者とのつながりが強く，何らかの生きがいをもった人が，健康であり，健康寿命も延びる．周囲の人々が与える物質的・心理的な支援の総称をソーシャル・サポートというが，この考え方は彼らの研究から発展したものである．このように，QOLの向上に関係する自己の生きがい感の向上や，社会とのつながりをめざし園芸を行うことや，何らかの問題を解決するために園芸を活用することが，園芸福祉や園芸療法である．

b.　欧米の園芸福祉と園芸療法

(1)　第二次世界大戦前

農耕の治療的効果が最初に実証されたのは，19世紀初頭のフランスである．当時の精神病者はえたいが知れない怖い存在であり，刑務所のような場所で監禁されていた．精神病者を鎖から解放し，農耕や土いじりなどの作業を推奨したのが，精神科医のフィリップ・ピネルである．非人道的に扱われていた多くの精神病者は農耕に従事することにより精神を安定させ，人権を回復していった．

その後，農園を主体とした精神病者のための療養所が，ヨーロッパだけでなくアメリカにも設立され，農耕の治療的活用は普及した．精神病者に対する人道的処遇や心理的療法はフランスやイギリスで人道療法（moral therapy）として発展した．これが後の，作業療法（occupational therapy）へつながる．

1812年にはアメリカの精神科医ベンジャミン・ラッシュが『心の病に関する医学的問診と観察』を発行した．あらゆる活動種目のなかで，特に農耕が精神病者の治療法として有効であることが，本書に記されている．農耕が，希望，不安，楽しみの感情を交互に刺激しながら，人間の健康な身体活動や感情を取り戻させていくからである．このように，園芸の福祉的活用や療法的活用は，新しいアイデアではない．古くは18世紀から農耕や園芸の効果が認められており，特に精神科領域では投薬の代替として用いられてきた歴史がある．

(2)　第二次世界大戦後

第二次世界大戦後，欧米では，園芸が生きがいの獲得や社会交流に効果があるとされ，研究が始まった．窓辺に花を飾る効用や園芸の心理的効果を心理学者のレイチェル・カプランらが研究し，園芸を通した地域交流効果や仕事の効率などを農学者のルイスが研究した（horticultural well-being）．

また，戦地から戻った傷病軍人のリハビリテーションに園芸が積極的に用いられ，プログラムの実践や効果の検証が進んだ．園芸を用いたリハビリテーションや，心や体に傷をもった人を癒す手段としての園芸療法が学問として発展し，大学教育システムの構築へと発展していった（horticulture therapy）.

一方，イギリス人は，ガーデニング好きな国民である．高齢になっても園芸を続けたい，病気になり体力が衰えても園芸を続けたい，何らかの障害があっても園芸を愉しみたい，また障害をもった人の授産（仕事）プログラムの1つにしたい，というニーズが高かった．救済や弱者へのサポートというチャリティ概念に基づき，イギリス園芸療法協会が1978年に設立され，障害者や高齢者を支援する社会運動が展開し始めた（social and therapeutic horticulture）.

c. 日本の園芸福祉と園芸療法

日本の園芸福祉や園芸療法は，欧米型ではなく，独自の発展を遂げた.

(1) 園芸療法の開始と展開

欧米から遅れること約100年，精神科の医師によって園芸の治療的活用が始まった．1901年に呉秀三が，1919年には，加藤普佐次郎や菅修らが病院に池や畑を作り，園芸の治療的活用を継承発展させた．しかし，1900年に制定された精神病者を隔離監置することを義務づけた精神病者監護法により，運動は進展しなかった．第二次世界大戦の長期化により食料不足が深刻化すると，園芸は入院患者の食料を確保するための労働として患者に義務化され，治療的活用とはまったく異なるものとなった．1965年に理学療法士および作業療法士法が制定され，精神科領域では作業療法士を中心に多くの施設で農耕や園芸が行われるようになった．呉秀三らが始めた園芸の治療的活用が再スタートしたといえる.

(2) 園芸療法の爆発的流行

1990年に日本で国際花と緑の博覧会が開催され，その後の園芸ブームにつながった．10年以上続いた好景気が終わり，いわゆるバブル崩壊を迎えたが，それと同時にガーデニングが流行し，ガーデニングをすると気持ちが晴れる，ガーデニングは楽しいという実体験が広がった．このガーデニングの普及が，次に起こる園芸療法の爆発的流行の背景となった．園芸療法バブルともいえる状況であった．この園芸療法の爆発的流行は，二面からとらえる必要がある．すなわち，園芸空間の療法的活用（ハード整備）と，園芸行為の療法的活用（プログラム）である．前者は空間整備にかかわる人（造園や建築また種苗関係者）が注目し，後者は障害者施設や高齢者施設など福祉関係者が注目した視点である.

(3) 園芸空間の療法的活用

1990年の花と緑の博覧会では，高齢者や障害者への積極的な対応はあまりみられなかった．当時の日本の高齢化率（65歳以上が総人口に占める割合）は12%であり，高齢社会（高齢化率≧14%）が到来する，と学識者らが警鐘を鳴らしていたが，バブル絶頂期には弱者対応という配慮が進展しなかった．ちなみに，現在の高齢化率は21%を超えており，日本はすでに超高齢社会となっている．

一方アメリカでは，アメリカ障害者法（Americans with Disabilities Act of 1990：通称ADA法）が可決され，障害の有無にかかわらず，国民として義務と権利を遂行するためのユニバーサルデザイン（すべての人が平等に使えるデザイン）という考え方が普及し始めた．この考え方を花と緑の分野で具現化したのが，園芸療法のための空間である．

バリアフリーからユニバーサルデザインに発想が転換されたことにより，公園には障害者・高齢者にも使いやすい花壇，園路，休憩所が設置された．日本では，1993年に園芸療法が紹介する記事がでるとともに，園芸療法の空間整備が急速に増加していった．

(4) 園芸行為の療法的活用

園芸療法の研究教育をみると，1971年に塚本洋太郎が園芸による治療を簡単に紹介した．その10年後，同じ京都大学農学部が，horticultural therapyに園芸療法という訳語にあてた．さらに1991年に，松尾英輔がアメリカでの園芸療法教育を詳しく紹介し，アメリカで園芸療法を学んだ人たちが園芸雑誌に紹介するなどして一般市民に広まっていった．兵庫県は1995年に起こった阪神淡路大震災の復興計画を花と緑で行うために，1996年から園芸療法の調査を始めた．この結果をもとにして，2002年に兵庫県立淡路景観園芸学校に園芸療法課程がスタートした．その後，2006年，東京農業大学農学部バイオセラピー学科に園芸療法学が開講され，園芸療法の学問としての体系化が始まった．1993年に日本で初めての園芸療法ワークショップが神戸で開催されたことを皮切りに，全国で講演や勉強会が開催され，1999年にはその回数が150を超えた．2000年の調査によると市町村プログラムを含め，園芸療法を取り入れた施設は55を数えている[3]．福祉施設，高齢者施設，病院，授産施設が，園芸という行為を療法的に取り入れることで，対象者のQOLが向上できると考えられたからである．これが，園芸行為の療法的活用（プログラム）のブームである．

d. 園芸療法と園芸福祉の実践

(1) 園芸療法と園芸療法士

園芸療法は，何らかの問題を抱えた対象者，園芸療法の目的，生きた植物とい

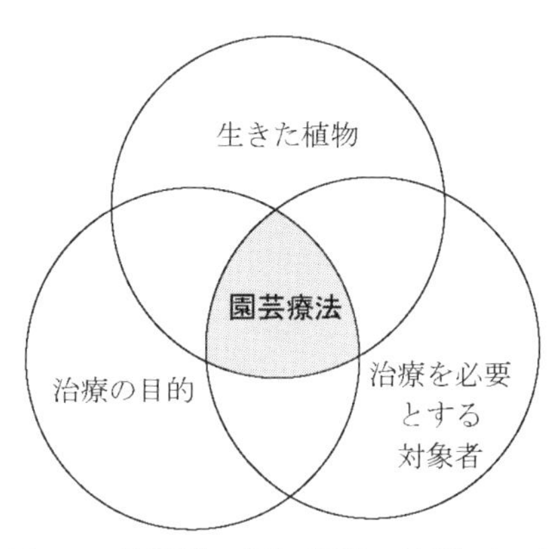

図 14.1　園芸療法の概念（浅野・高江洲，2008）

う輪が重なった部分に園芸療法士が介入することで成り立つ（図 14.1）．精神的に疲れて生きる意欲がなくなった人，リハビリテーションに向き合えない人など，自分だけの力では現状を変えることができない対象者に，生きた植物を介在させて，対象者の問題を改善・解決していくことを目的として，プログラムの手順や内容などの詳細を計画・実施することが園芸療法である．

園芸療法を専門的に扱うのが，園芸療法士である．園芸療法士は植物の世話を通して，病気や障害を抱える対象者の課題を見つけ，ストレス耐性を養い，社会性を向上させる一連のプロセスをサポートする．そのためには，①創造性，②コミュニケーション，③時間の概念，④自己の客観化，⑤利他性（他者への配慮），これら５つの要素に着目してプログラムを実践し，その効果を検証する必要がある[1]．これらは，精神科領域で行われる作業療法や心理療法に近く，植物を介在したリハビリテーションやカウンセリングととらえるとわかりやすい．医学・社会福祉学・リハビリテーション学・心理学・障害学などの知識を学んだうえで，園芸を効果的に実践しながら病院や福祉施設等で臨床経験を積むことにより，療法効果が高い園芸療法を実践できるようになる．

(2)　園芸福祉と園芸療法の違い

園芸療法を実施する場合とは対照的に，健康な人や少し疲れているだけの人は，自らの力で緑の癒しを求め，それを実践することができる．例えば，ガーデニングで気分が爽快になった，ストレスが発散できたということは，自らに園芸福祉を実施した結果といえる．また，健康寿命を延ばすために園芸に精を出すことや，隣人とよりよい仲間づくりのために，コミュニティガーデンを整備することもあ

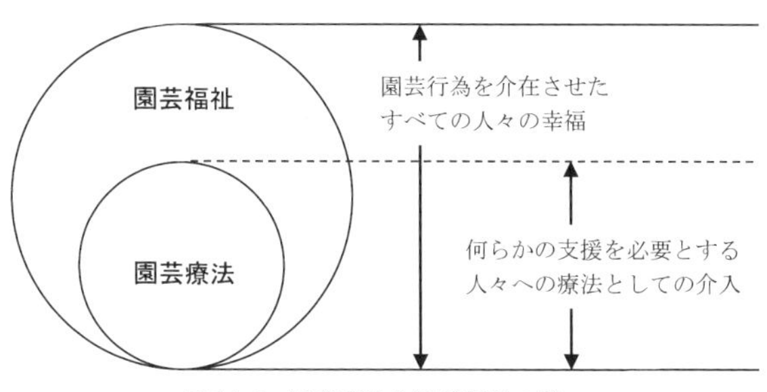

図 14.2　園芸療法と園芸福祉の違い

る．このように，園芸を活用して，心身をよりよい状況に導き，生き生きと暮らせるようにすることが園芸福祉である．園芸福祉という言葉は 1998 年に松尾英輔が提唱したものである．彼によれば，自らのために園芸を行い，その結果“癒された”というのは，園芸が本来もつ効果であり，園芸療法ではない．むしろ，園芸福祉（horticultural well-being）とすべきであるとして，園芸療法と区別した．

欧米では，園芸のもつ癒し効果が認められ，園芸を療法的に活用するという流れがあった．しかし日本ではバブル崩壊後に，園芸療法というものの実態や意味が理解されず，言葉の紹介と同時に，ブームが起こった．園芸療法は何らかの問題を抱える者を対象とし，園芸療法のスキルをもった者が対応する療法である．したがって，園芸療法と園芸福祉は，園芸の活用目的によって区分されるものである（図 14.2）．

(3)　園芸福祉・園芸療法の今後

2017 年に都市公園法が改正され，以前は公園内に公園関連施設以外は建てることができなかったが，保育園や幼稚園などを建築できるようになった．公園内に，福祉施設や医療施設が整備される日も近いだろう．都市公園に高齢者施設や医療施設が設置され，公園ならではの園芸療法が実施され，入院患者や施設入所者が見て癒され，行為して癒される機会が増加する可能性が高い．また，公共空間に誰もが癒される花と緑の空間が増加し，その空間を市民らがメンテナンスする姿も，21 世紀の園芸福祉の原型となるであろう．

他国に先駆けて超高齢社会となった日本が，園芸によって健康寿命を延ばし，また都市のみならず過疎の村が，まちづくりとして園芸活動が再評価される日が来ると信じたい．これこそが，福祉農学による QOL の向上である．人の健康と幸せと治療に，さらに一歩を踏み出す農・福・医が連携する社会が，まもなく 21 世紀の社会で重要な役割を担うことは間違いない．　〔浅野房世・藤岡真実〕

引用文献

1)　藤岡真実ほか（2010）：人間・植物関係学会雑誌，**10**（1）：9-14.

◈ 14-2　動物介在療法

アニマルセラピーという用語は学術的には正しくないが，すでに多く使われており，社会的な認知を得ているといえる．例えば，『大辞林（第三版）』では，アニマルセラピーは「動物との交流によって，病状などによい効果をもたらす療法」とされており，動物介在療法やAATという表現も付記されている．このAATというのはanimal-assisted therapyの略で，「動物介在療法」と訳されている．学術的にはこの表現が正しいので，本節でもこの用語を採用する．

a.　動物介在療法の基礎

（1）　人と動物の関係学の誕生

動物介在療法の基礎を形成しているのは，1991年に生まれた“anthrozoology”という新しい学問分野である．まだ対応する日本語はないが，anthroは人類，zoologyは動物学という意味なので，「人と動物の関係学」と訳すべきであろう．anthrozoologyでは，人の健康に対する動物の役割，言い換えると人と動物の共生について研究し，その成果を動物介在療法に応用していく．人の健康に対する動物の役割に関しては，anthrozoologyが生まれる前から研究が行われてきたので，いくつかの重要な先行研究をみてみよう．

（2）　ペットの効果の実証研究例

ペットが人の健康に及ぼす影響について初めて発表された学術的な成果は，1980年にエリカ・フリードマンらが書いた「伴侶動物（ペット）と心臓集中治療施設（CCU）退院1年後の生存者」という論文である．これは，退院患者92人について，退院1年以内の生存・死亡を2年間にわたり調査した報告である．調査の結果，ペットがいない場合は，いる場合に比べて死亡率が数倍高かった．ペットの多くはイヌであったが，イヌに限らずペットの存在そのものが，生きる助けになっていることが明らかとなった．

ジュディス・シーゲルは，アメリカ人の65歳以上の高齢者約1,000人を対象にして生活に関する調査を行い，ペットの有無と通院回数の関係について1990年に報告した（図14.3）．それによれば，イヌを飼っていると病院に行く回数が少な

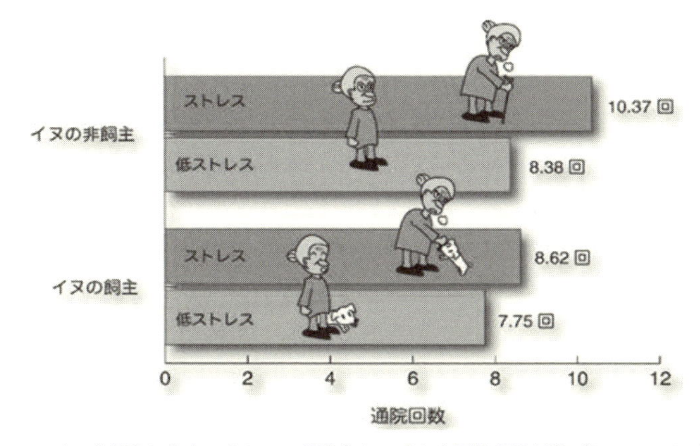

図 14.3 イヌを飼うことをストレスの関数として表した平均通院回数（Siegel, 1990）

かったが，同じペットでもネコや鳥では，そのような効果がみられなかった．

ウァーウィック・アンダーソンらが 1992 年に発表した研究によれば，心臓血管疾患リスクの無料集団検診を受けた人のうち，イヌを飼っている人は，飼っていない人に比べて，リスクファクターとされる血圧・血漿トリグリセリド・血漿コレステロールのレベルが有意に低かった．この違いは，喫煙・食事やその他の社会的・経済的な違いでは説明できなかった．

1995 年にジュネーブで IAHAIO（International Association of Human-Animal Interaction Organizations，人と動物の関係に関する国際組織）が開催された．この国際会議で，ガリイ・ジェニングズは，オーストラリアの 6000 を超える世帯への全国調査の結果に基づいて，ペットを飼うことの効果について報告している．それによれば，イヌを飼っている人は，飼っていない人に比べて過去 1 年間で通院した頻度が 8% 少なく，ネコを飼っている人は，飼っていない人に比べて 12% 少なかった．これは，3088 億円の医療費削減にあたると，2008 年にブルース・ヒーディが試算している．

(3) ペットの効果の社会的認知

ソーシャル・サポートのキーワードである信頼関係（reliable alliance），称賛（admiration），愛情（affection），心遣い（nurturance），親愛（intimacy），道具的サポート（instrumental aid），話し相手（companionship）について，イギリスの研究者が 2000 年に研究成果を発表した．これは，イヌやネコが人の肩代わりをできるかにどうかに関する調査の結果である．それによれば，イヌは道具的サポート，話し相手を除く５つについて肩代わりし，人間をサポートできるが，ネコは信頼関係，心遣いの２つしかできなかった．以上の結果を踏まえて，世界保健機関（WHO）は2000年，動物は人の健康によい効果を与えることを公表した．また，アメリカの国立衛生研究所（National Institute of Health：NIH）も，2002年以降，動物の飼育を薦めるという医師の処方せんを認めている．

b. 動物介在療法の実践

(1) プラハ宣言と介在動物

1998年にIAHAIOがプラハ宣言を出したことによって，動物介在療法が国際的に認知された．この宣言によれば，動物介在療法に利用できる介在動物は陽性強化法で訓練された家畜のみである．陽性強化法というのは，イヌのしつけやトレーニングで使われる方法の１つで，イヌの自発的なよい行動をほめ，さらによい結果を誘導する強化法のことである．ウマは，ハミ（口のなかに入れる馬具）を使って陰性強化法で訓練されることが多い．そのため，ヨーロッパの動物介在療法では，陽性強化法で調教されたウマやイヌが用いられている．ネコは基本的に訓練しないので，ほとんど用いられていない．

(2) 動物がもつべき５つの自由

IAHAIO加盟国の組織・団体は，プラハ宣言に従うことが求められている．しかし，介在動物としてはイヌのほか，ウマ，ネコも社会的に認知されている．このような状況を踏まえて，研究目的であれば野生動物のイルカも使うことができるとしている．ただし，研究に関する倫理規定があり，動物の利用にあたっては５つの自由を厳守することが求められている．

５つの自由とは，1960年代のイギリスにおいて，家畜に対する動物福祉の理念として提唱されたものである．現在では，家畜だけでなく，ペット動物・実験動物などの，人間の飼育下にあるすべての動物がもつべき自由である．すなわち，①飢えと渇きからの自由，②不快からの自由，③痛み・傷害・病気からの自由，④恐怖や抑圧からの自由，⑤正常な行動を表現する自由，の５つである．

(3) 動物が人に与える効果

医師が患者の病気の治療に必要な薬の種類や量，服用法を記載した書類を，処方せんという．動物介在療法でも，医師による処方せんに相当するプログラムが不可欠になる．プログラムは，どんな動物を用い，何をどれぐらいの期間行うかを具体的に記したものである．そのプログラムを作成するためには，まず動物の何が人の健康に影響するのかを明らかにする必要がある．

2000年頃までの研究では，ペットを飼うことの効果を調べたものが多く，動物介在療法プログラムに関するものは皆無であった．実際に療法を行うときには，例えば1回30～45分の動物とのふれあいを週に何回行うかなど，限られた時間のなかで，具体的な手順を決めなければいけない．しかし，イヌやネコ，あるいはウマを用いた手順を記した教本はどこにもない．

一般に創薬には15年以上の長期間が必要で，しかも成功率は低い．そのことを考えれば，動物介在療法のプログラムを創り，実際の医療現場に応用するには，相当の時間を要することになる．イヌやネコ，あるいはウマの何が人の体にどう影響するかについては，2006年以降，ようやく研究が展開されるようになった．

・イヌの事例①：　65歳以上の高齢者がイヌと散歩すると，副交感神経が活性化され，散歩の運動効果と同時に，癒し効果も得られるという（図14.5）．運動は交感神経の活性化で始まることから疑問も出されたが，この研究結果が正しいことは，2007年以降のアメリカにおけるDog-walking（イヌとの散歩）プロジェクトで実証されている．ごく最近の研究で，この効果は高齢者の認知症などの予防に役立つことが期待されている．

・イヌの事例②：　イヌといえば，人への忠実性が頭に浮かぶ．イヌの人への忠実性は，「座れ！」などの指示に忠実に従うことで，イヌを飼っている多くの人が実感している．このことについて，オキシトシンを指標として調査した研究がある．すなわち，5分に1回「座れ！」の指示を出し，30分間繰り返した前後の飼い主の尿中オキシトシンを測定した．その結果，イヌとの関係がよいと判断された忠実なイヌの飼い主は，オキシトシンが上昇していたが，そうでない飼い主では上昇していなかった．また，飼い主のオキシトシンが上昇している場合は，イヌのオキシトシンも上昇していた．つまり，人に忠実なイヌに接することは，ヒトもイヌの両者に効果があった．

・ウマの事例：　ウマに乗って歩くこと，すなわち常歩（なみあし）は，人の徒歩と同等の効果がある．例えば，脳性麻痺で歩くことが難しい障害者がウマに乗って歩けば，歩いたのと同じ効果がある．また，子どもたちがウマに乗ると判断力や計算能力が増すという報告もある．この研究は，ウマの揺れが子どもたちの脳によい影響を与えることを示したものである．また，ウマに乗ると，騎乗者の視点が高くなる．ウマの体高にもよるが，子どもでも目の位置は2mほどになり，ほとんどの大人を見降ろせることにより，ある種の優越感が味わえる．そのため，例えば，自閉症児の自尊心を高めるのによい効果がある．

・ネコの事例：　ネコが人の健康に影響を与える要因としては，見た目，さわり心地，世話をする手間など，ネコ以外の動物にも共通するものがある．このうち，ネコをさわる効果や鳴き声の効果を調べた研究もある．対照とした電車の音では，脳血流の増加はみられなかったが，ネコの鳴き声では，明らかに増加した．

(4)　想定される動物介在療法の対象

現代医学では改善や治癒が難しい病気や障害も少なくない．すなわち，既存の薬物や手術では治療効果がみられない場合である．例えば，脳性麻痺や神経障害，発達障害などがある．発達障害とは，自閉症，アスペルガー症候群，その他の広汎性発達障害，学習障害，注意欠陥多動性障害などの脳機能障害で，その症状が通常，低年齢において発現するものをいう．これらの病気や障害に，動物介在療法を適用する試みが進められている．

最近の研究で，自閉症スペクトラム（社会性と対人関係の障害，コミュニケーションや言葉の発達の遅れ，行動や興味の偏りの３つの特徴をもつ）の行動が，オキシトシンの点鼻スプレー投与によって改善されたという報告がされている．オキシトシンは，イヌとのふれあいで分泌が増えることがわかっている．したがって，自閉症児がイヌとふれあえば，オキシトシン点鼻スプレーと同じような効果が得られる可能性が考えられる．

これらを参考にして，動物介在療法のプログラムについて考えてみよう．すなわち，自閉症スペクトラムの子どもに対するイヌを用いた療法を行う場合のプログラムである．まず，どこまで改善させるかの目標を決め，実施回数を決める．1回の時間については十分な報告がないが，最長で45分とされている．具体的には，①イヌとはどんな動物かの説明を行い，「座れ！」などの指示に忠実に従うこと，すなわちお手本を見せる．②いくつかの指示に対するイヌの動きを見せて，まねをしてもらう．症状に応じて，難易度を上げる．③イヌとの散歩では，途中で言葉を交わすサクラを置くなどが考えられるが，その回ごとに目標を立てて，医師の評価を仰ぐ．回数を重ねても改善がみられないときは，中止することも重要である．また，場合によっては，イヌとともに暮らすプログラムもあるが，家庭の判断による．イヌとのふれあいを続けることによってオキシトシンの分泌が頻繁に起き，症状が改善されることが期待される．ただし，プログラム編成は，医学的な研究成果に基づく必要があることはいうまでもない．したがって，動物介在療法が医療の一部として実施されるには，動物の何が人の健康に，どのように影響を与えるか，さらに科学的に解明していく必要がある．　〔太田光明〕

引用文献

1） Anderson, W.P., Reid, C.M. and Jennings, G.L.（1992）：*Medical Journal of Australia,* **157**（5）：298-301.
2） Friedmann, E., *et al*.（1980）：*Public Health Reports*, **95**（4）：307-312.
3） Bonal, S., *et al.*（2000）：*Companion Animals and Us,* Cambridge University Press.
4） Motooka, M., *et al*.（2006）：*Medical Journal of Australia*, **184**（2）：60-63.
5） Nagasawa, M., *et al*.（2015）：*Science*, **348**：333-336.
6） Siegel, J.M.（1990）：*Journal of Personality and Social Psychology*, **58**（6）：1081-1086.

14-3　環境都市のデザイン

a.　環境都市の背景

近年，地球温暖化をはじめとする地球環境問題に対応することが，喫緊の課題となっている．大気や海洋の汚染を解決し，森林などの自然を保護・保全することは広域にわたる課題であり，地域レベル・地球レベルで取り組む必要がある．それに比較すると，都市が占める面積は狭いが，都市環境問題は見過ごすことができない．その背景には，世界的な人口の都市集中があり，2050 年には世界人口の約 7 割が都市に集中するといわれていることがある．

したがって，都市の持続的な発展が，都市を含む世界全体の持続的な発展の基盤ともなるため，都市における環境問題への対応は急務といえる．このような観点から，人工的な空間装置である都市に資源循環，低炭素，環境負荷の低減などの視点を取り入れ，都市における自然環境の維持や向上をめざす考え方が注目されるようになってきた．それが，環境都市（エコシティ）である．

環境都市の建設は世界各地で進められているが，中国では多くのプロジェクトが進められ，各地で生態城と呼ばれる環境都市が建設されている．

b.　中新天津生態城の建設

(1)　和諧社会と環境都市

中国は近年，著しい経済成長を遂げたが，それを支えたのは多量の化石燃料であったため，2006 年には二酸化炭素排出量が世界 1 位となり，2014 年には年間排出量が 91.3 億 t に達した．エネルギー使用量の急激な増加に伴い，資源枯渇問題や環境問題，特に大気汚染，水質汚染，土壌汚染が国内で発生し，その影響は中国国内にとどまらず，近隣諸国を始めとして世界全体に及んでいる．

中国政府は二酸化炭素排出量の削減目標を示すなどの環境政策を打ち出し，当時の胡錦濤・温家宝政権は政治スローガンとして和諧社会（都市と農村，経済と社会，そして環境が調和した矛盾がない社会）をめざした．すなわち，中国は環境問題を解決するだけではなく，同時に持続的な発展をめざしている．そのための政策の１つとして，環境都市の概念の積極的な導入がある．

中国では，国務院の下にある環境保護部，住建部，発展改革委員会がそれぞれ環境対策を進めている．その１つに，住建部が2009年から始めたモデル環境都市への取り組みがある．現在，中国各地で13ヶ所の環境都市が認定されている．これらの環境都市では，エネルギーの有効利用，緑色建築，緑色交通などを中心に，高効率・省エネルギーの都市づくりがめざされている．

(2)　中新天津生態城の建設

これらの13都市のなかでも，天津市の濱海新区に建設されている環境都市である中新天津生態城（以下，天津生態城）は，国家級プロジェクトとして注目される．中新の「中」は中国，「新」はシンガポールを意味しており，両国が50％ずつ出資金を出して建設を進めている．

中新生態城の建設に当たってはウルムチ，包頭，天津，唐山の4都市が候補としてあがった．天津生態城が建設された場所は，2007年には何もない，塩田地帯であった．ここに生態城を建設することで環境を改善の事例とするため，天津市が選ばれた．天津生態城の建設は2007年の両政府の合意を受けて，2008年から準備が始まり，2020年に完成した暁には敷地面積30 km^2，人口35万人（2015年までに2万人が転入），10万人の雇用を創出する計画である．著者らが現地を訪問した2016年には，建設工事は，ほぼ完成されていた（図14.4）．

図14.4　天津生態城（金井一成撮影）

天津生態城では，三和（人と人との調和・人と経済との調和・人と自然との調和）と，三能（実行・複製・普及）をめざしている．天津生態城は天津市街から45 km，北京からも150 kmと，二大都市に近接している．そのため，交通の便がよく，人的資源に富み，将来性がある．当時の温家宝総理や中央政府は天津生態城が他の都市建設の手本となることを望んでおり，天津生態城での経験が中国における今後の都市計画に反映されると考えられる．

(3)　天津生態城の目標

天津生態城の建設にあたっては，生態環境（自然環境と環境調和），社会調和（生活・健康，インフラ，その他），経済成長（経済発展，経済革新，その他）に関係した合計22の項目について具体的な数値指標が設けられている．

その一部をみてみると，公共交通利用率90％・ゴミ回収利用率60％・再生可能エネルギー利用率20％・水資源利用率50％などとなっている．現在，東京の通勤通学における公共交通利用率は70％程度，ゴミのリサイクルが比較的進んでいる横浜市でも30％強である．これらと比較しても，天津生態城の目標値が非常に高いものである．また，緑地も積極的に設置しており，自然環境を都市に取り入れようとしている．

これらの目標値を達成するために，5つの会社が運営管理に当たり，道路整備・緑化，公共施設の運営・整備，エネルギー供給，ゴミ収集・処理，下水処理・海水淡化を行っている．5つの会社はそれぞれが独立しているが，リアルタイムで町の状況をモニタリングする集中管理システムをもっている（図14.5）．このシステムを活用することにより，緊急事態にも迅速に対応できるようになっている．

図14.5　天津生態城の集中管理センター（金井一成撮影）

c.　中新天津生態城の展望

(1)　天津生態城の課題

天津生態城では，建設が進むにつれて，いくつかの課題が出てきている．その1つに，産業用地の不足がある．天津生態城は，近郊の天津経済技術開発区のベットタウンであるが，生態城内でも産業振興によって雇用を生み出そうとしている．しかし，産業用地が不足しているため雇用の創出は難しく，住民の生態城内での就職が限られ，結果的に鬼城化（ゴーストタウン化）することが危惧されている．

また，都市と農村が共生するための政策がない．すなわち，天津生態城が独自の目標値を達成し発展するための政策しかなく，生態城外の近隣農村との共生が考慮されていない．和諧社会をめざすからには，生態城だけでなく，近隣農村と協力して周辺地域も発展させていくことが必要不可欠である．

(2)　バイオマスの活用

これらの課題を解決するための1つの方策として，バイオマス作物の導入を提案したい．著者らは，エネルギー作物であるエリアンサス（イネ科・C_4型・多年生作物）の栽培を研究するなかで，ペレット化して熱利用するシステムのデザインを進めている．このシステムを天津生態城に導入することで，課題の解決をめざしたい．化石エネルギーの一部を，再生可能エネルギーに置き換えることで，二酸化炭素排出量の削減や，都市における雇用創出を実現するアイデアである．したがって，天津生態城の目標に合致し，課題である都市と周辺農村を融合した持続可能な社会の構築にも役立つものである．

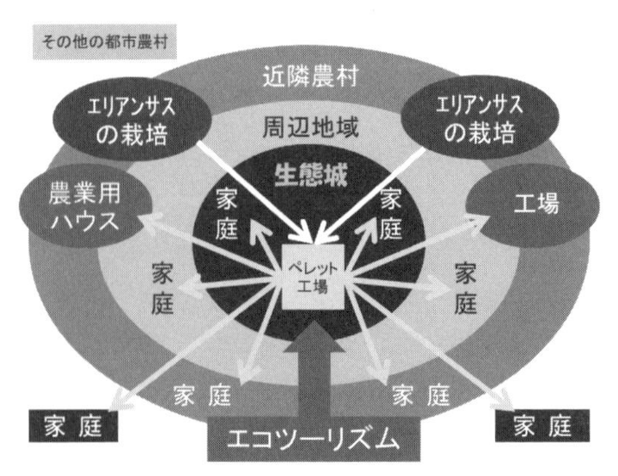

図14.6　エリアンサスの栽培利用システム

提案システムでは，天津生態城周辺の農地でエリアンサスを栽培し，生態城内あるいは近隣農村においてペレットに加工して，石炭の代替燃料として家庭用の暖房に利用する（図 14.6）．このシステムを天津生態城とその周辺地域に導入すれば，生態城内に雇用を創出できるだけでなく，近隣農村においても雇用が生まれ，所得の向上が期待できる．さらに，化石燃料の一部を再生可能エネルギーであるバイオマスエネルギーに代替することで，二酸化炭素排出量を削減することになる．

(3)　都市農業の導入と高齢者コミュニティー

環境都市のアイデアは，都市の持続的発展であり，人工的な空間装置である都市に自然の循環を取り入れようとしている．ただし，これは環境都市に，むやみやたらに農林地を取り込むことではなく，環境都市になじむように緑地を計画的に転換，保全していく必要がある．そこで，適切な土地利用構想，アメニティ農業の振興，集落の農業公園化などを通して，都市構想の展開を阻害することなく，農地を含む緑地を取り入れていくことが必要である．ただし，環境都市と農業とのかかわりは，都市農業の導入にとどまらない．

中国の人口は増加を続けているが，すでに増加は鈍化しており，21 世紀前半に減少に転じることが予想されている．問題は日本と同様，65 歳以上の老齢人口が増え，15 ～ 64 歳の生産年齢人口が減少してくることである．その数が多いことを考えると，高齢者対策の準備が必要である．

天津生態城では，継続介護つきリタイアメント・コミュニティー（CCRC）と新型在宅介護を組み合わせた計画を発表している．計画によれば，通常のマンションや 3 世代同居住宅のほか，老人ホーム，高級介護つきマンション，高齢者向け病院，健康管理センター，公共食堂，高齢者向け健康パーク，老人大学などが併設されることになっている．

ただ，高齢者対策はハード面だけでは不十分である．すなわち，高齢者の健康寿命を延ばし，体と心の健康を維持・増進することが大切である．そのためには，福祉農学の観点から市民農園のように高齢者向けの農業を導入した園芸福祉・園芸療法的な活動や，ペットを利用した動物介在療法的な活動など，広く農学的な試みとしてソフト面を含めた対策も充実させていくことが望ましい．

〔金井一成・森田茂紀〕

第15章　社　会　農　学

15-1　持続的社会のデザイン

a.　持続可能な開発目標と農業

(1)　持続可能な開発目標（SDGs）

2016年1月1日に，「持続可能な開発目標（Sustainable Development Goals：SDGs）」が発行された[7]．日本でも，内閣総理大臣を本部長とする持続可能な開発目標（SDGs）推進本部をはじめ，SDGsの積極的な推進が図られている．SDGsは，持続可能な開発の再定義ととらえることができる．

すなわちSDGsは，いわゆるブルントラント委員会による，将来世代の欲求を満たしつつ現在世代の欲求も満足させるような開発という定義から，Griggsらによる，現在および将来の世代の人類の繁栄が依存している地球の生命維持システムを保護しつつ，現在の世代の欲求を満足させるような開発という定義へ変遷した影響を受けている[1,8]．

SDGsでは，17の目標と169と非常に多くのターゲットが設定され，そのなかからそれぞれの状況に合わせて関連する目標を選定し，組み合わせ，それぞれの開発目標を設定・達成していくことが想定されている．実際，国家・地域・企業レベルでこういった動きが活発となっている．これは，“誰も置き去りにしない”，というSDGsの理念に基づくものであるといえよう．

(2)　市場経済による食と農の乖離

緑の革命に代表されるように，研究開発の成果である農業技術の進歩によって，先進国・途上国の区別なく，イネ・コムギ・トウモロコシといった主要穀物を中心に農業生産性が著しく向上した．それに伴って食料不足が回避されるとともに，工業化が進み，経済発展の礎が構築された．これは同時に，農業部門へ市場経済が導入されることを意味するものであった．

元来，家計は自給自足的な経済により生計を維持していた．これが市場経済の導入により，労働という資源を利用してお金を稼ぎ，必要な財やサービスを買うようになり，変容を遂げていった．農業部門では，緑の革命以降，効率性重視の単作農業を行い，金銭的所得を得ることが可能となった．

こうして，市場経済が導入されることで，多種多様な財やサービスをより多く消費することが可能となり，日本を含む先進国や急速な経済発展を遂げる東・東南アジアや中南米における生活水準が向上した．

しかし，農業はそれほど単純ではない．農産物は，高度に複雑化したサプライチェーンを通じて，消費者まで届く．結果として，生産者には消費者が見えにくく，逆に消費者には生産者が見えにくくなった．すなわち，素材を提供する農業・漁業と消費者の間に加工・流通・外食といった複雑なサプライチェーンが形成された結果，食と農の間に大きな距離ができてしまった[6)]．

(3)　新たな社会像と持続的社会

すなわち，需要と供給が分離した結果，さまざまな問題が生じている（第１章や第３章）．第１章では，これらの食料需給をめぐる課題への対応には，農業も含めた食料システム全体を通じた取り組みが必要であることを指摘した．これは，分離した生産と消費，あるいは需要と供給の再統合にほかならない．先に述べたようにSDGsは，そのコンテクストに合わせて必要な目標とターゲットを選定し，組み合わせていくことを想定している．

しかし，結局のところ，どのような社会像を描くかについての指針はない．本来，人間社会は，自然資源や独自の伝統・文化・制度や，ソーシャルネットワークなどに立脚した，必ずしも先述のような生産と消費の分離が明確でないような社会経済システムに依拠していた．これが，市場経済の導入に伴って変容していった．しかし，日本の農村部にみるように，先進国・途上国の別なく，これらの独自の社会経済システムは依然として存在し，機能している．

すなわち，必ずしも市場経済が万能ではなく，むしろいわゆる伝統的な制度や知識との融合が重要なのである．現代社会における市場経済を基本とする社会経済システムに代わる社会経済システムを提示するのは容易なことではない．しかしながら，持続的な社会をデザインするうえでは，伝統的な社会システムを活かした新たな価値観に基づく，新たな社会像を描くための概念や強固な理論の蓄積が十分になされる必要がある．

b.　持続可能な社会を目指して

(1)　レジリエンスの概念

日本は，2011年の東日本大震災を受け，国土強靱化推進本部を設置し，2013年に国土強靱化政策大綱，その後，2014年に国土強靭化基本計画を策定した[2,3]．国土強靭化基本計画では，「いかなる災害等が発生しようとも，①人命の保護が最大限図られること，②国家及び社会の重要な機能が致命的な障害を受けず維持されること，③国民の財産及び公共施設に係る被害の最小化，④迅速な復旧復興，を基本目標として，「強さ」と「しなやかさ」を持った安全・安心な国土・地域・経済社会の構築に向けた「国土強靱化」（ナショナル・レジリエンス）を推進することとする」としている[3]．

レジリエンス（resilience）という概念はSDGsのなかにも取り込まれており，持続可能な社会を考えるために重要であるが，その定義はさまざまである．Walkerらによれば，ある社会生態システムがショックから回復するための能力である[4,9]．ここで，ショックあるいはそれに対するレジリエンスには2通りある．すなわち，認識・予測が可能なものと，不可能なものである．前者を特定レジリエンス（specified resilience），後者を一般レジリエンス（general resilience）とよんでいる．日本における国土強靭化の議論では，詳細に定義されていないが，これらの概念を取り込んでいると考えられる．

(2)　レジリエンスの特徴

東日本大震災に限らず，日本において今後発生が予測される南海トラフ沿いの巨大地震，世界各国で発生する自然災害，紛争等を考慮するならば，持続的社会のデザインにレジリエンス概念が重要であることがわかる[5]．

レジリエンス概念の大きな特徴の1つとして，その考え方が動学的である，ということがあげられる．先にWalkerらの定義をあげたが，レジリエンスは，特定レジリエンスにしろ，一般レジリエンスにしろ，ショックからの回復過程であり，その速度や異なるシステムへのシフトの過程といった，動学的な視点がその本質である．

これらの動学的視点は，SDGsをはじめとする持続可能な社会構築のための指標では，それほど明確に扱われていない．また，近年，レジリエンス概念では，変容（transformation）あるいは変容可能性（transformability）が，議論されている．

(3)　持続可能な社会の構築

先に指摘したように，持続的な社会をデザインするうえでは，伝統的な社会システムを活かした新たな価値観に基づく，新たな社会像を描くための概念や強固な理論が十分に蓄積されなければならない．レジリエンス概念は，これまで認識されつつも，SDGsをはじめとする持続可能な社会構築のための指標では，それほど明確に扱われてこなかった動学概念を取り入れている．また，新たな価値観に基づく社会像の構築に関して，変容可能性を提示することで，そのための経路等を考慮するフレームワークを構築している．

まだ具体的な方法論や，実証等分析等に関する蓄積が少なく具体性に欠けることは否めないが，これらの概念は持続可能な社会をデザインするうえで欠くべからざるものではないだろうか．持続可能な開発の定義でも明示的に言及されているように，将来世代意向，あるいは厚生をどのように取り込むかが重要である．しかしながらSDGsでは，この視点が明確ではない．これらを踏まえた社会経済システムの変容とその道筋を描きつつ，そのための個々の持続可能な開発目標をどのように組み合わせるか，さらにそのための適切な指標を提示できるかが，持続可能な社会を構築できるかの鍵となろう．〔松田浩敬〕

引用文献

1）Griggs, D., *et al*.（2013）：*Nature*，**495**：21.
2）国土強靱化推進本部（2013）：国土強靭化政策大綱.
3）国土強靱化推進本部（2014）：国土強靭化基本計画.
4）久米　崇・山本忠男・清水克之（2015）：農業農村工学会大会講演会講演要旨集，120-121.
5）南海トラフ沿いの大規模地震の予測可能性に関する調査部会（2017）：南海トラフ沿いの大規模地震の予測可能性について.
6）生源寺眞一（2013）：農業と人間—食と農の未来を考える—，岩波書店.
7）United Nations（2015）：*Transforming Our World*：*the 2030 Agenda for Sustainable Development*，pp.1-35.
8）United Nations World Commission on Environment and Development（1987）：*Our Common Future*：*Report of the World Commission on Environment & Development*.
9）Walker, B., *et al.*（2004）：*Ecology and Society*，**9**：5.

15-2　地方創生と地域振興

a.　人口減少と地方の衰退

高度経済成長期以降，日本では地方から大都市圏へと人口が流動する向都離村(こうとりそん)の現象が起こった．地方の若者が大学進学や就職を契機に都市圏へ移住することなどによって，東京圏（東京都，神奈川県，千葉県，埼玉県）への一極集中が加速し，地方の衰退が課題となってきた．そのようななか，2014年に日本創成会議が，2040年には全国の地方自治体約1,800の約半数が人口減少によって消滅の危機にあると報告し，注目を集めた．総務省（2015）の国勢調査によると，2010年を境に，日本の総人口は1920年の調査開始以降，初めて減少に転じている（2章図2.2参照）．また，総人口は今後，急激に上昇することはないと予想されており，日本は本格的に人口減少社会に突入したといえる．

そのため，地方では若者の流出や少子高齢化に伴い，生産年齢人口（労働できる能力あるいは資格をもちうる年齢〈日本では15歳以上65歳未満〉の人口）の減少による民間サービスの撤退や，税収減による行政サービスの低下に拍車がかかり，さらなる若者の流出につながるという負の循環が危惧される．これは地域の集落機能の衰退にもつながり，これまで集落ごとに維持されてきた棚田や里山などの美しい景観，そして祭礼や芸能などの地域文化も消失の危機にある．

b.　求められる地方創生のかたち

政府は2014年9月の内閣改造で，地方の持続的な社会経済活動の推進や，地方と都市部などとの社会的交流を促進するため地方創生担当相を新設し，まち・ひと・しごと創生本部を発足させた．

これまでも，政府の施策として地域振興・活性化は行われてきたが，それらはおもに交付税などによる所得再配分といった全国一律的な施策であるため，地方は国に頼り，また都市に対して従属的な関係という傾向があった．

これからの地域振興では，地方の各地域が自立して持続的な社会経済活動を展開することが求められる．そのためには，地域を支える産業の視点はもちろんのこと，そこに暮らす生活者の視点，また地域外からの視点など，さまざまな視点から地域の現状や課題について議論することが不可欠である．そしてそれらをもとに，行政，民間企業，そして地域住民が同じ目線に立って協働（同じ目的に向かって，力をあわせて働く）すること，すなわち，地域振興ではさまざまな主体どうしが連携し，同じ目的に対して整合性を高めることが重要となる．

c.　農山村における地域づくり

(1)　中山間地域等直接支払制度

農業地域は都市的地域，平地農業地域，中間農業地域，山間農業地域の大きく4つの類型に分けられる．このうち，中間農業地域と山間農業地域は合わせて「中山間地域」と呼ばれることが多く，日本の国土の約7割を占めている．

中山間地域は，農家数の43％（2000年），経営耕地面積の42％（2001年），農業産出額の37％（2002年）と，いずれも全国のほぼ4割を占めている．したがって，食料供給や国土の保全，水資源かん養機能，自然環境の保全などの多面的機能において果たしている役割は大きい．

政府は，これまでの農業およびその従事者を対象とした「農業基本法」を改め，1999年に食料・農業・農村基本法を制定し，①食料の安定供給の確保，②多面的機能の十分な発揮，③農業の持続的な発展，④農村の振興の4つを基本理念と定めた．そして国土環境を守る中山間地域農業を継続させるために，2000年中山間地域等直接支払制度を導入した．

初年度の2000年度は全国で約2万6千件の集落協定を定め，2016年現在で約2万5千件となっている．中山間地域等直接支払制度では，集落単位での協定で参加者の総意のもとに集落マスタープランを作成し，10～15年後の集落の将来像を明確化し，その将来像の実現に向けて5年間で集落の取り組む活動内容やスケジュールを位置づけることとなっている．

おもに取り組む活動には，農業生産活動として，耕作放棄の防止等の活動（耕作放棄の復旧や牧草など飼料としての畜産的利用など），水路，農道等の管理活動（泥上げや草管理など）がある．また，多面的機能の増進活動としては，国土保全機能を高める取り組み（土壌流亡を防ぐ活動），保健休養機能を高める取り組み（都市農村交流，環境教育，グリーンツーリズムなど），自然生態系の保全に資する取り組み（ビオトープづくり，山林手入れなど）がある．以下で紹介する福島県鮫川村（さめがわむら）は，県内町村で第1位の交付金額である．

(2)　大学と地域との連携―福島県鮫川村の地域づくり

・福島県鮫川村の原風景：　東京農業大学と地域連携協定を結んでいる福島県東白川郡鮫川村は，標高400～700 m の阿武隈高原の中山間地域に位置する人口約3,600人（2017年9月）の小さな村である．鮫川，阿武隈川，久慈川の3河川の源流域にあたり村内には山あいに沿って作られた田んぼと山林に囲まれた自然豊かな里山が数多くみられる．鮫川村では，1～2 ha程度の小規模な複合型の農業が営まれている．

おもに山林で間伐した木材は薪や木炭そしてシイタケの原木となり，落ち葉は畜舎に敷かれた後に堆肥となって田畑の元肥となり，そして水田で刈り取られた稲穂は人間の食料に，そして稲わらはウシの餌となる．小規模ではあるものの農業，林業，畜産業といった営みすべてがつながり，循環していて無駄がない．このような適正規模の農の営みが，結果として美しい里山景観の維持につながっている（図15.1）．

・里山まるごと体験学校と地域づくり：　筆者は東京農業大学にて「里山まるごと体験学校」を企画し，学生とともに農山村の保全活動を行ってきた．

そのなかで鮫川村では，里山が有する多様な資源，特にバイオマス資源を生かした地域づくりの方針が有意であることがわかってきた．無駄のない循環型農業の営みをしっかりと安定させることで，農林業を基軸とした産業の活性化を図ることが大切である．そのためには従来のトン ton 産業の農林業からキログラム kg グラム g 産業としての農林業へ転換を図る理念の確立が重要である．

さらに村内に農林産物の加工，直売，レストランを設けることで，農村の資源

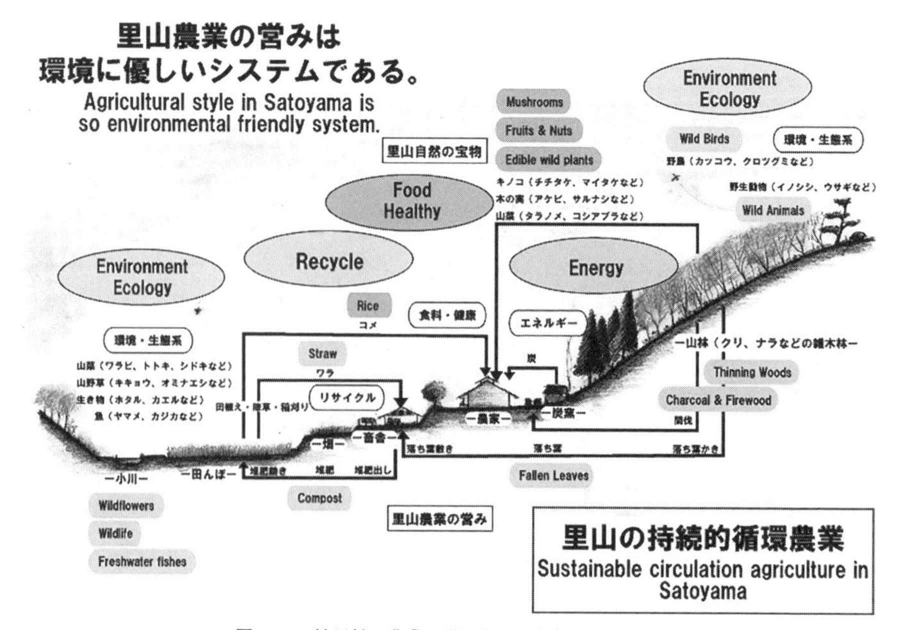

図15.1　鮫川村の農業の営みと里山景観のつながり

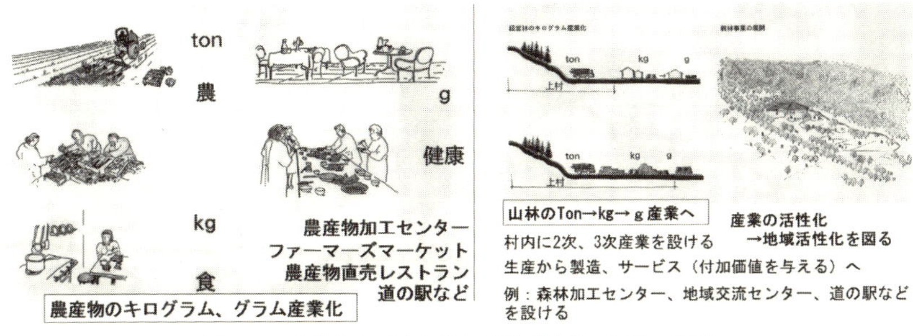

図 15.2　上村むらづくり絵本素案（養茂・入江，1994）

を活かした2次（加工・製造），3次（付加価値を与えるサービス等）産業が生まれ，いわゆる6次産業化を通じて村内の産業の活性化，雇用の創出が起こり，地域活性化につながる兆しがみえる（図 15.2）.

(3)　農産物加工・直売所―「手・まめ・館」による6次産業化

・里山大豆特産品開発プロジェクト：　鮫川村の転機は，2003年7月の3町村（棚倉町・塙町・鮫川村）合併に関する住民投票で71％の村民が反対し，自立の道を選択したときである．9月に新村長が就任し12月に役場内に各課横断の里山大豆特産品開発プロジェクトチームを設置し，大豆づくりからの地場産業の振興を図ることとなった.

2004年6月には里山の食と農，自然を活かす地域再生計画が総務大臣認定の地域再生計画第1号となった．これを受け，村では自家製味噌づくりのために昔から多くの農家が栽培していた大豆づくりを奨励した．そして2004年9月には豆腐，味噌などの大豆加工技術育成のため，若手役場職員を東京農業大学短期大学醸造学科へ研究生として派遣し，技術習得をさせた.

・「手・まめ・館」の開設：　そうした一連の取り組みの成果として，2005年11月に誕生したのが農産物加工・直売所「手・まめ・館」である．新築の建物を建設するのではなく，旧幼稚園を改修して，村中心部の舘山（たてやま）公園に隣接してオープンした．「手・まめ・館」によって村内に2次（加工），3次（販売）の産業ができ，地産地消，地域内消費の拠点となっている.

村内農家が生産した野菜，米，加工品菜を販売し，食材を館内のレストランのほかに学校給食センター，福祉施設，幼稚園・保育園に提供している．学校給食では地元産の特別栽培米の米飯給食を推進し，給食の村内自給を40％に向上させたが，これは福島県内で最も高い比率である．地産地消給食のおいしさや栄養価を競う「全国学校給食甲子園」には北海道・東北ブロック代表として大会史上最多の4回出場し，2011年に学校給食文部科学大臣表彰を受けている．

開設当初は年間総売上高4,500万円であったが，4年目には1億円を超え，2016年には1億1,700万円に達した．また，直売所来客者数は年々増加傾向を示している．当初，役場職員4名，パート職員5名で担当していたが，開設6年目には20名に増え，新たな雇用の創出にもつながっている．

「手・まめ・館」は村内消費を重視し，味噌1kg 500円，豆腐1丁150円，昼食ランチ350～500円と，村民が購入可能な価格を設定し，都会の人たちはそのお裾分けをいただく．つまり，他の直売所との競争ではなく，村内で資源を循環させ，村内農家を元気にする拠点，村内子どもたちの食育の場，村民の憩いの場となり，農産物をつくる人と，食べる人とが顔の見える関係を作っている．

(4) 村民・行政・大学の協働―舘山公園の再生

・鮫川サポーターによるみんなの森づくり： 現在は，舘山公園の整備にも取り組んでいる．村の中心部に位置する赤坂城跡の舘山公園は地権者10数名の民有地で，20～30年生のスギ林に覆われ，手入れが行き届かずに放棄され，荒れた山林となっていた．そこで，役場では全地権者から順次買収し，整備に際しては，筆者らが舘山公園の計画設計を担当した．地域との協働が重要との観点から，鮫川村の小学校児童24名の参加を得て，公園ワークショップを行い，子ども達の公園ニーズを把握し，これを踏まえて作成した公園構想案を地域住民に説明し，地元住民の要望を聞いた．それらをとりまとめ，2006年6月に福島県の森林環境税交付金事業に舘山公園再生計画「鮫川サポーターによるみんなの森づくり」として応募し，5年間継続の補助事業として交付金を獲得した（図15.3）．

・鮫川村バイオマスビレッジ構想へ： 2007年から，里山景観を生かしてみんなでつくる公園をめざし，東京農業大学の学生・教員，役場職員，村民の参加協働によって，スギ植林地の間伐，転換樹の植栽，間伐材の加工，散策路や階段の整備，下草刈りなどの公園整備の活動を行っている．村役場の呼びかけで行なわれている公園整備のボランティア作業には，毎回100名以上が集まるほど，村民の村づくりに対する思いは熱いものに成長している．

2008年8月からは，筆者が所属していた短期大学部の環境緑地学科の夏季集中実習の緑地工学実習として，交流施設「山王の里」の園地整備や，舘山公園の環境整備を行っている．2008年9月には，東京農業大学農業環境科学研究室が協力して鮫川村が申請した「鮫川村バイオマスビレッジ構想」が，農水省によって156

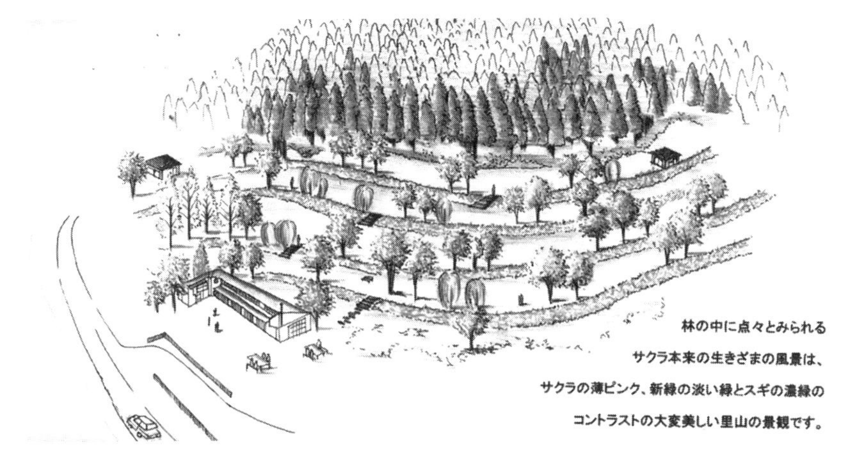

図 15.3　舘山公園基本構想スケッチ

番目のバイオマスタウンとして指定された.

・ゆうきの里づくり事業：　村内の豊富なバイオマス資源を活用した資源循環型の「ゆうきの里づくり事業」は，①豊富な畜産堆肥を活かした土づくり，②間伐材林地残材などの木質バイオマスの活用，③廃食油の有効利用と燃料作物の栽培，④資源作物によるアルコールの開発，の4つの柱からなる．2011年5月にリニューアルオープンした村営温泉施設さぎり荘では，これまで利用していた化石燃料用の重油ボイラーから薪ボイラーに変更し，2013年2月から鮫川村豊かな土づくりセンター「ゆうきの郷土」が運用を開始した.

鮫川村の美しい農村景観は農家の営みによって守られてきたからこそ「手・まめ・館」と「ゆうきの郷土」の地域振興に果たす役割は大きい．一方，地域との連携による実践活動に参加してきた学生たちが，村民の方々の知恵と経験に感動し，多くのことを学び，卒業後も自らの故郷の再生や各地の地域創成に活躍していることは，教育におけるフィールド主義，現場主義の重要性を実証している．疲弊しつつある農村に元気と活力をもたらすことが，地域に貢献したいという学生たちの高い志につながり，村民が教えてくれる知恵と経験とが相互に響き合う連携が基盤となって，地域づくりにつながっている．鮫川村における地域と大学との協働による取り組みは，中山間地域の荒廃に悩み，地域振興をめざす方々の参考となるはずである.　〔御手洗洋蔵・入江彰昭〕

15-3 震災復興と災害農学

a. 東日本大震災による農業被害

(1) 震災による農業被害と対策

2011年3月の東日本大震災による農林水産業の被害額は，農水省の集計によると約2兆4千億円であり，阪神大震災の900億円や，新潟県中越大地震の1,330億円と比較して，桁違いに大きなものであった．被害の集中した東北地方の太平洋岸には水稲単作地域が広がっていることが，その背景にある．実際，被害農地は畑が少なく，圧倒的に水田であった．水田の被害を具体的にみてみると，まず，地震自体による水田の亀裂・隆起・陥没・液状化などがあげられ，その復旧には大掛かりな土木工事が必要である．また，地震に伴う津波によって押し流された崩壊した建物，車両や船舶，土砂などは除去しなければならない．

さらに，海水がかかったことによる塩害もある．ただし，塩害対策はすでに確立しており，簡単にいえば，水田に水を入れて代かきをして排水することを何回か繰り返せばよい（日本農業新聞2011年3月31日）．そのためには，灌排水を制御する必要があるが，灌排水施設が被害を受けている場合も少なくないので，その場合は施設の復旧を急ぐ．いずれにせよ，長い歴史のなかで自然災害に悩まされた経験から，以上のような被害に対する一定の対策が確立している場合も少なくない．人材や費用の問題はあるが，それぞれの対策を粛々と進めていくしかないし，それで解決できることが多い．

(2) 農地の放射能被害と対策

問題は，震災に伴う東京電力福島第一原子力発電所の事故であり，それによって各地に飛散した放射性物質（放射性セシウムなど）による汚染である．原発事故による放射能被害とそれに伴う風評被害は，被害が広く深刻である．

これまでの調査で，水田では放射性物質が土壌表層5cm以内の粘土粒子と結合して集積しており，降雨あるいは灌排水ではほとんど移動しないことがわかっている[4)]（図15.4）．したがって，「除染」と呼ばれている表土剥離作業は効果的であり，その場所の放射性物質の濃度は確実に下がるが，放射性物質を多量に含む表土の置き場所が問題となる．ほかに，反転耕によって汚染物質を含む表土を下層に移動させることや，深耕することによって薄めてしまうことも，人体に対する直接の影響を緩和することにつながる．

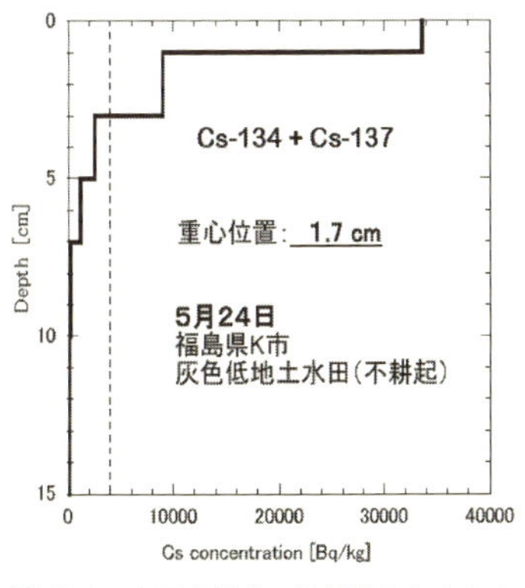

図 15.4 水田土壌中の放射性セシウムの垂直分布（塩沢 昌）

そのほか，カリウム肥料を施用することで，作物への移行を減らすことが期待できる．カリウムと放射性セシウムは化学的特性が似ているため，カリウムを多く施肥すると，作物は放射性セシウムを吸収する量が減る．また，ゼオライトという粘土鉱物を鋤き込んで放射性物質を吸着させるというアイデアもあり，必ずしも水田土壌から除去しなくても不活化できれば，現実的な対応となる．これらの対策は，福島県内の農家水田で実施され，効果をあげている．

b. 震災復興とバイオマス利用

(1) 福島県の米の全量全袋検査

以上の対策を組み合わせて稲作を再開できるところでは，積極的に稲作を行っていくことが前提である．福島県では米の全量全袋検査を実施しており，2016 年度産米の 1 千万点を超える検査では，スクリーニング検査・詳細検査のいずれにおいても，放射性セシウムの濃度が基準値の 100 Bq/kg の基準値を超えたものは 1 点もない（https://fukumegu.org/ok/kome/［2017 年 7 月 9 日閲覧］）.

ただし，震災直後に米から高濃度の放射性物質が検出された水田では，灌漑水によって水田に入った放射性物質がイネに吸収された可能性も指摘されている．灌漑用水のモニタリングを行うとともに，用水路における放射性物質のトラップも検討していく必要があろう．また，米の放射性物質の濃度が基準値以下であっても，風評被害によって販売できない米が一定期間，一定量，発生してくることが予想される．このような米は，飼料としての利用も避けることが望ましい．そこで，稲を栽培しても放射性物質の濃度が基準値を超える場合（現在，該当するものはない），基準値以下であっても風評被害で食用に回せない米は，エネルギー原料としてバイオエタノールの原料に利用すればよい．

(2) 米のバイオエタノール実証事業

実際，農水省の支援を受けて，いくつかのバイオエタノール製造実証事業が実施された．そのなかで，JA 全農が新潟で進めたバイオエタノール化事業では米を原料として利用している（図 15.5）．年間製造量が 1,000 kL であり，必ずしも大規模ではないが，一貫システムとして適正規模と考えられる．

入口としての原料として組合員が水稲品種‘北陸 193 号’を栽培し，高い収量

図 15.5　JA 全農のバイオエタノールプラント（新潟市）

をあげている．この米部分を利用してバイオエタノールを製造し，出口として県下のガソリンスタンドで販売した（ガソリンにバイオエタノールを3%混合）．

また，通常は積極的に利用されない籾殻（もみがら）をガス化し，製造過程における化石エネルギーを削減する努力も行われた．コスト削減やLCA解析がさらに必要ではあるが，事業化に向けて大きな成果を上げている．

このほか，小規模な米のバイオエタノール化の試みもある．NPO法人しまねバイオエタノール研究会は，環境省の補助事業で開発した小型プラントを福島県岩瀬郡に持ち込み，被害米を原料とすることを想定して実証試験を行った．また，株式会社ファーメンステーションは岩手県奥州市で「米からエタノールとエサを作る地域循環プロジェクト」を進め，できあがったバイオエタノールを農機具燃料のほか，付加価値の高い化粧品などの原料として利用している．

このように，米のバイオエタノール化は，すでに技術開発が確立しているといえる．事業化には，原料米を安定的に確保することができるかどうかという問題と，被害米のバイオエタノール化をしたときに放射性物質の挙動がどうかという問題を検討しておく必要がある[3)]．これらの問題は基本的にクリアーできる可能性が高く，稲作を再開できる被災水田ではイネを栽培してバイオエタノール化する，というのが第一の提案である．

(3)　エネルギー作物の栽培と利用

稲作が再開できない水田では，どうしたらよいか．何も作物を栽培せずに放置しておけば雑草がはびこり，畦畔が傷んで荒廃してしまう．また，周囲の農地に被害を及ぼす害獣や病害虫の温床ともなる．そこで，このような水田ではエネルギー原料となる資源作物を栽培する，というのが第二の提案である．

そこで，バイオマス生産性が高いジャイアントミスカンサスとエリアンサスというイネ科多年生作物を，福島県いわき市の被災水田で試験栽培した．畑では高いバイオマス生産性を示すが，水田を畑状態で利用したときに，どうなるかを初めて検証した（図15.6）．ジャイアントミスカンサスはオギとススキとの雑種3

図 15.6　福島県浪江町におけるエネルギー作物の試験栽培
左：エリアンサス，右：ジャイアントミスカンサス．

倍体であるため，周囲に生育する植物と自然交配する恐れはない．エリアンサスは，福島県では光と温度が足りないため，たとえ出穂しても種子は不稔となる．したがって，いずれの作物を導入しても，現地の生態系に悪影響を与える可能性は低い．

いわき市での試験栽培が成功したことをうけ，少し遅れて放射性物質の汚染がひどい浪江町でもジャイアントミスカンサスとエリアンサスの試験栽培を実施した．その結果，害獣の被害でややてこずったものの，最終的には 30 t/ha レベルの収量を確保することができた[1]．

このようにして栽培した資源作物を，エネルギー化して利用する．現時点では，バイオエタノール化よりペレット化の実現性が高い．ペレット化し，浪江町がめざしている花卉の施設栽培で暖房用燃料として利用するというアイデアである．シミュレーション結果は，ある程度の規模拡大をすれば経済性が確保できることを示している[5]．課題の 1 つとして資源作物の確保があるが，耕作放棄地を含めてポテンシャルは高い．また，焼却灰・粉塵中の放射性物質のモニタリングも必要であるが，焼却灰は減容化できるので集中管理がしやすいし，現在のフィルター技術で粉塵は完全にトラップできる．

c.　持続性農学・レジリエンス農学

エリアンサスとジャイアントミスカンサスの試験栽培を行った福島県では，単に震災復興だけでなく，耕作放棄地対策としても注目されている．この提案が成功すれば，①再生可能エネルギーの地産地消，②雇用創出による地域振興，③水田の保全と農家の生産意欲の維持を進めることができることになる．再生可能エネルギーの利用は地球温暖化対策や石油枯渇対策になるし，手間や経費をかけることなく農地保全ができることは，まさに持続的社会の構築にもつながる．そういう観点から持続性農学という新しい分野の展開ということができる．

また，地域や農地の持続性が高まるという意味では，防災農学ともいえるが，震災被害からの速やかな復旧復興も含め，レジリエンス農学ともいえる．このレジリエンスというのは，大きなストレスに遭遇したときに折れない心をもつことや，速やかな回復を意味する心理学用語であるが，最近は工学分野をはじめ[6]多くの分野で使われるようになってきた．農学分野でもサステイナビリティとともに，レジリエンスが今後，重要なキーワードになるであろう． 〔森田茂紀〕

引用文献

1) 阿部 淳ほか（2015）：第239回日本作物学会講演会要旨集，36.
2) 森田茂紀（2015）：新・実学ジャーナル，**119**：1-2.
3) 森田茂紀・阿部 淳（2013）：農業および園芸，**88**（9）：895-900.
4) 中西友子（2013）：土壌汚染—フクシマの放射性物質のゆくえ，NHK出版.
5) 高田圭祐ほか（2017）：日本作物学会第243回講演会要旨集，81.
6) 東京大学大学院工学系研究科緊急工学ビジョン・ワーキンググループ（2011）：震災後の工学は何をめざすのか，東京大学大学院工学系研究科.

〈付　録〉

読者のための「参考書」ガイド

【全体の参考書】

農学全体を網羅的に取り扱う事典として，『新編農学大事典』（養賢堂）と『新編畜産大事典』（養賢堂）が参考になる．また，生物学・化学・物理学関係の辞書として，『岩波生物学辞典（第５版）』（岩波書店），『岩波理化学辞典（第５版）』（岩波書店），各年度版の理科年表（丸善）などが役に立つ．

国際機関のウェブページは世界全体の現状を知るために役立つ．特に重要なものとして，まず国際連合食糧農業機関（Food and Agriculture Organization of the United Nations：FAO）があり，特に FAO がまとめた統計“FAOSTAT”は有用である．また，国際農業研究協議グループ（Consultative Group on International Agricultural Research：CGIAR，http://www.cgiar.org/）があり，傘下の 15 研究機関のサイトに飛べる．

国内では，日本政府・官公庁が多くの白書を出しており（例えば，農林水産省：食料・農業・農村白書，森林・林業白書，水産白書，食育白書，環境省：環境白書・循環型社会白書・生物多様性白書），冊子体のほか，各サイトから無料ダウンロードもできる．そのほか，各省庁は各種の資料・パンフレットを作成している．

単行本のシリーズなどで，以下のものがある．

- サステイナビリティ学（全５巻）．東京大学出版会．小宮山宏ほか編（2010 ～ 2011）
- 岩波講座地球環境学（全 10 巻）．岩波書店．高橋　裕ほか編（1998 ～ 1999）
- 環境学入門（全 12 巻，未完あり）．岩波書店．植田和弘ほか編（2002 ～ 2006）
- 生物資源から考える 21 世紀の農学（全７巻）．京都大学学術出版会．（2007 ～ 2008）
- 昭和農業技術史への証言（全 10 巻）．農文協．西尾敏彦編（2002 ～ 2012）
- アニマルサイエンス（全５巻）．東京大学出版会．林　良博・佐藤英明編（2001）
- シリーズ〈家畜の科学〉（全６巻）．朝倉書店．（2013 ～ 2016）
- ヒトと動物の関係学（全４巻）．岩波書店．林　良博ほか編（2008 ～ 2009）

【1 章　持続可能な社会と農学】

〈1-1 節　近代農学の誕生と展開〉

ルース・ドフリース著，小川敏子訳（2016）：食糧と人類．日本経済新聞出版社．
藤原辰史（2012）：稲の大東亜共栄圏．吉川弘文館．

藤原辰史（2017）：戦争と農業．インターナショナル新書．
金沢夏樹・松田藤四郎（1996）：稲のことは稲にきけ．家の光協会．
日本農学会編（2009）：日本農学 80 年史．養賢堂．

〈1-2 節　農学 2.0 と農学リテラシー〉

川井秀一ほか編（2015）：総合生存学．京都大学学術出版会．
森島昭夫監修（2010）：生存の条件．旭硝子財団．（財団ホームページからダウンロード可能）
21 世紀農業・農学研究会編（2013）：農業・農学の展望．東京農業大学出版会．
生源寺眞一ほか編（2017）農学が世界を救う！岩波書店．
祖田　修（2000）農学原論．岩波書店．
安田弘法ほか編（2013）：農学入門．養賢堂．

【2 章　人口変動と食料需給】

〈2-1 節　世界と日本の人口〉

河合雅司（2017）：未来の年表，人口減少日本でこれから起きること．講談社．
鬼頭　宏（2011）：2100 年，人口 3 分の 1 の日本．メディアファクトリー．
小峰隆夫（2010）：人口負荷社会．日本経済新聞出版社．
西川　潤（2008）：データブック人口．岩波書店．

〈2-2 節　世界の食料需給，2-3 節　日本の食料需給〉

ジュリアン・クリブ著，片岡夏実訳（2011）：90 億人の食糧問題．シーエムシー出版．
西川　潤（2008）：データブック食料．岩波書店．
西川　潤（2008）：データブック貧困．岩波書店．
西川　潤（2014）：新・世界経済入門．岩波書店．
末松広行（2011）：食料自給率の「なぜ？」．扶桑社．
時子山ひろみ・荏開津典生編（2013）：フードシステムの経済学（第 5 版）．医薬出版．

【3 章　環境・資源エネルギーと農業】

〈3-1 節　地球温暖化と農業〉

杉浦敏彦（2009）温暖化が進むと「農業」「食料」はどうなるのか？技術評論社．
渡邉紹裕編（2008）地球温暖化と農業．昭和堂．

〈3-2 節　水問題・土壌劣化と農業〉

石　弘之（1998）：地球環境報告 II．岩波書店．
沖　大幹（2016）：水の未来．岩波書店．
巽　二郎編（2007）：地球環境と作物．博友社．

〈3-3 節　地球環境と持続的農業〉

久馬一剛（1997）：食料生産と環境．化学同人．
森田茂紀ほか編（2006）：栽培学．朝倉書店．

〈3-4 節　資源エネルギーと農業〉

チビィ著・小倉武一訳（1994）：農業生態学．養賢堂．

【4章　日本農業の現状と課題】

〈4-1節　日本の農業〉

生源寺眞一（2011）：日本農業の真実．筑摩書房．
八木宏典監修（2013）：知識ゼロからの現代農業入門．家の光協会．

〈4-2節　日本の畜産業〉

後藤達彦他（2015）：おもしろい！日本の畜産はいま，ミネルヴァ書房．
扇元敬司他（2014）：最新畜産ハンドブック．講談社．

〈4-3節　日本の漁業〉

勝川俊雄（2016）：魚が食べられなくなる日．小学館新書．
濱田武士（2016）：魚と日本人．岩波書店．
文部科学省（2017）：高等学校用 漁業．海文堂出版．
文部科学省（2016）：高等学校用 資源増殖．実教出版．
文部科学省（2017）：高等学校用 水産流通．実教出版．
佐野雅昭（2015）：日本人が知らない漁業の大問題．新潮社．

〈4-4節　日本の林業〉

藤森隆郎（2016）：林業がつくる日本の森林．築地書館．
梶山恵司（2011）：日本林業はよみがえる．日本経済新聞出版社．
関岡東生監修（2016）：図解 知識ゼロからの林業入門．家の光協会．
田中淳夫（2012）：森林異変．平凡社．

【5章　モノからみた日本農業】

〈5-1節　イネ・米・ご飯・水田〉

大門弘幸編（2018）：作物学概論（第2版）．朝倉書店．
星川清親（1975）：解剖図説 イネの生長．農文協．
田渕俊雄（1999）：世界の水田 日本の水田．農文協．

〈5-2節　園芸作物〉

金浜耕基編（2009）：園芸学．文永堂出版．
杉山信男（2017）トマトをめぐる知の探検．東京農業大学出版会．
鈴木正彦編（2012）：園芸学の基礎，農山漁村文化協会．

〈5-3節　昆虫・微生物〉

有江　力（2016）図解でよくわかる病害虫のきほん．誠文堂新光社．
伊藤嘉昭（1980）虫を放して虫を滅ぼす．中央公論社．
大木　理（1994）植物と病気．東京化学同人．
瀬戸口明久（2009）害虫の誕生．筑摩書房．

〈5-4節　家　畜〉

細野明義他編（2012）：畜産食品の事典．朝倉書店．
伊藤研一ほか（1991）：日本食肉文化史．伊藤記念財団．

【6章　食料生産システム】

〈6-1節　作物生産システム〉

石井龍一（2000）：役に立つ植物の話．岩波書店．
ルーミス・R.S.・コナー・D.J.著，堀江　武・高見晋一監訳（1995）：食料生産の生態学（1～3巻）．農林統計協会．
武内和彦（2013）：世界農業遺産．祥伝社新書．

〈6-2節　家畜生産システム〉

古瀬充宏編（2014）：ニワトリの科学．朝倉書店．
広岡博之編（2014）：ウシの科学．朝倉書店．
唐澤　豊ほか編（2012）：畜産学入門．文永堂出版．
鈴木啓一編（2014）：ブタの科学．朝倉書店．
八木宏典（2015）：図解 知識ゼロからの畜産入門．家の光協会．

〈6-3節　新しい農業システム〉

三輪泰史ほか（2016）：IoTが拓く次世代農業アグリカルチャー4.0の時代．日刊工業新聞社．
藻谷浩介・NHK広島取材班（2013）：里山資本主義．角川書店．
農業情報学会編（2014）：スマート農業．農林統計出版．
社会開発研究センター編（2011）：図解 よくわかる農業技術イノベーション．日刊工業新聞社．
高橋信正編（2013）：「農」の付加価値を高める六次産業化の実践．筑波書房．

【7章　フードシステム】

〈7-1節　食品の流通と販売〉

藤島廣二ほか（2012）：新版 食料・農産物流通論．筑波書房．
河合明宣ほか（2014）：アグリビジネスと日本農業．放送大学教育振興会．

〈7-2節　ポストハーベスト技術〉

市村一雄（2011）：切り花の品質保持．筑波書房．
間苧谷徹（2000）：果物の真実-健康へのパスポート．化学工業日報社．
大久保増太郎（1995）：日本の野菜．中央公論社．

〈7-3節　食品の加工〉

高野克己・竹中哲夫編（2008）：食品加工技術概論．恒星社厚生閣．
菅原龍幸・宮尾茂雄編（2015）：三訂 食品加工学．建帛社．

【8章　食生活と食農教育】

〈8-1節　日本の食の変遷と食文化〉

江原絢子・石川尚子・東四柳祥子（2015）：日本食物史．吉川弘文館．
石毛直道（2015）：日本の食文化史．岩波書店．
谷口亜樹子編（2017）：食べ物と健康 食品学総論［演習問題付］．光生館．

〈8-2節　食の栄養性と安全性〉

中西準子（2010）：食のリスク学．日本評論社．

菅家祐輔・坂本義光編（2009）：食安全の科学．三共出版．

〈8-3 節　食生活と食育〉

服部幸應（2006）：増補版 食育のすすめ．マガジンハウス．
小林　光・豊貞佳奈子編（2016）：地球とつながる暮しのデザイン．木楽舎．

【9 章　耕地生態系の構造と機能】

〈9-1 節　耕地生態系の特徴〉

江崎保男（2007）：生態系ってなに？ 中央公論新社．
宮下　直・西廣　淳編（2015）：保全生態学の挑戦．東京大学出版会．
立花　隆（1990）：エコロジー的思考のすすめ．中央公論社．
鷲谷いづみほか（2005）：生態系へのまなざし．東京大学出版会．

〈9-2 節　農業の多面的機能〉

Millennium Ecosystem Assessment 編，横浜国立大学 21 世紀 COE 翻訳委員会責任翻訳（2007）：国連ミレニアム エコシステム評価 生態系サービスと人類の将来．オーム社．
祖田　修ほか編（2006）：農林水産業の多面的機能．農林統計協会．

【10 章　農業と生物多様性】

〈10-1 節　耕地における有害生物〉

平嶋義宏・広渡俊哉（2017）：教養のための昆虫学．東京大学出版会．
前野ウルド浩太郎（2017）：バッタを倒しにアフリカへ．光文社．
祖田　修（2016）：鳥獣害．岩波書店．
鷲谷いづみ（2011）：さとやま．岩波書店．

〈10-2 節　有害生物の防除と管理〉

有江　力監修（2016）：図解でよくわかる病害虫のきほん．誠文堂新光社．
伊藤嘉昭・垣花廣幸（1999）：農薬なしで害虫とたたかう．岩波書店．
安田弘法ほか編（2009）：生物間相互作用と害虫管理．京都大学学術出版会．

〈10-3 節　総合的生物多様性管理〉

井田哲治（2010）：生物多様性とは何か．岩波書店．
桐谷圭治（2004）：「ただの虫」を無視しない農業．築地書館．
宮下　直ほか（2017）：生物多様性概論．朝倉書店．

【11 章　遺伝資源の開発と利用】

〈11-1 節　植物遺伝資源の保全と管理〉

コットン・C.M. 著，木俣美樹男・石川裕子訳（2004）：民族植物学．八坂書房．
小山鐵夫（1992）：資源植物学フィールドノート．朝日新聞出版．
東京農業大学国際農業開発学科編（2017）：国際農業開発学入門．筑波書房．

〈11-2 節　動物遺伝資源の開発〉

祝前博明ほか編（2017）：動物遺伝育種学．朝倉書店．

正田陽一編（2010）：品種改良の世界史・家畜編．悠書館．
在来家畜研究会編（2009）：アジアの在来家畜．名古屋大学出版会．

〈11-3節　植物遺伝資源の開発〉

ハーバート・ベイカー著，坂本寧男・福田一郎訳（1975）：植物の文明．東京大学出版会．
岩槻邦男（1997）：文明が育てた植物たち．東京大学出版会．
鵜飼保雄・大澤　良編（2010）：品種改良の世界史 作物編．悠書館．

【12章　生物機能の開発と利用】

〈12-1節　生物機能開発とバイオエコノミー〉

池上正人編（2012）バイオテクノロジー概論．朝倉書店．
長島孝行（2007）：蚊が脳梗塞を治す！ 講談社．
リチャード・W・オリバーほか（2002）：バイオエコノミー．ダイヤモンド社．

〈12-2節　動物生命科学とヒトの生殖医療〉

ロジャー・マクドナルド著，近藤祥司監訳（2015）：老化生物学．メディカル・サイエンス・インターナショナル．
森　崇英ほか編（2011）：卵子学．京都大学出版会．
NHK取材班（2013）：産みたいのに産めない．文藝春秋．
佐藤英明（2003）：アニマルテクノロジー．東京大学出版会．

〈12-3節　バイオミミクリー〉

赤池　学（2014）：生物に学ぶイノベーション．NHK出版．
ジェイ・ハーマン著，小坂恵理訳（2014）：自然をまねる，世界が変わる．化学同人．
石田秀輝・下村政嗣（2010）：自然に学ぶ！ネイチャーテクノロジー．Gakken．

【13章　生 活 農 学】

〈13-1節　緑の環境と生きがいの創造〉

松尾英輔（2005）：社会園芸学のすすめ．農文協．
松尾英輔・正山征洋（2002）：植物の不思議パワーを探る．九州大学出版会．

〈13-2節　暮らしと植物〉

船山信次（2015）：毒があるのになぜ食べられるのか．PHP研究所．
土橋　豊（2015）：人もペットも気をつけたい園芸有毒植物図鑑．淡交社．

〈13-3節　暮らしと動物〉

石田　戢ほか（2013）：日本の動物観．東京大学出版会．
佐藤衆介（2005）：アニマルウェルフェア．東京大学出版会．

【14章　福 祉 農 学】

〈14-1節　園芸福祉と園芸療法〉

浅野房世・高江洲義英（2008）：生きられる癒しの風景．人文書院．
林　良博・山口裕文編（2012）：バイオセラピー学入門．講談社．

松尾英輔（2000）：園芸療法を探る（増補版）．グリーン情報．
松尾英輔（2005）：社会園芸学のすすめ．農文協．
山根　寛（2003）：園芸リハビリテーション．医歯薬出版．

〈14-2 節　動物介在療法〉

太田光明監修（2007）：アニマルセラピー入門．IBS 出版．
横山章光（1996）：アニマル・セラピーとは何か．NHK 出版．

〈14-3 節　環境都市のデザイン〉

武内和彦（1991）：環境都市の発想―まちづくりウオッチング．総合ユニコム．
武内和彦（1994）：環境創造の思想．東京大学出版会．

【15 章　社 会 農 学】

〈15-1 節　持続的社会のデザイン〉

茨城大学 ICAS 編（2010）：持続可能な世界へ．茨城新聞社．
小宮山宏（1999）：地球持続の技術．岩波書店．
小宮山宏（2007）：サステイナビリティ学への挑戦．岩波書店．

〈15-2 節　地方創生と地域振興〉

増田寛也編著（2014）：地方消滅―東京一極集中が招く人口急減．中央公論新社．
増田寛也・冨山和彦（2015）：地方消滅 創生戦略篇．中央公論新社．
小田切徳美（2014）：農山村は消滅しない．岩波書店．

〈15-3 節　震災復興と災害農学〉

玄田有史編著（2006）：希望学．中央公論新社．
中西友子（2013）：土壌汚染，フクシマの放射性物質のゆくえ．NHK 出版．
根本圭介編（2017）：原発事故と福島の農業．東京大学出版会．
山家公雄（2011）：エネルギー復興計画．エネルギーフォーラム．

〔森田茂紀〕

索　　引

欧　文

あ　行

か　行

さ　行

た 行

な 行

は 行

ま　行

や　行

ら　行

わ　行

シリーズ〈農学リテラシー〉
現代農学概論
—農のこころで社会をデザインする—　　定価はカバーに表示

2018年 4月15日　初版第1刷
2020年12月20日　　第3刷

編集者　東京農業大学
「現代農学概論」
編集委員会
発行者　朝倉誠造
発行所　株式会社 朝倉書店
東京都新宿区新小川町6-29
郵便番号　162-8707
電話　03(3260)0141
FAX　03(3260)0180
http://www.asakura.co.jp

〈検印省略〉

© 2018〈無断複写・転載を禁ず〉

新日本印刷・渡辺製本

ISBN 978-4-254-40561-3　C 3361　Printed in Japan

JCOPY <(社)出版者著作権管理機構 委託出版物>
本書の無断複写は著作権法上での例外を除き禁じられています．複写される場合は，そのつど事前に，(社) 出版者著作権管理機構（電話 03-3513-6969，FAX 03-3513-6979，e-mail: info@jcopy.or.jp）の許諾を得てください．